"十二五"普通高等教育本科国家级规划教材

工程数学

数学物理方程与特殊函数

（第五版）

东南大学数学学院　王元明　编

ENGINEERING MATHEMATICS

高等教育出版社·北京

内容提要

本书第五版保留了作为“十二五”普通高等教育本科国家级规划教材的第四版全部内容及结构，只是对书中一些疏漏及不够严谨、不够清晰的表述作了修改，删去了少数多余的或不在研究范围的内容，尽可能地使这本经历了40年的小册子逐渐成为精品之作。

本书是高等学校理工科各专业本科生的教材，也可作为物理类、工程类有关专业硕士研究生的教材及相关研究人员的参考书。

图书在版编目(CIP)数据

工程数学.数学物理方程与特殊函数/王元明编.--5版.--北京:高等教育出版社,2019.4(2023.12重印)

ISBN 978-7-04-051237-3

Ⅰ.①工… Ⅱ.①王… Ⅲ.①工程数学-高等学校-教材②数学物理方程-高等学校-教材③特殊函数-高等学校-教材 Ⅳ.①TB11②O175.24③O174.6

中国版本图书馆CIP数据核字(2019)第011963号

策划编辑 于丽娜　责任编辑 李 茜　封面设计 赵 阳　版式设计 童 丹
插图绘制 于 博　责任校对 马鑫蕊　责任印制 耿 轩

出版发行	高等教育出版社	网　址	http://www.hep.edu.cn
社　址	北京市西城区德外大街4号		http://www.hep.com.cn
邮政编码	100120	网上订购	http://www.hepmall.com.cn
印　刷	山东韵杰文化科技有限公司		http://www.hepmall.com
开　本	787mm×960mm 1/16		http://www.hepmall.cn
印　张	13	版　次	1978年11月第1版
字　数	210千字		2019年4月第5版
购书热线	010-58581118	印　次	2023年12月第6次印刷
咨询电话	400-810-0598	定　价	28.60元

本书如有缺页、倒页、脱页等质量问题，请到所购图书销售部门联系调换

物 料 号　51237-00

第五版前言

本书从第一版到现在的第五版整整经历了40个年头。40年来,我对广大同行们给予的支持、帮助、理解、包容表示衷心的感谢。第四版被推荐为“十二五”普通高等教育本科国家级规划教材后,我就反复地思考这样一个问题:怎样做才对得起“国家级”这三个字?答案只有一个,就是尽最大努力把它做好。

经过认真、仔细地阅读,发现书中仍存在一些疏漏及不够严谨、不够清晰或不够精炼的地方,需要作些修补。此外,为了便于读者较轻松地读懂本书,从第三版起我就本着“温故、启示、巩固”的原则,编写了与之相对应的辅导材料《数学物理方程与特殊函数学习指南与习题解答》(简称《学习指南》)。除了对教材中所有习题作了启示和详细解答外,还对需要用到、读者已经学过但可能被遗忘的知识作了简要回顾,对书中重要的内容作了力所能及的点评,对一些建议读者自己完成的推演、验证工作也作了必要的填补,精选了30道复习题。应该说,为了写好辅导书我还是花了一番心血的。但教材中并未反映出两本书之间的关联,给读者带来了一些不便。

针对上面所述两个方面的问题,这次修订主要做了两件事:

1. 对全书作了认真、细致的审订。填补了极少数的遗漏;修改了一些不够严谨或者不够清晰的表述;删去了累赘的或不在研究范围的内容;对书中的文字作了几乎是逐字逐句的审校、订正,力求做到准确、易读。

2. 为便于读者借助《学习指南》阅读教材,凡教材中没必要再展开讨论但《学习指南》中已给出了明确表述的内容,在相关的页面都加了脚注,体现了两本书的关联性。

此外,为了拓宽读者的视野,本版增加了两个以二维码形式呈现的内容,它们是两端固定弦的自由振动问题解的存在性证明及勒让德多项式的罗德里格斯表达式的推导。这次修改得到了高等教育出版社高等教育理工出版事业部数学分社有关同志的支持。特别是,于丽娜、蒋青、李茜等同志为此付出了辛勤的劳动。在此向她们及所有关心和帮助本书再版的同志表示诚挚的感谢。

王元明

2018年8月

第四版前言

《数学物理方程与特殊函数(第三版)》问世以后,得到了国内同行和广大读者的认可和支持,虽然书中还有一些不足或失误之处,但都给予了极大的宽容和理解,并通过高等教育出版社编辑同志转达了不少建议和希望,使我非常感动。

本书第三版和第二版相比最大的改变就是增加了一些内容,主要表现在书中第七、八、九章中。经过这几年的实践,回过头来反思,我觉得这些改变未必完全符合当前高等教育教学改革的实际需要。例如,第七章能量积分法过于理论化,与全书的总体风格有点不一致;又如第九章有关非线性偏微分方程的例子过于复杂、有的内容也偏难;再如删去第二版中的差分解法似乎也不妥当,因为差分方法毕竟是求解偏微分方程最基本的近似方法。

基于以上思考,这次修订的重点将放在如下几个方面:

1. 对全书的内容和文字表述作进一步地、细致地审校、修改和增减,并适当补充例题和注解。

2. 在第三章增加一节"傅里叶变换和拉普拉斯变换"。这样做的目的就是让一些不需要单独开设"积分变换"课程的专业的学生能够顺利地学习积分变换解法,当然这些内容不会占用很大篇幅。

3. 删去第三版中的第七章。

4. 恢复第二版中的差分解法,将这些内容与第三版中的变分方法合在一起,作为新版的第七章,名为"数学物理方程的近似解法"。

5. 简化和精炼第三版中第九章的内容,删去一些理论推导,补充物理解释,从而构成新版的第八章。这章重点是让学生了解非线性方程与线性方程有什么本质差异以及两个重要的波——激波和孤立波的概念。

本书经修订后由八章组成,新版的体系更合理,难度更适中。除了保留原有的特色和风格外,由于对文字作了再加工,应该更便于"教"和"学"。这本教材从第一版面世以来,已经历了三十多个春秋,几经修订,渐趋成熟。书中八章内容之间既相互呼应,又相对独立。教师完全可以根据学时数及教学要求,选择部分或全部内容进行讲授。讲完全部内容约需 45~48 学时,讲授前 6 章内容约需 36~40 学时。书中带有"*"号的内容可略去不讲,作为学生自学的材料。

学生在学习这门课程时会遇到一些困难,主要原因是由于涉及较多的知识,除了物理学以外,仅就数学而言,就涉及微积分、常微分方程、傅里叶分析、复变函数等,这些内容虽然读者在学习本课程之前大多已学习过,但到真正用的时候仍然会感到困难。为了便于广大读者学好这本书并顺利完成书内所有的习题,我同时编写出版了《数学物理方程与特殊函数(第四版)学习指南与习题解答》,在这本指南里,我们把上面提到的知识都作了较系统的概述,对各章内容也作了点评,对书中所有习题除了作较详细的释疑和启示外,还给出了全部的解答。只要读者把这本指南和教材配合使用,就一定能轻松地完成本课程的学习任务。

本书修订再版得到了高等教育出版社数学分社的大力支持,于丽娜和蒋青两位同志为本书的再版付出了许多辛勤的劳动,在这里对他们表示衷心的感谢。虽然经过 4 次修订,但仍难免会百密一疏,希望广大读者给予指正。

王元明
于东南大学
2011 年 12 月

目 录

第一章 一些典型方程和定解条件的推导

在讨论数学物理方程的解法以前，我们首先要弄清楚数学物理方程所研究的问题的正确提法．为此，我们从两方面来讨论，一方面要建立描述某种物理过程的微分方程，另一方面要把一个特定的物理现象本身所具有的具体条件用数学形式表达出来．

§1.1 基本方程的建立

在本节，我们将通过几个不同的物理模型推导出数学物理方程中三种典型的方程，这些方程构成本书的主要研究对象．

例 1 弦的振动

弦的振动问题，虽然是一个古典问题，但对于初学者仍然具有一定的启发性．

设有一根均匀柔软的细弦，平衡时沿直线拉紧，而且除受不随时间而变的张力作用及弦本身的重力外，不受外力影响．下面研究弦作微小横向振动的规律．所谓"横向"是指全部运动出现在一个平面上，而且弦上的点沿垂直于 x 轴的方向运动(图1-1)．所谓"微小"是指振动的幅度及弦在任意位置处切线的倾角都很小，以至它们的高于一次方的项都可略而不计．

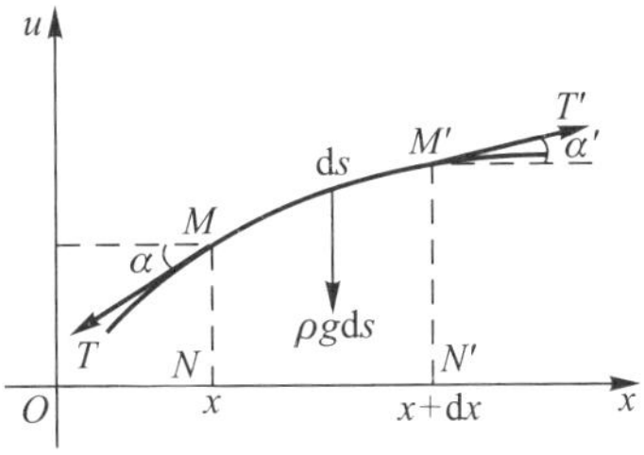

图 1-1

设弦上横坐标为 x 的点在时刻 t 时的位置为 M，位移 NM 记作 u．显然，在振动过程中位移 u 是变量 x 与 t 的函数 $u(x,t)$，现在来建立位移 u 满足的方程．我们把弦上点的运动先看作小弧段的运动，然后再考虑小弧段趋于零的极限情况．在弦上任取一弧段 $\widehat{MM'}$，其长为 ds，设 ρ 是弦的线密度，弧段 $\widehat{MM'}$ 两端所受的张力记作 T, T'．由于假定弦是柔软的，所以在任一点处张力的方向总是沿着弦在该点的切线方向．现在考虑弧段 $\widehat{MM'}$ 在 t 时刻的受力情况．用**牛顿运动定律**，作用于弧段上任一方向上的力的总和等于这段弧的质量乘该方向上的加速度.

在 x 轴方向,弧段 $\widehat{MM'}$ 受力的总和为 $-T\cos\alpha+T'\cos\alpha'$,由于弦只作横向振动,所以

$$T'\cos\alpha' - T\cos\alpha = 0. \tag{1.1}$$

按照上述弦振动微小的假设,可知在振动过程中弦上 M 点与 M' 点处切线的倾角都很小,即 $\alpha\approx 0,\alpha'\approx 0$,从而由

$$\cos\alpha = 1 - \frac{\alpha^2}{2!} + \frac{\alpha^4}{4!} - \cdots$$

可知,当我们略去 α 与 α' 的所有高于一次方的各项时,就有

$$\cos\alpha \approx 1,\quad \cos\alpha' \approx 1,$$

代入(1.1)式,便可近似得到

$$T = T'.$$

在 u 方向,弧段 $\widehat{MM'}$ 受力的总和为 $-T\sin\alpha+T'\sin\alpha'-\rho g\mathrm{d}s$,其中 $-\rho g\mathrm{d}s$ 是弧段 $\widehat{MM'}$ 的重力.又因当 $\alpha\approx 0,\alpha'\approx 0$ 时

$$\sin\alpha = \frac{\tan\alpha}{\sqrt{1+\tan^2\alpha}} \approx \tan\alpha = \frac{\partial u(x,t)}{\partial x},$$

$$\sin\alpha' \approx \tan\alpha' = \frac{\partial u(x+\mathrm{d}x,t)}{\partial x},$$

$$\mathrm{d}s = \sqrt{1+\left[\frac{\partial u(x,t)}{\partial x}\right]^2}\,\mathrm{d}x \approx \mathrm{d}x,$$

且小弧段在时刻 t 沿 u 方向运动的加速度近似为 $\dfrac{\partial^2 u(x,t)}{\partial t^2}$,小弧段的质量为 $\rho\mathrm{d}s$,所以

$$-T\sin\alpha + T'\sin\alpha' - \rho g\mathrm{d}s \approx \rho\mathrm{d}s\,\frac{\partial^2 u(x,t)}{\partial t^2}$$

或

$$T\left[\frac{\partial u(x+\mathrm{d}x,t)}{\partial x}-\frac{\partial u(x,t)}{\partial x}\right]-\rho g\mathrm{d}x \approx \rho\,\frac{\partial^2 u(x,t)}{\partial t^2}\mathrm{d}x, \tag{1.2}$$

上式左边方括号内的部分是由于 x 产生 $\mathrm{d}x$ 的变化而引起的 $\dfrac{\partial u(x,t)}{\partial x}$ 的改变量,可用微分近似代替,即

$$\frac{\partial u(x+\mathrm{d}x,t)}{\partial x}-\frac{\partial u(x,t)}{\partial u}\approx\frac{\partial}{\partial x}\left[\frac{\partial u(x,t)}{\partial x}\right]\mathrm{d}x$$

$$=\frac{\partial^2 u(x,t)}{\partial x^2}\mathrm{d}x,$$

于是

$$\left[T\frac{\partial^2 u(x,t)}{\partial x^2}-\rho g\right]\mathrm{d}x\approx\rho\frac{\partial^2 u(x,t)}{\partial t^2}\mathrm{d}x$$

或

$$\frac{T}{\rho}\frac{\partial^2 u(x,t)}{\partial x^2}\approx\frac{\partial^2 u(x,t)}{\partial t^2}+g.$$

一般说来，张力较大时弦振动速度变化很快，即$\frac{\partial^2 u}{\partial t^2}$要比 g 大得多，所以又可以把 g 略去.经过这样逐步略去一些次要的量，抓住主要的量，在 $u(x,t)$关于 x,t 都是二次连续可微的前提下，最后得出$u(x,t)$应近似地满足方程

$$\frac{\partial^2 u}{\partial t^2}=a^2\frac{\partial^2 u}{\partial x^2},\tag{1.3}$$

这里的 $a^2=\frac{T}{\rho}$.(1.3)式称为**一维波动方程**.

如果在振动过程中，弦上另外还受到一个与弦的振动方向平行的外力，且假定在时刻 t 弦上 x 点处的外力密度为 $F(x,t)$，显然，这时(1.1)及(1.2)分别为

$$T'\cos\alpha'-T\cos\alpha=0,$$

$$F\mathrm{d}s-T\sin\alpha+T'\sin\alpha'-\rho g\mathrm{d}s\approx\rho\mathrm{d}s\frac{\partial^2 u}{\partial t^2}.$$

利用上面的推导方法并略去弦本身的质量，可得弦的强迫振动方程为

$$\frac{\partial^2 u}{\partial t^2}=a^2\frac{\partial^2 u}{\partial x^2}+f(x,t),\tag{1.3$'$}$$

其中 $f(x,t)=\frac{1}{\rho}F(x,t)$，表示 t 时刻单位质量的弦在 x 点处所受的外力密度.

方程(1.3)与(1.3)′的差别在于(1.3)′的右端多了一个与未知函数 u 无关的项 $f(x,t)$，这个项称为**自由项**.包括非零自由项的方程称为**非齐次方程**，自由项恒等于零的方程称为**齐次方程**.(1.3)为齐次一维波动方程，(1.3)′为非齐次一维波动方程.

注 1 在研究均匀细杆作纵向振动时，也会得到方程(1.3)及(1.3)′，其中 $u(x,t)$表示杆上点 x 在时刻 t 的纵向位移(见习题一第 3 题.其推导过程见《数

学物理方程与特殊函数(第五版)学习指南与习题解答》(以后简称《**学习指南**》).

注 2　如果我们研究薄膜的振动或者声波在空气中的传播,就得到二维或三维波动方程,其形式和方程(1.3)′相似:

$$\frac{\partial^2 u}{\partial t^2}=a^2\Delta u+f,$$

其中 $\Delta u=\sum_{i=1}^{n}\frac{\partial^2 u}{\partial x_i^2}$,$n$ 是维数($n=2$ 或 3),$\Delta=\sum_{i=1}^{n}\frac{\partial^2}{\partial x_i^2}$ 称为**拉普拉斯**(Laplace)算子.

例 2　传输线方程

对于直流电或低频的交流电,电路的**基尔霍夫**(Kirchhoff)定律指出同一支路中电流相等.但对于较高频率的电流(指频率还没有高到能显著地辐射电磁波的情况),电路中导线的自感和电容的效应不可忽略,因而同一支路中电流未必相等.

今考虑一来一往的高频传输线,它被当作具有分布参数的导体(图 1-2),我们来研究这种导体内电流流动的规律.在具有分布参数的导体中,电流通过的情况,可以用电流密度 i 与电压 v 来描述,此处 i 与 v 都是 x,t 的函数,记作 $i(x,t)$ 与 $v(x,t)$.以 R,L,C,G 分别表示下列参数:

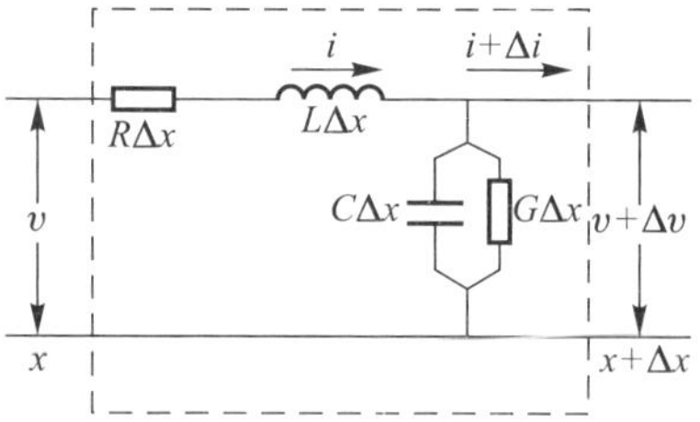

图 1-2

R——每一回路单位的串联电阻,

L——每一回路单位的串联电感,

C——每单位长度的分路电容,

G——每单位长度的分路电导.

根据**基尔霍夫第二定律**,在长度为 Δx 的传输线中,电压降应等于导线电阻 $R\Delta x$ 上的电压降和两线之间的电感 $L\Delta x$ 上的感生电动势之和,即

$$v-(v+\Delta v)=R\Delta x\cdot i+L\Delta x\cdot\frac{\partial i}{\partial t}.$$

由此可得

$$\frac{\partial v}{\partial x}=-Ri-L\frac{\partial i}{\partial t}. \tag{1.4}$$

另外,由**基尔霍夫第一定律**,流入节点的电流应等于流出该节点的电流,

即

$$i=(i+\Delta i)+C\Delta x\cdot\frac{\partial v}{\partial t}+G\Delta x\cdot v,$$

其中右端第二项为两线之间的电容 $C\Delta x$ 上的充放电，右端第三项为两线间的漏电流.由此式得

$$\frac{\partial i}{\partial x}=-C\frac{\partial v}{\partial t}-Gv. \tag{1.5}$$

将方程(1.4)与(1.5)合并，即得 i,v 应满足如下方程组：

$$\begin{cases}\dfrac{\partial i}{\partial x}+C\dfrac{\partial v}{\partial t}+Gv=0,\\[2ex]\dfrac{\partial v}{\partial x}+L\dfrac{\partial i}{\partial t}+Ri=0.\end{cases}$$

从这个方程组消去 v（或 i），即可得到 i（或 v）所满足的方程.例如，为了消去 v，我们将方程(1.5)对 x 求导（假定 v 与 i 对 x,t 都是二次连续可微的），同时在方程(1.4)两端乘 C 后再对 t 求导，并把两个结果相减，即得

$$\frac{\partial^2 i}{\partial x^2}+G\frac{\partial v}{\partial x}-LC\frac{\partial^2 i}{\partial t^2}-RC\frac{\partial i}{\partial t}=0,$$

将(1.4)中的$\dfrac{\partial v}{\partial x}$代入上式，得

$$\frac{\partial^2 i}{\partial x^2}=LC\frac{\partial^2 i}{\partial t^2}+(RC+GL)\frac{\partial i}{\partial t}+GRi, \tag{1.6}$$

这就是电流 i 满足的微分方程.采用类似的方法从(1.4)与(1.5)中消去 i 可得电压 v 满足的方程

$$\frac{\partial^2 v}{\partial x^2}=LC\frac{\partial^2 v}{\partial t^2}+(RC+GL)\frac{\partial v}{\partial t}+GRv, \tag{1.7}$$

方程(1.6)或(1.7)称为**传输线方程**.

根据不同的具体情况，对参数 R,L,C,G 作不同的假定，就可以得到传输线方程的各种特殊形式.例如，在高频传输的情况下，电导与电阻所产生的效应可以忽略不计，也就是说可令 $G=R=0$，此时方程(1.6)与(1.7)可简化为

$$\frac{\partial^2 i}{\partial t^2}=\frac{1}{LC}\frac{\partial^2 i}{\partial x^2},$$

$$\frac{\partial^2 v}{\partial t^2}=\frac{1}{LC}\frac{\partial^2 v}{\partial x^2}.$$

这两个方程称为**高频传输线方程**.

若令 $a^2=\dfrac{1}{LC}$,这两个方程与(1.3)完全相同.由此可见,同一个方程可以用来描述不同的物理现象.一维波动方程只是波动方程中最简单的情况,在流体力学、声学及电磁场理论中,还要研究高维的波动方程.

* **例 3** 电磁场方程

从物理学我们知道,电磁场的特性可以用电场强度 $\boldsymbol{E}$ 与磁场强度 $\boldsymbol{H}$ 以及电感应强度 $\boldsymbol{D}$ 与磁感应强度 $\boldsymbol{B}$ 来描述.联系这些量的**麦克斯韦**(Maxwell)方程组[①]为

$$\textbf{rot}\ \boldsymbol{H}=\boldsymbol{J}+\frac{\partial \boldsymbol{D}}{\partial t}, \tag{1.8}$$

$$\textbf{rot}\ \boldsymbol{E}=-\frac{\partial \boldsymbol{B}}{\partial t}, \tag{1.9}$$

$$\operatorname{div}\ \boldsymbol{B}=0, \tag{1.10}$$

$$\operatorname{div}\ \boldsymbol{D}=\rho. \tag{1.11}$$

其中 $\boldsymbol{J}$ 为传导电流的面密度,ρ 为电荷的体密度.

这组方程还必须与下述场的物质方程

$$\boldsymbol{D}=\varepsilon \boldsymbol{E}, \tag{1.12}$$

$$\boldsymbol{B}=\mu \boldsymbol{H}, \tag{1.13}$$

$$\boldsymbol{J}=\sigma \boldsymbol{E} \tag{1.14}$$

联立,其中 ε 是介质的介电常数,μ 是磁导率,σ 为电导率,我们假定介质是均匀而且是各向同性的,此时 ε,μ,σ 均为常数.

方程(1.8)与(1.9)都同时包含有 $\boldsymbol{E}$ 与 $\boldsymbol{H}$,从中消去一个变量,就可以得到关于另一个变量的微分方程.例如先消去 $\boldsymbol{H}$,在(1.8)式两端求旋度(假定 $\boldsymbol{H},\boldsymbol{E}$ 都是二次连续可微的)并利用(1.12)与(1.14)得

$$\textbf{rot rot}\ \boldsymbol{H}=\varepsilon \frac{\partial}{\partial t}\textbf{rot}\ \boldsymbol{E}+\sigma\ \textbf{rot}\ \boldsymbol{E},$$

将(1.9)与(1.13)代入上式得

$$\textbf{rot rot}\ \boldsymbol{H}=-\varepsilon\mu \frac{\partial^2 \boldsymbol{H}}{\partial t^2}-\sigma\mu \frac{\partial \boldsymbol{H}}{\partial t},$$

---

① 向量场的散度与旋度参阅《学习指南》1.2.2.

而 $\mathbf{rot}\ \mathbf{rot}\ \boldsymbol{H}=\mathbf{grad}\ \mathrm{div}\ \boldsymbol{H}-\Delta\ \boldsymbol{H}$,且 $\mathrm{div}\ \boldsymbol{H}=\frac{1}{\mu}\mathrm{div}\ \boldsymbol{B}=0$,所以最后得到 $\boldsymbol{H}$ 所满足的方程为

$$\Delta\boldsymbol{H}=\varepsilon\mu\frac{\partial^2\boldsymbol{H}}{\partial t^2}+\sigma\mu\frac{\partial\boldsymbol{H}}{\partial t}.$$

同理,若消去 $\boldsymbol{H}$ 即得 $\boldsymbol{E}$ 所满足的方程

$$\Delta\boldsymbol{E}=\varepsilon\mu\frac{\partial^2\boldsymbol{E}}{\partial t^2}+\sigma\mu\frac{\partial\boldsymbol{E}}{\partial t}.$$

如果介质不导电($\sigma=0$),则上面两个方程简化为

$$\frac{\partial^2\boldsymbol{H}}{\partial t^2}=\frac{1}{\varepsilon\mu}\Delta\boldsymbol{H},\tag{1.15}$$

$$\frac{\partial^2\boldsymbol{E}}{\partial t^2}=\frac{1}{\varepsilon\mu}\Delta\boldsymbol{E},\tag{1.16}$$

(1.15)与(1.16)是以向量函数表示的三维波动方程.若用向量函数的分量来表示,则每个方程就代表一个方程组.

从方程(1.11)与(1.12)还可以推导出静电场的电位所满足的微分方程.事实上,以(1.12)代入(1.11)得

$$\mathrm{div}\ \boldsymbol{D}=\mathrm{div}\ \varepsilon\boldsymbol{E}=\varepsilon\ \mathrm{div}\ \boldsymbol{E}=\rho,$$

而电场强度 $\boldsymbol{E}$ 与电位 u 之间存在关系

$$\boldsymbol{E}=-\ \mathbf{grad}\ u,\tag{1.17}$$

所以可得

$$\mathrm{div}\ \mathbf{grad}\ u=-\frac{\rho}{\varepsilon},$$

或

$$\Delta u=-\frac{\rho}{\varepsilon}.\tag{1.18}$$

这个非齐次方程称为**泊松(Poisson)方程**.

如果静电场是无源的,即 $\rho=0$,则(1.18)变成

$$\Delta u=0,\tag{1.19}$$

这个方程称为**拉普拉斯方程**.

例 4 热传导方程

一块热的物体,如果体内每一点的温度不全一样,则温度较高的点处的热量就要向温度较低的点处流动,这种现象就是热传导.由于热量的传导过程总是表现为温度随时间和点的位置的变化,所以解决传热问题都要归结为求物

体内温度的分布,现在我们来推导均匀且各向同性的导热体在传热过程中温度所满足的微分方程.与例1类似,我们不是先讨论一点处的温度,而应该先考虑一个区域的温度.为此,在物体中任取一闭曲面 S,它所包围的区域记作 V(图1-3).假设在时刻 t 区域 V 内点 $M(x,y,z)$ 处的温度为 $u(x,y,z,t)$,$\boldsymbol{n}$ 为曲面元素 ΔS 的法向量(从 V 内指向 V 外).

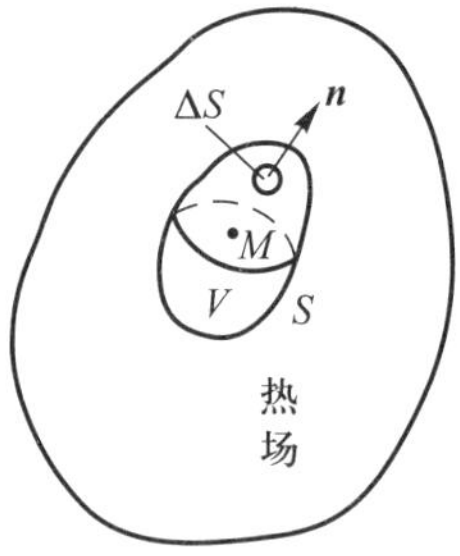

图 1-3

由传热学中**傅里叶(Fourier)实验定律**可知,物体在时间段 $\mathrm{d}t$ 内,流过一个面积微元 $\mathrm{d}S$ 的热量 $\mathrm{d}Q$ 与时间 $\mathrm{d}t$、曲面面积 $\mathrm{d}S$ 以及物体温度 u 沿曲面 $\mathrm{d}S$ 的法线方向的方向导数 $\dfrac{\partial u}{\partial n}$ 三者成正比,即

$$\begin{aligned}\mathrm{d}Q &= -k\frac{\partial u}{\partial n}\mathrm{d}S\mathrm{d}t\\ &= -k\,(\mathbf{grad}\ u)_n\mathrm{d}S\mathrm{d}t\\ &= -k\,\mathbf{grad}\ u\cdot\mathrm{d}\boldsymbol{S}\mathrm{d}t,\end{aligned}$$

其中 $k=k(x,y,z)$ 称为物体的热传导系数,$\mathrm{d}\boldsymbol{S}=\mathrm{d}S\boldsymbol{n}$,当物体为均匀且各向同性的导热体时,$k$ 为常数.

上式中的负号是由于热量的流向和温度梯度的正向即 $\mathbf{grad}\ u$ 的方向相反而产生的.这就是说,当 $\dfrac{\partial u}{\partial n}=\mathbf{grad}\ u\cdot\boldsymbol{n}>(<)0$ 时,物体的温度沿 $\boldsymbol{n}$ 的方向增加(减少),而热流方向却与此相反,故沿 $\boldsymbol{n}$ 的方向通过曲面的热量应该是负(正)的.

利用上面的关系,从时刻 t_1 到时刻 t_2,通过曲面 S 流入区域 V 的全部热量为

$$Q_1=\int_{t_1}^{t_2}\left(\iint_S k\ \mathbf{grad}\ u\cdot\mathrm{d}\boldsymbol{S}\right)\mathrm{d}t.$$

流入的热量使 V 内温度发生了变化,在时间间隔 $[t_1,t_2]$ 内区域 V 内各点温度从 $u(x,y,z,t_1)$ 变化到 $u(x,y,z,t_2)$,则在 $[t_1,t_2]$ 内 V 内温度升高所需要的热量为

$$\iiint_V c\rho[u(x,y,z,t_2)-u(x,y,z,t_1)]\mathrm{d}V,$$

其中 c 为物体的比热,ρ 为物体的密度,对均匀且各向同性的物体来说,它们都是常数.

由于热量守恒,流入的热量应等于物体温度升高所需吸收的热量,即

$$
\int_{t_1}^{t_2}\left(\iint_S k\ \mathbf{grad}\ u\cdot \mathrm{d}\boldsymbol{S}\right)\mathrm{d}t
= \iiint_V c\rho\left[u(x,y,z,t_2)-u(x,y,z,t_1)\right]\mathrm{d}V. \tag{1.20}
$$

此式左端的曲面积分中 S 是闭曲面,假设函数 u 关于 x,y,z 具有二阶连续偏导数,关于 t 具有一阶连续偏导数,可以利用**高斯**(Gauss)公式①将它化为三重积分,即

$$
\iint_S k\ \mathbf{grad}\ u\cdot \mathrm{d}\boldsymbol{S}=\iiint_V k\ \mathrm{div}\ \mathbf{grad}\ u\ \mathrm{d}V=\iiint_V k\ \Delta u\mathrm{d}V,
$$

同时,(1.20)的右端的体积分可以写成

$$
\iiint_V c\rho\left(\int_{t_1}^{t_2}\frac{\partial u}{\partial t}\mathrm{d}t\right)\mathrm{d}V=\int_{t_1}^{t_2}\left(\iiint_V c\rho\ \frac{\partial u}{\partial t}\mathrm{d}V\right)\mathrm{d}t.
$$

因此有

$$
\int_{t_1}^{t_2}\left(\iiint_V k\ \Delta u\mathrm{d}V\right)\mathrm{d}t=\int_{t_1}^{t_2}\left(\iiint_V c\rho\ \frac{\partial u}{\partial t}\mathrm{d}V\right)\mathrm{d}t. \tag{1.20$'$}
$$

由于时间间隔$[t_1,t_2]$及区域 V 都是任意取的,并且被积函数是连续的,所以(1.20)$'$式左右相等的条件是它们的被积函数相等,即

$$
\frac{\partial u}{\partial t}=a^2\ \Delta u=a^2\left(\frac{\partial^2 u}{\partial x^2}+\frac{\partial^2 u}{\partial y^2}+\frac{\partial^2 u}{\partial z^2}\right), \tag{1.21}
$$

其中 $a^2=\dfrac{k}{c\rho}$.方程(1.21)称为**三维热传导方程**.

若物体内有热源,其强度(在单位时间、单位体积内所产生的热量)为 $F(x,y,z,t)$,则相应的热传导方程为

$$
\frac{\partial u}{\partial t}=a^2\left(\frac{\partial^2 u}{\partial x^2}+\frac{\partial^2 u}{\partial y^2}+\frac{\partial^2 u}{\partial z^2}\right)+f(x,y,z,t),
$$

其中 $f=\dfrac{F}{c\rho}$.

作为特例,如果所考虑的物体是一根细杆(或一块薄板),或者即使不是细杆(或薄板)而其中的温度 u 只与 x,t(或 x,y,t)有关,则方程(1.21)就变成一维热传导方程

$$
\frac{\partial u}{\partial t}=a^2\ \frac{\partial^2 u}{\partial x^2}
$$

① 参阅《学习指南》1.2.2.

或二维热传导方程

$$\frac{\partial u}{\partial t}=a^2\left(\frac{\partial^2 u}{\partial x^2}+\frac{\partial^2 u}{\partial y^2}\right).$$

如果我们考虑稳恒温度场，即在热传导方程中物体的温度趋于某种平衡状态，这时温度 u 已与时间 t 无关，所以 $\frac{\partial u}{\partial t}=0$，此时方程(1.21)就变成拉普拉斯方程(1.19).由此可见稳恒温度场内的温度 u 也满足拉普拉斯方程.

在研究气体或液体的扩散过程时，若扩散系数是常数，则所得的扩散方程与热传导方程完全相同.

§1.2　初值条件与边界条件

上面所讨论的是如何将一个具体问题所具有的物理规律用数学式子表达出来.除此以外，我们还需要把这个问题所具有的特定条件也用数学形式表达出来，这是因为任何一个具体的物理现象都是处在特定条件之下的.例如弦振动问题，上节所推导出来的方程是一切柔软均匀的弦作微小横向振动的共同规律，在推导这个方程时没有考虑到弦在初始时刻的状态以及弦所受的约束情况.如果我们不是泛泛地研究弦的振动，势必就要考虑到弦所具有的特定条件.因为任何一个振动物体在某时刻的振动状态总是和此时刻以前的状态有关，从而就与初始时刻的状态有关.另外，弦的两端所受的约束也会影响弦的振动，端点所处的物理条件不同就会产生不同的影响，因而弦的振动也不同.所以对弦振动问题来说，除了建立振动方程以外，还需列出它所处的特定条件.对热传导方程、拉普拉斯方程也是如此.

提出的条件应该能够用来说明某一具体物理现象的初始状态或者边界上的约束情况.用以说明初始状态的条件称为**初值条件**，用以说明边界上的约束情况的条件称为**边界条件**.

下面具体说明初值条件和边界条件的表达形式.先谈初值条件，对于弦振动问题来说，初值条件就是弦在开始时刻的位移及速度，若以 $\varphi(x)$，$\psi(x)$ 分别表示初位移和初速度，则初值条件可以表达为

$$\begin{cases} u\big|_{t=0}=\varphi(x), \\ \dfrac{\partial u}{\partial t}\Big|_{t=0}=\psi(x). \end{cases} \tag{1.22}$$

而对热传导方程来说，初值条件是指在开始时刻物体温度的分布情况，若以 $\varphi(M)$ 表示 $t=0$ 时物体内任一点 M 处的温度，则热传导方程的初值条件就是

$$u(M,t)\Big|_{t=0}=\varphi(M). \tag{1.23}$$

泊松方程与拉普拉斯方程都是描述稳恒状态的，与初值状态无关，所以不提初值条件.

再谈边界条件.还是先从弦振动问题说起，从物理学得知，弦在振动时，其端点（以 $x=a$ 表示这个端点）所受的约束情况通常有以下三种类型：

第一，固定端，即弦在振动过程中这个端点始终保持不动.对应于这种状态的边界条件为

$$u\Big|_{x=a}=0, \tag{1.24}$$

或

$$u(a,t)=0.$$

第二，自由端，即弦在这个端点不受位移方向的外力，从而在这个端点弦在位移方向的张力应该为零.由 §1.1 中例 1 的推导过程可知，此时所对应的边界条件为

$$T\frac{\partial u}{\partial x}\bigg|_{x=a}=0,$$

即

$$\frac{\partial u}{\partial x}\bigg|_{x=a}=0, \tag{1.25}$$

或

$$u_x(a,t)=0.$$

第三，弹性支承端，即弦在这个端点被某个弹性体所支承.设弹性支承原来的位置为 $u=0$，则 $u\Big|_{x=a}$ 就表示弹性支承的应变，由**胡克**（Hooke）定律可知，这时弦在 $x=a$ 处沿位移方向的张力 $T\dfrac{\partial u}{\partial x}\bigg|_{x=a}$ 应该等于 $-ku\Big|_{x=a}$，即

$$T\frac{\partial u}{\partial x}\bigg|_{x=a}=-ku\Big|_{x=a}$$

或

$$\left(\frac{\partial u}{\partial x}+\sigma u\right)\bigg|_{x=a}=0, \tag{1.26}$$

其中 k 为弹性体的劲度系数，$\sigma=k/T$.

对热传导方程来说，也有类似的情况.以 S 表示某物体 V 的边界，如果在导热过程中边界 S 的温度为已知的函数 $f(x,y,z,t)$，则这时的边界条件为

$$u\big|_S=f, \tag{1.27}$$

这里的 f 是定义在 S 上(一般依赖于 t)的函数.

如果在导热过程中，物体 V 与周围的介质处于绝热状态，或者说，在 S 上的热量流速始终为零，这时从例 4 的推导过程可知，在边界 S 上必满足

$$\frac{\partial u}{\partial n}\bigg|_S=0. \tag{1.28}$$

如果物体的内部和周围的介质通过边界 S 有热量交换，以 u_1 表示和物体接触处的介质温度，这时利用另一个热传导实验定律(**牛顿定律**)：从一介质流入另一介质的热量和两介质间的温度差成正比

$$\mathrm{d}Q=k_1(u-u_1)\,\mathrm{d}S\mathrm{d}t,$$

其中 k_1 是两介质间的热交换系数.所以物体与介质通过表面 S 进行热交换时的热量流速(亦称热流强度)为

$$\frac{\mathrm{d}Q}{\mathrm{d}S\mathrm{d}t}\bigg|_S=k_1(u-u_1)\big|_S.$$

在物体内部任取一个无限贴近于边界 S 的闭曲面 Γ，由于在 S 内侧热量不能积累，所以在 Γ 上的热量流速应等于边界 S 上的热量流速，而在 Γ 上的热量流速由**傅里叶定律**为 $\dfrac{\mathrm{d}Q}{\mathrm{d}S\mathrm{d}t}\bigg|_\Gamma=-k\dfrac{\partial u}{\partial n}\bigg|_\Gamma$，所以，当物体和外界有热交换时，相应的边界条件为

$$-k\frac{\partial u}{\partial n}\bigg|_S=k_1(u-u_1)\big|_S,$$

即

$$\left(\frac{\partial u}{\partial n}+\sigma u\right)\bigg|_S=\sigma u_1\big|_S, \tag{1.29}$$

其中 $\sigma=k_1/k$.

综合上述可知，不论对弦振动问题，还是对热传导问题，它们所对应的边界条件，从数学角度看不外有三种类型：

一是在边界 S 上直接给出了未知函数 u 的数值,即

$$u\Big|_S=f_1. \tag{1.30}$$

这种形式的边界条件称为**第一类边界条件**.

二是在边界 S 上给出了未知函数 u 沿 S 的外法线方向的方向导数,即

$$\frac{\partial u}{\partial n}\Big|_S=f_2. \tag{1.31}$$

这种形式的边界条件称为**第二类边界条件**.

三是在边界 S 上给出了未知函数 u 及其沿 S 的外法向量的方向导数某种线性组合的值,即

$$\left(\frac{\partial u}{\partial n}+\sigma u\right)\Big|_S=f_3. \tag{1.32}$$

这种形式的边界条件称为**第三类边界条件**.

需要注意的是,(1.30),(1.31),(1.32)右端的 $f_i(i=1,2,3)$ 都是定义在边界 S 上(一般说来,也依赖于 t)的已知函数.不论哪一类型的边界条件,当它的数学表达式中的自由项(即不依赖于 u 的项)恒为零时,这种边界条件称为是**齐次的**,否则称为**非齐次的**.

§ 1.3　定解问题的提法

前面两节我们推导了三种不同类型的偏微分方程,并讨论了与它们相应的初值条件与边界条件的表达方式.由于这些方程中出现的未知函数的偏导数的最高阶都是二阶,而且它们对于未知函数及其各阶偏导数来说都是线性的,所以这种方程称为**二阶线性偏微分方程**.在工程技术上二阶线性偏微分方程遇到最多.

如果一个函数具有某偏微分方程中所需要的各阶连续偏导数,并且代入该方程中能使它变成恒等式,则此函数称为该方程的**解(古典解)**.由于每一个物理过程都处在特定的条件之下,所以我们的任务是要求出偏微分方程的适合某些特定条件的解.初值条件和边界条件都称为**定解条件**.把某个偏微分方程和相应的定解条件结合在一起,就构成了一个**定解问题**.

只有初值条件,没有边界条件的定解问题称为**初值问题**(或**柯西**(Cauchy)**问题**);反之,没有初值条件,只有边界条件的定解问题称为**边值问题**.既有初值条件又有边界条件的定解问题称为**混合问题**.

一个定解问题提得是否符合实际情况,当然必须靠实践来证实.然而从数学角度来看,可以从三方面加以检验:

1)解的存在性,即看所归结出来的定解问题是否有解;

2)解的唯一性,即看是否只有一个解;

3)解的稳定性,即看当定解条件有微小变动时,解是否相应地只有微小的变动,如果确实如此,此解便称为**稳定的**,否则所得的解就无实用价值.因为定解条件通常总是利用实验方法获得的,因而所得到的结果总有一定的误差,如果因此而解的变动很大,那么这种解显然不能符合客观实际的要求.

如果一个定解问题存在唯一且稳定的解,则此问题称为**适定的**.在以后讨论中我们把着眼点放在讨论定解问题的解法上,而很少讨论它的适定性,这是因为讨论定解问题的适定性往往十分困难,而本书所讨论的定解问题都是经典的,它们的适定性都是经过证明的.

最后,我们对线性偏微分方程再多说几句.由前面的定义可知,一个含 n 个自变量的二阶线性偏微分方程的最一般的形式应该是

$$Lu \equiv \sum_{i,k=1}^{n} A_{ik} \frac{\partial^2 u}{\partial x_i \partial x_k} + \sum_{i=1}^{n} B_i \frac{\partial u}{\partial x_i} + Cu = f, \tag{1.33}$$

其中 A_{ik}, B_i, C, f 都只是 $x_1, x_2, \cdots, x_n$ 的已知函数,与未知函数无关.在两个自变量的情形,(1.33)可写为

$$A(x,y)\frac{\partial^2 u}{\partial x^2} + 2B(x,y)\frac{\partial^2 u}{\partial x \partial y} + C(x,y)\frac{\partial^2 u}{\partial y^2} + D(x,y)\frac{\partial u}{\partial x} + E(x,y)\frac{\partial u}{\partial y} + F(x,y)u = f(x,y). \tag{1.34}$$

线性偏微分方程(1.33)具有一个非常重要的特性,称为**叠加原理**,即若 u_i 是方程

$$Lu_i = f_i \ (i = 1, 2, \cdots)$$

的解,而且级数

$$u = \sum_{i=1}^{\infty} C_i u_i$$

收敛,并且能够逐项微分两次[①],其中 C_i $(i=1,2,\cdots)$ 为任意常数,则 u 一定是方程

$$Lu=\sum_{i=1}^{\infty}C_if_i$$

的解(当然要假定这个方程右端的级数是收敛的).特别是,如果 $u_i(i=1,2,\cdots)$ 是二阶线性齐次方程

$$Lu=0$$

的解,则只要 $u=\sum\limits_{i=1}^{\infty}C_iu_i$ 收敛,并且可以逐项微分两次,u 一定也是此方程的解.这个结论的证明是非常容易的(留作练习),但它却是下一章要讲的分离变量法的出发点.

习　题　一

1. 长为 l 的均匀杆侧面绝缘,一端温度为零,另一端有恒定热流 q 进入(即单位时间内通过单位截面积流入的热量为 q),杆的初始温度分布是 $\dfrac{x(l-x)}{2}$,试写出相应的定解问题.

2. 长为 l 的弦两端固定,开始时在 $x=c$ 受到冲量 k 的作用,试写出相应的定解问题.

3. 有一均匀杆,只要杆中任一小段有纵向位移或速度,必导致邻段的压缩或伸长,这种伸缩传开去,就有纵波沿着杆传播.试推导杆的纵振动方程.

4. 一均匀杆原长为 l,一端固定,另一端沿杆的轴线方向被拉长 e 而静止,突然放手任其振动,试建立振动方程与定解条件.

5. 若 $F(z)$,$G(z)$ 是任意两个二次连续可微函数,验证

$$u=F(x+at)+G(x-at)$$

满足方程

$$\frac{\partial^2u}{\partial t^2}=a^2\frac{\partial^2u}{\partial x^2}.$$

① 按微积分学中惯用提法,所谓可以逐项微分,是指对收敛的函数项级数通过逐项求导数以后所得的级数是一致收敛的.从而可推出原来的级数也是一致收敛的,并且逐项求导后的级数收敛于和函数的导数.

6. 验证线性齐次方程的叠加原理,即若 $u_1(x,y),u_2(x,y),\cdots,u_n(x,y),\cdots$ 均为线性二阶齐次方程

$$A\frac{\partial^2 u}{\partial x^2}+2B\frac{\partial^2 u}{\partial x\partial y}+C\frac{\partial^2 u}{\partial y^2}+D\frac{\partial u}{\partial x}+E\frac{\partial u}{\partial y}+Fu=0$$

的解,其中 A,B,C,D,E,F 都只是 x,y 的函数.而且级数 $u=\sum\limits_{i=1}^{\infty}c_iu_i(x,y)$ 收敛,其中 c_i $(i=1,2,\cdots)$ 为任意常数,并对 x,y 可以逐项微分两次,求证 $u=\sum\limits_{i=1}^{\infty}c_iu_i(x,y)$ 仍是原方程的解.

第二章　分离变量法

物理学、力学和工程技术等方面的许多问题都可归结为偏微分方程的定解问题,上一章我们已初步看到怎样把具体的物理问题表达为定解问题.下面一个重要任务是怎样去解决这些定解问题,也就是说在已经列出方程与定解条件之后,怎样去求既满足方程又满足定解条件的解.

从微积分学得知,在计算诸如多元函数的微分及重积分时总是把它们转化为一元函数的相应问题来解决.与此类似,求解偏微分方程的定解问题也是要设法把它们转化为常微分方程问题,分离变量法就是常用的一种转化手法.本章我们将通过实例来说明分离变量法的步骤与实质.在 §2.1 我们考虑最简单的情况,即两个边界条件都是第一类齐次边界条件,在 §2.2 我们讨论了如何处理含有第三类齐次边界条件(当然也包括第二类边界条件)的定解问题,§2.3 说明如何在极坐标系下使用分离变量法,在 §2.4 及 §2.5 我们讨论了如何处理非齐次方程及非齐次边界条件的问题,在 §2.6 中我们概述了二阶常微分方程特征值问题的一些结论,这些结论提供了分离变量法的理论基础.

§2.1　有界弦的自由振动

为了使读者了解什么是分离变量法以及使用分离变量法应该具备什么条件,我们以两端固定的弦的自由振动问题为例,通过具体的求解逐步回答这些问题.

根据第一章所得的结论,讨论两端固定的弦的自由振动,就归结为求解下列定解问题:

$$\begin{cases} \dfrac{\partial^2 u}{\partial t^2} = a^2 \dfrac{\partial^2 u}{\partial x^2}, 0 < x < l, t > 0, & (2.1) \\ u\Big|_{x=0} = 0, u\Big|_{x=l} = 0, t > 0, & (2.2) \\ u\Big|_{t=0} = \varphi(x), \dfrac{\partial u}{\partial t}\Big|_{t=0} = \psi(x), 0 \leqslant x \leqslant l. & (2.3) \end{cases}$$

这个定解问题的特点是:偏微分方程是线性齐次的,边界条件也是齐次的.求解这样的问题,可以运用叠加原理.我们知道,在求解常系数线性齐次常微分方程的初值问题时,是先求出足够多个特解(它们能构成通解),再利用叠加原理作这些特解的线性组合,使满足初值条件.这就启发我们,要解问题(2.1),(2.2),(2.3),先寻求齐次方程(2.1)的满足齐次边界条件(2.2)的足够多个具有简单形式(变量被分离的形式)的特解,再利用它们作线性组合使满足初值条件(2.3).

这种思想方法还可以从物理模型得到启示.从物理学知道,乐器发出的声音可以分解成各种不同频率的单音,每种单音振动时形成正弦曲线,其振幅依赖于时间 t,即每个单音可表示成

$$u(x,t)=A(t)\sin\omega x$$

的形式,这种形式的特点是:$u(x,t)$ 中的变量 x 与 t 被分离出来了.

根据上面的分析,现在我们试求方程(2.1)的变量分离形式

$$u(x,t)=X(x)T(t)$$

的非零解,并要求它满足齐次边界条件(2.2),式中 $X(x)$,$T(t)$ 分别表示仅与 x 有关及仅与 t 有关的待定函数.

由 $u(x,t)=X(x)T(t)$ 得

$$\frac{\partial^2 u}{\partial x^2}=X''(x)T(t),\quad \frac{\partial^2 u}{\partial t^2}=X(x)T''(t),$$

代入方程(2.1)得

$$X(x)T''(t)=a^2X''(x)T(t)$$

或

$$\frac{X''(x)}{X(x)}=\frac{T''(t)}{a^2T(t)}.$$

这个式子左端仅是 x 的函数,右端仅是 t 的函数,一般情况下二者不可能相等,只有当它们均为常数时才能相等.令此常数为 $-\lambda$,则有

$$\frac{X''(x)}{X(x)}=\frac{T''(t)}{a^2T(t)}=-\lambda,$$

这样我们得到两个常微分方程:

$$T''(t)+\lambda a^2T(t)=0, \tag{2.4}$$

$$X''(x)+\lambda X(x)=0. \tag{2.5}$$

再利用边界条件(2.2),由于 $u(x,t)=X(x)T(t)$,故有

$$X(0)T(t)=0,\ X(l)T(t)=0.$$

但 $T(t) \neq 0$,因为如果 $T(t) \equiv 0$,则 $u(x,t) \equiv 0$,这种解称为**平凡解**,显然不是我们所要求的,所以

$$X(0) = X(l) = 0. \tag{2.6}$$

因此,要求方程(2.1)满足条件(2.2)的变量分离形式的解,就先要从下列常微分方程的边值问题

$$\begin{cases} X''(x) + \lambda X(x) = 0, \\ X(0) = X(l) = 0 \end{cases}$$

中解出 $X(x)$.

现在我们就来求非零解 $X(x)$,但要求出 $X(x)$ 并不是一个简单的问题,因为方程(2.5)中含有一个待定常数 λ,所以我们既要确定 λ 取何值时方程(2.5)才有满足条件(2.6)的非零解,又要求出这个非零解 $X(x)$.这样的问题称为常微分方程(2.5)在条件(2.6)下的**特征值问题**,使问题(2.5),(2.6)有非零解的 λ 称为该问题的**特征值**,相应的非零解 $X(x)$ 称为它的**特征函数**.下面,我们对 λ 分三种情况来讨论.

1° 设 $\lambda<0$,此时方程(2.5)的通解为

$$X(x) = A\mathrm{e}^{\sqrt{-\lambda}x} + B\mathrm{e}^{-\sqrt{-\lambda}x}.$$

由条件(2.6)得

$$A + B = 0,$$
$$A\mathrm{e}^{\sqrt{-\lambda}l} + B\mathrm{e}^{-\sqrt{-\lambda}l} = 0.$$

解出 A,B 得

$$A = B = 0.$$

即 $X(x) \equiv 0$,不符合非零解的要求,因此 λ 不能小于零.

2° 设 $\lambda=0$,此时方程(2.5)的通解为

$$X(x) = Ax + B,$$

由条件(2.6)还是得 $A=B=0$,所以 λ 也不能等于零.

3° 设 $\lambda>0$,并令 $\lambda=\beta^2$,β 为非零实数.此时方程(2.5)的通解为

$$X(x) = A\cos\beta x + B\sin\beta x,$$

由条件(2.6)得

$$A = 0,$$
$$B\sin\beta l = 0.$$

由于 B 不能为零(否则 $X(x) \equiv 0$),所以 $\sin\beta l=0$,即

$$\beta = \frac{n\pi}{l}\ (n=1,2,3,\cdots)$$

$\left(\right.$可以不必考虑 n 为负整数,因为例如 $n=-2$, $B\sin\frac{-2\pi}{l}x$ 实际上还是 $B'\sin\frac{2\pi}{l}x$ 的形式$\left.\right)$,从而

$$\lambda = \frac{n^2\pi^2}{l^2}, \tag{2.7}$$

这样,我们就求出了特征值问题(2.5),(2.6)的一系列特征值及相应的特征函数

$$\lambda_n = \frac{n^2\pi^2}{l^2}\ (n=1,2,3,\cdots),$$

$$X_n(x) = B_n\sin\frac{n\pi}{l}x\ (n=1,2,3,\cdots). \tag{2.8}$$

确定了 λ 的值后,现在再来求函数 $T(t)$,以(2.7)式中的 λ 值代入方程(2.4)中得

$$T''_n(t) + \frac{a^2n^2\pi^2}{l^2}T_n(t) = 0,$$

显然,其通解为

$$T_n(t) = C'_n\cos\frac{n\pi a}{l}t + D'_n\sin\frac{n\pi a}{l}t\ (n=1,2,3,\cdots). \tag{2.9}$$

于是由(2.8),(2.9)得到满足方程(2.1)及边界条件(2.2)的一组变量被分离的特解

$$u_n(x,t) = \left(C_n\cos\frac{n\pi a}{l}t + D_n\sin\frac{n\pi a}{l}t\right)\sin\frac{n\pi}{l}x \quad (n=1,2,3,\cdots), \tag{2.10}$$

其中 $C_n=B_nC'_n$, $D_n=B_nD'_n$ 是任意常数.至此,我们的第一步工作已经完成了,求出了既满足方程(2.1)又满足边界条件(2.2)的无穷多个特解.为了求原定解问题的解,还需要满足条件(2.3).由(2.10)式所确定的一组函数虽然已经满足方程(2.1)及条件(2.2),但不一定满足初值条件(2.3).为了求出原问题的解,首先我们将(2.10)中所有函数 $u_n(x,t)$ 叠加起来

$$u(x,t) = \sum_{n=1}^{\infty} u_n(x,t)$$

$$= \sum_{n=1}^{\infty}\left(C_n\cos\frac{n\pi a}{l}t + D_n\sin\frac{n\pi a}{l}t\right)\sin\frac{n\pi}{l}x, \tag{2.11}$$

由叠加原理可知,如果(2.11)右端的无穷级数是收敛的,而且关于 x,t 都能逐项微分两次,则它的和 $u(x,t)$ 也满足方程(2.1)和条件(2.2).现在我们要适当选择 C_n,D_n,使函数 $u(x,t)$ 也满足初值条件(2.3),为此必须有

$$u(x,t)\Big|_{t=0} = u(x,0) = \sum_{n=1}^{\infty} C_n\sin\frac{n\pi}{l}x = \varphi(x),$$

$$\frac{\partial u}{\partial t}\Big|_{t=0} = \sum_{n=1}^{\infty} D_n\frac{n\pi a}{l}\sin\frac{n\pi}{l}x = \psi(x).$$

因为 $\varphi(x),\psi(x)$ 都是定义在 $[0,l]$ 上的函数,所以只要选取 C_n 为 $\varphi(x)$ 的**傅里叶**正弦级数展开式的系数,$\frac{n\pi a}{l}D_n$ 为 $\psi(x)$ 的**傅里叶**正弦级数展开式的系数①,也就是

$$\begin{cases} C_n = \dfrac{2}{l}\displaystyle\int_0^l \varphi(x)\sin\frac{n\pi}{l}x\mathrm{d}x, \\ D_n = \dfrac{2}{n\pi a}\displaystyle\int_0^l \psi(x)\sin\frac{n\pi}{l}x\mathrm{d}x, \end{cases} \tag{2.12}$$

初值条件(2.3)就能满足.将(2.12)所确定的 C_n,D_n 代入(2.11)式,即得原定解问题的解.

当然,如上所述,要使(2.11)式所确定的函数 $u(x,t)$ 确实是问题(2.1),(2.2),(2.3)的解,除了其中的系数 C_n,D_n 必须由(2.12)确定以外,还要求这样得到的级数收敛,并且能够对 x,t 逐项微分两次.这些要求只要对函数 $\varphi(x)$ 及 $\psi(x)$ 加一些条件就能满足.可以证明,如果在 $[0,l]$ 上 $\varphi(x)$ 三次连续可微,$\psi(x)$ 二次连续可微,且 $\varphi(0)=\varphi(l)=\varphi''(0)=\varphi''(l)=\psi(0)=\psi(l)=0$,则问题(2.1),(2.2),(2.3)的解存在,并且这个解可以用(2.11)给出,其中 C_n,D_n 由(2.12)式确定.有兴趣了解这个结果证明的读者,请扫这里的二维码.

需要指出的是,当 $\varphi(x)$ 与 $\psi(x)$ 不满足这里所述的条件时,由(2.11),(2.12)所确定的函数 $u(x,t)$ 不具备古典解的要求,它只能是原定解问题的一个形式解.其实形式解可以看作定解问题在某种意义下的“弱解”,也有意义.

从求解数学物理方程的方法来看,在大多数情况下,也都是先求形式解,然后在一定条件下验证这个形式解就是古典解,这个验证的过程常称为**综合**

① 参阅《学习指南》§ 1.3.

工作.鉴于本书受到篇幅和讲授课时的限制,在今后的叙述中,都不去做综合工作,也不逐个去讨论所求形式解就是古典解时需加的条件,只要求得了形式解,就认为定解问题得到了解决.

从前面的运算过程可以看出,用分离变量法求解定解问题的关键步骤是确定特征函数与运用叠加原理,这些运算之所以能够进行,就是因为偏微分方程与边界条件都是齐次的,这一点希望读者一定要注意.

例 1 设有一根长为 10 个单位的弦,两端固定,初速度为零,初位移为 $\varphi(x)=\dfrac{x(10-x)}{1\,000}$,求弦作微小横向振动时的位移.

解 设位移函数为 $u(x,t)$,它是定解问题

$$\begin{cases}\dfrac{\partial^2 u}{\partial t^2}=a^2\dfrac{\partial^2 u}{\partial x^2},\ 0<x<10,t>0,\\ u\Big|_{x=0}=0,u\Big|_{x=10}=0,t>0,\\ u\Big|_{t=0}=\dfrac{x(10-x)}{1\,000},\dfrac{\partial u}{\partial t}\Big|_{t=0}=0,0\leqslant x\leqslant 10\end{cases}$$

的解.这时 $l=10$,并给定 $a^2=10\,000$(这个数字与弦的材料、张力有关).

显然,这个问题的傅里叶级数形式解可由(2.11)给出.其系数按(2.12)式为

$$\begin{aligned}D_n&=0,\\ C_n&=\frac{1}{5\,000}\int_0^{10}x(10-x)\sin\frac{n\pi}{10}x\mathrm{d}x\\ &=\frac{2}{5n^3\pi^3}(1-\cos n\pi)\\ &=\begin{cases}0, & \text{当 } n \text{ 为偶数},\\ \dfrac{4}{5n^3\pi^3}, & \text{当 } n \text{ 为奇数}.\end{cases}\end{aligned}$$

因此,所求的解为

$$u(x,t)=\frac{4}{5\pi^3}\sum_{n=0}^{\infty}\frac{1}{(2n+1)^3}\sin\frac{(2n+1)\pi}{10}x\cos 10(2n+1)\pi t.$$

例 2 单簧管是直径均匀的细管,一端封闭而另一端开放.在下列初始状态下求管内空气柱的纵向振动位移就归结为求解下列类型定解问题:

$$\begin{cases}\dfrac{\partial^2 u}{\partial t^2}=a^2\dfrac{\partial^2 u}{\partial x^2},0<x<l,t>0,\\ u\Big|_{x=0}=0,\dfrac{\partial u}{\partial x}\Big|_{x=l}=0,t>0,\\ u\Big|_{t=0}=x^2-2lx,\ \dfrac{\partial u}{\partial t}\Big|_{t=0}=0,0\leqslant x\leqslant l.\end{cases}$$

解 这里所考虑的方程仍是(2.1),所不同的只是在 $x=l$ 这一端的边界条件不是第一类齐次边界条件 $u\Big|_{x=l}=0$,而是第二类齐次边界条件 $\dfrac{\partial u}{\partial x}\Big|_{x=l}=0$. 因此,通过分离变量的步骤后,仍得到方程(2.4)与(2.5),但条件(2.6)应代之以

$$X(0)=X'(l)=0. \tag{2.6$'$}$$

相应的特征值问题为求

$$\begin{cases}X''(x)+\lambda X(x)=0,\\ X(0)=X'(l)=0\end{cases} \tag{2.5$'$}$$

的非零解.

重复前面的讨论可知,只有当 $\lambda=\beta^2>0$ 时,上述特征值问题才有非零解,此时(2.5)′的通解仍为

$$X(x)=A\cos\beta x+B\sin\beta x,$$

代入条件(2.6)′得

$$\begin{cases}A=0,\\ B\cos\beta l=0.\end{cases}$$

由于 $B\neq0$,故 $\cos\beta l=0$,即

$$\beta=\frac{2n+1}{2l}\pi\quad(n=0,1,2,\cdots).$$

从而求得了一系列特征值与特征函数

$$\lambda_n=\frac{(2n+1)^2\pi^2}{4l^2},$$

$$X_n(x)=B_n\sin\frac{(2n+1)\pi}{2l}x\ (n=0,1,2,\cdots).$$

与这些特征值相对应的方程(2.4)的通解为

$$T_n(t)=C_n'\cos\frac{(2n+1)\pi a}{2l}t+D_n'\sin\frac{(2n+1)\pi a}{2l}t$$

$$(n=0,1,2,\cdots).$$

于是,所求定解问题的解可表示为

$$u(x,t)=\sum_{n=0}^{\infty}\left[C_n\cos\frac{(2n+1)\pi a}{2l}t+D_n\sin\frac{(2n+1)\pi a}{2l}t\right]\sin\frac{(2n+1)\pi}{2l}x.$$

利用初值条件确定其中的任意常数 C_n,D_n 得

$$D_n=0,$$

$$C_n=\frac{2}{l}\int_0^l(x^2-2lx)\sin\frac{(2n+1)\pi}{2l}x\mathrm{d}x=-\frac{32l^2}{(2n+1)^3\pi^3},$$

故所求的解为

$$u(x,t)=-\frac{32l^2}{\pi^3}\sum_{n=0}^{\infty}\frac{1}{(2n+1)^3}\cos\frac{(2n+1)\pi a}{2l}t\sin\frac{(2n+1)\pi}{2l}x.$$

为了加深理解,下面我们回过头来分析一下级数形式解(2.11)的物理意义.先分析一下级数中每一项

$$u_n(x,t)=\left(C_n\cos\frac{n\pi a}{l}t+D_n\sin\frac{n\pi a}{l}t\right)\sin\frac{n\pi}{l}x$$

的物理意义.分析的方法是:先固定时间 t,看看在任一指定时刻波是什么形状;再固定弦上一点,看看该点的振动规律.

把括号内的式子改变一下形式,可得

$$u_n(x,t)=A_n\cos(\omega_n t-\theta_n)\sin\frac{n\pi}{l}x,$$

其中 $A_n=\sqrt{C_n^2+D_n^2}$,$\omega_n=\frac{n\pi a}{l}$,$\theta_n=\arctan\frac{D_n}{C_n}$.

当时间 t 取定值 t_0 时,得

$$u_n(x,t_0)=A'_n\sin\frac{n\pi}{l}x,$$

其中 $A'_n=A_n\cos(\omega_n t_0-\theta_n)$是一个定值.这表示在任一时刻,波$u_n(x,t_0)$的形状都是一些正弦曲线,只是它的振幅随着时间的改变而改变.

当弦上点的横坐标 x 取定值 x_0 时,得

$$u_n(x_0,t)=B_n\cos(\omega_n t-\theta_n),$$

其中 $B_n=A_n\sin\frac{n\pi}{l}x_0$ 是一个定值.这说明弦上以 x_0 为横坐标的点作简谐振动,其振幅为 B_n,角频率为 ω_n,初相位为 θ_n.若 x 取另外一个定值时,情况也一样,只是振幅 B_n 不同罢了.所以 $u_n(x,t)$ 表示这样一个振动波:在考察的弦上各点以同样的角频率 ω_n 作简谐振动,各点处的初相位也相同,而各点的振幅则随点的位置改变而改变,此振动波在任一时刻的外形是一正弦曲线.

这种振动波还有一个特点,即在 $[0,l]$ 范围内还有 $n+1$ 个点(包括两个端点)永远保持不动,这是因为在 $x_m=\frac{ml}{n}$ $(m=0,1,2,\cdots,n)$ 那些点上,$\sin\frac{n\pi}{l}x_m=\sin m\pi=0$ 的缘故.这些点在物理上称为**节点**.这就说明 $u_n(x,t)$ 的振动是在 $[0,l]$ 上的分段振动,其中有 $n+1$ 个节点,人们把这种包含节点的振动波叫做**驻波**.另外驻波还在 n 个点处振幅达到最大值(读者可自己讨论),这种使振幅达到最大值的点叫做**腹点**.图 2-1 画出了在某一时刻 $n=1,2,3$ 的驻波形状.

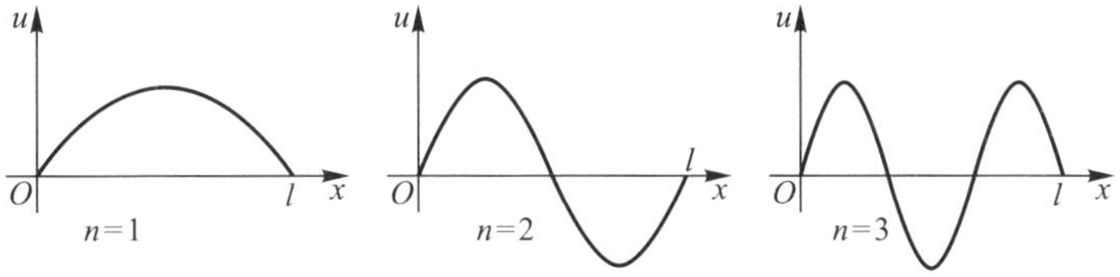

图 2-1

综合上述,可知 $u_1(x,t),u_2(x,t),\cdots,u_n(x,t),\cdots$ 是一系列驻波,它们的频率、相位与振幅都随 n 的不同而不同.因此我们可以说,一维波动方程用分离变量法解出的结果 $u(x,t)$ 是由一系列驻波叠加而成的,而每一个驻波的波形由特征函数确定,它的频率由特征值确定.这完全符合实际情况,因为人们在考察弦的振动时,就发现许多驻波,它们的叠加又可以构成各种各样的波形,因此很自然地会想到用驻波的叠加表示弦振动方程的解.这就是分离变量法的物理背景,所以分离变量法也称为**驻波法**.

在诸多驻波中,$n=1$ 的驻波 $u_1(x,t)$ 除两个端点 $x=0$ 和 $x=l$ 外没有其他节点,它的波长 $2l$ 在所有驻波中最长,它的频率 $=\omega_1/2\pi=a/2l$ 是所有驻波中频率最低的,这个驻波叫**基波**.$n>1$ 的各个驻波分别叫做 n 次**谐波**.n 次谐波的波长为 $2l/n$,是基波的 $1/n$,频率 $\omega_n/2\pi=na/2l$ 是基波的 n 倍.一般说来,$A_1=\sqrt{C_1^2+D_1^2}$ 要比 $A_n=\sqrt{C_n^2+D_n^2}$ $(n>1)$ 大得多.所以如果用弦振动来描述弦乐器的演奏,此时解 $u(x,t)$ 就表示乐器发出的声音,而基波就决定了声音的音调,所有谐波就构成了声音的音色.不同的弦乐器为什么在同一个音调下发出的声音完全不同呢？就因为它们虽然具有同一个基音频率，但它们却有着完全不同的谐音，因此才有音色上的差异.

在第一章我们指出了弦振动方程(1.3)中系数 $a^2=\frac{T}{\rho}$，其中 T 是张力，ρ 是弦的密度，所以基波的频率 $=\frac{1}{2l}\sqrt{\frac{T}{\rho}}$.从这个表达式可以看出，如果用手指按住弦线的不同部位，受振动的弦长 l 就缩小了，基音频率就增大，音调随之升高了，特别是如果用手指按住弦的中点，基音和所有谐音频率就比原来的频率增加一倍，弦就发出了比原来高八度的音调(用音乐的术语来说，频率×2 就是一个"八度音程").此外，人们经常通过拧紧(松)弦线的方法来调整音调，其实就是通过改变弦的张力来调整频率，使音调变化.从频率的表达式还可以看到，弦的密度即弦的粗细对音调也有影响，弦线越细发出的音调越高(在 l,T 相同的条件下).通过以上分析，我们可以对弦乐器的演奏原理有一个初步的了解.

§2.2 有限长杆上的热传导

设有一均匀细杆，长为 l，两端点的坐标为 $x=0$ 与 $x=l$，杆的侧面是绝热的，且在端点 $x=0$ 处温度是零摄氏度，而在另一端 $x=l$ 处杆的热量自由发散到周围温度是零度的介质中去(参考第一章 §1.2 中第三类边界条件，并注意在杆的 $x=l$ 端的截面上，外法线方向就是 x 轴的正方向)，已知初始温度分布为 $\varphi(x)$.求杆上的温度变化规律，也就是要考虑下列定解问题：

$$\begin{cases}\dfrac{\partial u}{\partial t}=a^2\dfrac{\partial^2 u}{\partial x^2},\ 0<x<l,t>0, & (2.13)\\[2ex] u(0,t)=0,\dfrac{\partial u(l,t)}{\partial x}+hu(l,t)=0,t>0, & (2.14)\\[2ex] u(x,0)=\varphi(x),0\leqslant x\leqslant l. & (2.15)\end{cases}$$

我们仍用分离变量法来解这个问题.首先求出满足边界条件而且是变量被分离形式的特解，设

$$u(x,t)=X(x)T(t),$$

代入方程(2.13)得

$$\frac{T'(t)}{a^2T(t)}=\frac{X''(x)}{X(x)}.$$

上式左端不含有 x,右端不含有 t,所以只有当两端均为常数时才可能相等.令此常数为 $-\beta^2$(为什么取为 $-\beta^2$,读者可以从方程 $X''(x)=-\lambda X(x)$,结合边界条件按 λ 取值的三种不同情况像 §2.1 那样讨论后得出),则有

$$\frac{T'(t)}{a^2T(t)}=\frac{X''(x)}{X(x)}=-\beta^2, \tag{2.16}$$

从而得到两个线性常微分方程

$$T'(t)+a^2\beta^2T(t)=0, \qquad (2.16)'$$

$$X''(x)+\beta^2X(x)=0. \qquad (2.16)''$$

解方程(2.16)″得

$$X(x)=A\cos\beta x+B\sin\beta x,$$

由边界条件(2.14)可知

$$X(0)=0,\ X'(l)+hX(l)=0. \tag{2.17}$$

从 $X(0)=0$ 得 $A=0$,从 $X'(l)+hX(l)=0$ 得

$$\beta\cos\beta l+h\sin\beta l=0. \qquad (2.17)'$$

为了求出 β,方程(2.17)′可改写成

$$\tan\gamma=\alpha\gamma, \tag{2.18}$$

其中 $\gamma=\beta l,\alpha=-\dfrac{1}{hl}$.方程(2.18)的根可以看作是曲线 $y=\tan\gamma$ 与直线 $y=\alpha\gamma$ 交点的横坐标(图 2-2),显然它们的交点有无穷多个,于是方程(2.18)有无穷多个根,由这些根可以确定出特征值 β^2.设方程(2.18)的无穷多个正根(不取负根是因为负根与正根只差一个符号(图 2-2),再根据 §2.1 中所述的同样理由)为

$$\gamma_1,\gamma_2,\gamma_3,\cdots,\gamma_n,\cdots$$

于是得到特征值问题(2.16)″,(2.17)的无穷多个特征值

$$\beta_1^2=\frac{\gamma_1^2}{l^2},\beta_2^2=\frac{\gamma_2^2}{l^2},\cdots,\beta_n^2=\frac{\gamma_n^2}{l^2},\cdots$$

及相应的特征函数

$$X_n(x)=B_n\sin\beta_n x. \tag{2.19}$$

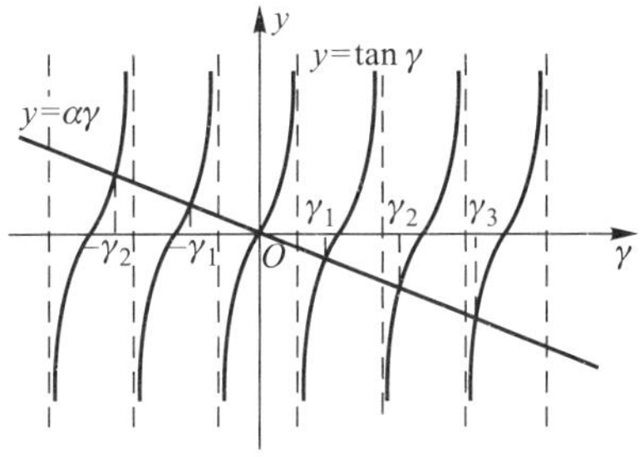

图 2-2

再由(2.16)′解得

$$T_n(t)=A_n e^{-\beta_n^2a^2t}. \tag{2.20}$$

由(2.19),(2.20)两式,我们得到方程(2.13)满足边界条件(2.14)的一组特解

$$u_n(x,t)=X_n(x)T_n(t)$$
$$=C_n e^{-\beta_n^2 a^2 t}\sin\beta_n x \ (n=1,2,3,\cdots), \tag{2.21}$$

其中 $C_n=A_nB_n$.

由于方程(2.13)与边界条件(2.14)都是齐次的,所以

$$u(x,t)=\sum_{n=1}^{\infty}u_n(x,t)=\sum_{n=1}^{\infty}C_n e^{-\beta_n^3 a^2 t}\sin\beta_n x \tag{2.22}$$

仍满足方程与边界条件.最后考虑 $u(x,t)$ 是否能满足初值条件(2.15),从(2.22)式得

$$u(x,0)=\sum_{n=1}^{\infty}C_n\sin\beta_n x.$$

现在希望它等于已知函数 $\varphi(x)$,那么首先要问在$[0,l]$上定义的函数 $\varphi(x)$ 是否能展开为级数形式 $\sum\limits_{n=1}^{\infty}C_n\sin\beta_n x$,其次要问系数 C_n 如何确定.关于前者,只要 $\varphi(x)$ 在$[0,l]$上满足可以展成傅里叶级数的条件就行了,现在主要谈求系数的问题.回忆傅里叶系数公式的得来是根据函数系的正交性,所以现在也要考察函数系$\{\sin\beta_n x\}$在$[0,l]$上的正交性.不难证明(也可以从 § 2.6 中的一般结论得知)

$$\int_0^l \sin\beta_m x\sin\beta_n x\mathrm{d}x=0,\ m\neq n.$$

令

$$L_n=\int_0^l \sin^2\beta_n x\mathrm{d}x,$$

于是在

$$\varphi(x)=\sum_{n=1}^{\infty}C_n\sin\beta_n x \tag{2.23}$$

的两端乘 $\sin\beta_k x$,然后在$[0,l]$上积分得

$$\int_0^l\varphi(x)\sin\beta_k x\mathrm{d}x=L_kC_k,$$

即

$$C_k=\frac{1}{L_k}\int_0^l\varphi(x)\sin\beta_k x\mathrm{d}x. \tag{2.24}$$

把(2.24)代入(2.22)式即得原定解问题的解.

当然,这样求出的函数 $u(x,t)$ 仍是形式解,要想它确实是(2.13)—(2.15)的解,还必须对 $\varphi(x)$ 加上一定的光滑性和相容性条件.

通过上面两节的讨论,我们对分离变量法已经有了一个初步的了解,它的主要步骤大体如下:

一、首先将偏微分方程的定解问题通过分离变量转化为常微分方程的定解问题,这对线性齐次偏微分方程及齐次边界条件来说是可以做到的.

二、确定特征值与特征函数.由于特征函数是要经过叠加的,所以用来确定特征函数的方程与条件,当函数经过叠加之后仍要满足.当边界条件是齐次时,求特征函数就是求一个常微分方程满足零边界条件的非零解.

三、定出特征值、特征函数后,再解其他的常微分方程,把得到的解与特征函数相乘成为 $u_n(x,t)$,这时 $u_n(x,t)$ 中还包含着任意常数.

四、最后为了使解满足其余的定解条件,需要把所有的$u_n(x,t)$叠加起来成为级数形式,这时级数中的一系列任意常数就由其余的条件确定.在这最后的一步工作中,需要把已知函数展开为特征函数项的级数,这种展开的合理性,将在 § 2.6 中论述.

由本节的例子还可以看出,用分离变量法求解第三类边界条件的定解问题时,只要边界条件都是齐次的,其过程与解第一类边界条件的定解问题是相同的,但在确定特征值时,一般说来是比较复杂的.

§ 2.3　圆域内的二维拉普拉斯方程的定解问题

一个半径为 ρ_0 的薄圆盘,上下两面绝热,圆周边缘温度分布为已知,求达到稳恒状态时圆盘内的温度分布.

在第一章讲过,热传导问题达到稳恒状态时温度分布与时间无关,应满足拉普拉斯方程

$$\Delta u = 0.$$

因为边界形状是个圆周,它在极坐标下的方程为 $\rho=\rho_0$,所以在极坐标系下边界条件可表示为

$$u\Big|_{\rho=\rho_0}=f(\theta),$$

既然边界条件在极坐标系表示出来很简单,所以我们就在极坐标系下求解这个定解问题.

利用直角坐标系与极坐标系之间的关系

$$\begin{cases}x=\rho\cos\theta,\\ y=\rho\sin\theta,\end{cases}$$

这个定解问题可表示为

$$\begin{cases}\Delta u=\dfrac{1}{\rho}\dfrac{\partial}{\partial\rho}\left(\rho\dfrac{\partial u}{\partial\rho}\right)+\dfrac{1}{\rho^{2}}\dfrac{\partial^{2}u}{\partial\theta^{2}}=0,0<\rho<\rho_{0},0\leqslant\theta\leqslant2\pi, & (2.25)\\ u(\rho_{0},\theta)=f(\theta),0\leqslant\theta\leqslant2\pi. & (2.26)\end{cases}$$

此外,因为自变量 ρ,θ 的取值范围分别是 $[0,\rho_0]$ 与 $[0,2\pi]$,而圆盘内部的温度值绝不可能是无限的,特别是圆盘中心点的温度值应该是有限的,并且 (ρ,θ) 与 $(\rho,\theta+2\pi)$ 实际上表示同一点,温度应该相同,即应该有

$$|u(0,\theta)|<+\infty,\tag{2.27}$$

$$u(\rho,\theta)=u(\rho,\theta+2\pi).\tag{2.28}$$

现在来求满足方程(2.25)及条件(2.26),(2.27),(2.28)的解.先令

$$u(\rho,\theta)=R(\rho)\Phi(\theta),$$

代入方程(2.25)得

$$R''\Phi+\frac{1}{\rho}R'\Phi+\frac{1}{\rho^{2}}R\Phi''=0,$$

即

$$\frac{\rho^{2}R''+\rho R'}{R}=-\frac{\Phi''}{\Phi}.$$

令比值为常数 λ 即得两个常微分方程

$$\Phi''+\lambda\Phi=0,$$

$$\rho^{2}R''+\rho R'-\lambda R=0.$$

再由条件(2.27)及(2.28)可得

$$|R(0)|<+\infty,$$

$$\Phi(\theta+2\pi)=\Phi(\theta).\tag{2.29}$$

这样一来,我们得到了两个常微分方程的定解问题

$$\begin{cases}\Phi''+\lambda\Phi=0,\\ \Phi(\theta+2\pi)=\Phi(\theta)\end{cases}\tag{2.30}$$

与

$$\begin{cases}\rho^{2}R''+\rho R'-\lambda R=0,\\ |R(0)|<+\infty.\end{cases}\tag{2.31}$$

先解哪一个呢？要看哪一个可以定出特征值.由于条件(2.29)满足可加性(即所有满足(2.29)的函数叠加起来仍满足(2.29)),所以只能先解问题(2.30).

采用与§2.1中同样的方法可以得到

当$\lambda<0$时,问题(2.30)无非零解;

当$\lambda=0$时,它的解为$\Phi_0(\theta)=a_0'$(常数);

当$\lambda>0$时,取$\lambda=\beta^2$,这时(2.30)的解为

$$\Phi_\beta(\theta)=a_\beta'\cos\beta\theta+b_\beta'\sin\beta\theta,$$

且为使$\Phi(\theta)$以2π为周期,β必须是整数n,取$n=1,2,3,\cdots$(只取正整数的理由与§2.1相同),则可将上面得到的解表示成

$$\Phi_n(\theta)=a_n'\cos n\theta+b_n'\sin n\theta.$$

至此,我们已经定出了特征值问题(2.30)的特征值$\beta_n^2=n^2$,特征函数$\Phi_n(\theta)$.接下去是解问题(2.31).其中的方程是**欧拉**(Euler)方程①,它的通解为

$$R_0=c_0+d_0\ln\rho,\quad 当\ \lambda=0;$$

$$R_n=c_n\rho^n+d_n\rho^{-n},\quad 当\ \lambda=n^2\ (n=1,2,3,\cdots).$$

为了保证$|R(0)|<+\infty$,只有$d_n=0\ (n=0,1,2,\cdots)$,即

$$R_n=c_n\rho^n\quad(n=0,1,2,\cdots).$$

因此利用叠加原理,方程(2.25)满足条件(2.27),(2.28)的解可以表示为级数

$$u(\rho,\theta)=\frac{a_0}{2}+\sum_{n=1}^{\infty}\rho^n(a_n\cos n\theta+b_n\sin n\theta).\tag{2.32}$$

此式中的$\dfrac{a_0}{2}$就是$a_0'c_0$,a_n,b_n分别是$a_n'c_n$与$b_n'c_n$.最后为了确定系数a_n,b_n,我们利用边界条件(2.26)得

$$f(\theta)=\frac{a_0}{2}+\sum_{n=1}^{\infty}\rho_0^n(a_n\cos n\theta+b_n\sin n\theta),\tag{2.33}$$

因此,a_0,$\rho_0^na_n$,$\rho_0^nb_n$就是$f(\theta)$展开为傅里叶级数时的系数,即有

$$\begin{cases}a_0=\dfrac{1}{\pi}\displaystyle\int_0^{2\pi}f(\theta)\,\mathrm{d}\theta,\\ a_n=\dfrac{1}{\rho_0^n\pi}\displaystyle\int_0^{2\pi}f(\theta)\cos n\theta\,\mathrm{d}\theta,\\ b_n=\dfrac{1}{\rho_0^n\pi}\displaystyle\int_0^{2\pi}f(\theta)\sin n\theta\,\mathrm{d}\theta.\end{cases}\tag{2.34}$$

① 参阅《学习指南》1.1.4.

将这些系数代入(2.32)式即得所求的解.

为了以后应用起来方便,我们还可以将解(2.32)写成另一种形式.为此,将(2.34)式所确定的系数代入(2.32)式经过简化后可得

$$u(\rho,\theta)=\frac{1}{\pi}\int_0^{2\pi}f(t)\left[\frac{1}{2}+\sum_{n=1}^{\infty}\left(\frac{\rho}{\rho_0}\right)^n\cos n(\theta-t)\right]\mathrm{d}t, \tag{2.35}$$

利用下面已知的恒等式

$$\frac{1}{2}+\sum_{n=1}^{\infty}k^n\cos n(\theta-t)=\frac{1}{2}\frac{1-k^2}{1-2k\cos(\theta-t)+k^2}\text{①}\quad(|k|<1),$$

可将(2.35)中的解 $u(\rho,\theta)$ 表达为

$$u(\rho,\theta)=\frac{1}{2\pi}\int_0^{2\pi}f(t)\frac{\rho_0^2-\rho^2}{\rho_0^2+\rho^2-2\rho_0\rho\cos(\theta-t)}\mathrm{d}t$$

$$(0\leqslant\theta\leqslant2\pi,\rho<\rho_0). \tag{2.36}$$

公式(2.36)称为**圆域内的泊松公式**.它的作用在于把解写成了积分形式,这样便于作理论上的研究.

例　解下列定解问题

$$\begin{cases}\dfrac{\partial^2u}{\partial\rho^2}+\dfrac{1}{\rho}\dfrac{\partial u}{\partial\rho}+\dfrac{1}{\rho^2}\dfrac{\partial^2u}{\partial\theta^2}=0,\quad 0<\rho<\rho_0,0\leqslant\theta\leqslant2\pi,\\ u\Big|_{\rho=\rho_0}=A\cos\theta,\ 0\leqslant\theta\leqslant2\pi,\ A\text{ 为常数}.\end{cases}$$

解　利用公式(2.34)并注意三角函数系的正交性,可得

$$b_n=0,$$

$$a_1=\frac{A}{\rho_0},\quad a_n=0\ (n\neq1)$$

代入(2.32)即得所求的解为

---

① 这个恒等式的证明如下:

$$\begin{aligned}&\frac{1}{2}+\sum_{n=1}^{\infty}k^n\cos n(\theta-t)\\&=\frac{1}{2}+\sum_{n=1}^{\infty}\frac{1}{2}k^n\left[\mathrm{e}^{\mathrm{i}n(\theta-t)}+\mathrm{e}^{-\mathrm{i}n(\theta-t)}\right]\\&=\frac{1}{2}+\frac{1}{2}\sum_{n=1}^{\infty}\left[k\mathrm{e}^{\mathrm{i}(\theta-t)}\right]^n+\frac{1}{2}\sum_{n=1}^{\infty}\left[k\mathrm{e}^{-\mathrm{i}(\theta-t)}\right]^n\\&=\frac{1}{2}+\frac{1}{2}\frac{k\mathrm{e}^{\mathrm{i}(\theta-t)}}{1-k\mathrm{e}^{\mathrm{i}(\theta-t)}}+\frac{1}{2}\frac{k\mathrm{e}^{-\mathrm{i}(\theta-t)}}{1-k\mathrm{e}^{-\mathrm{i}(\theta-t)}}\ (\text{因 }|k|<1)\\&=\frac{1}{2}\left[1+\frac{k\cos(\theta-t)+\mathrm{i}k\sin(\theta-t)}{1-k\cos(\theta-t)-\mathrm{i}k\sin(\theta-t)}+\frac{k\cos(\theta-t)-\mathrm{i}k\sin(\theta-t)}{1-k\cos(\theta-t)+\mathrm{i}k\sin(\theta-t)}\right]\\&=\frac{1}{2}\left[1+\frac{2k\cos(\theta-t)-2k^2}{1-2k\cos(\theta-t)+k^2}\right]=\frac{1}{2}\frac{1-k^2}{1-2k\cos(\theta-t)+k^2}.\end{aligned}$$

$$u(\rho,\theta)=\frac{A\rho}{\rho_0}\cos\theta.$$

§2.4 非齐次方程的解法

前面所讨论的偏微分方程都限于齐次的，现在要讨论非齐次方程的解法. 为方便起见，以弦的强迫振动为例，所用的方法对其他类型的方程也适用.

我们研究的问题是一根弦在两端固定的情况下，受强迫力作用所产生的振动现象.即要考虑下列定解问题：

$$\begin{cases}\dfrac{\partial^2 u}{\partial t^2}=a^2\dfrac{\partial^2 u}{\partial x^2}+f(x,t),\ 0<x<l,t>0, & (2.37)\\ u\Big|_{x=0}=u\Big|_{x=l}=0,\ t>0, & (2.38)\\ u\Big|_{t=0}=\varphi(x),\dfrac{\partial u}{\partial t}\Big|_{t=0}=\psi(x),\ 0\leqslant x\leqslant l. & (2.39)\end{cases}$$

在现在的情况，弦的振动是由两部分干扰引起的，一是强迫力，一是初始状态，所以由物理意义可知，此时振动可以看作为仅由强迫力引起的振动和仅由初始状态引起的振动的合成.

由此得到启发，我们可设解为

$$U(x,t)=V(x,t)+W(x,t),\tag{2.40}$$

其中 $V(x,t)$ 表示仅由强迫力引起弦振动的位移，它满足

$$\begin{cases}\dfrac{\partial^2 V}{\partial t^2}=a^2\dfrac{\partial^2 V}{\partial x^2}+f(x,t),\ 0<x<l,t>0,\\ V\Big|_{x=0}=V\Big|_{x=l}=0,\ t>0,\\ V\Big|_{t=0}=\dfrac{\partial V}{\partial t}\Big|_{t=0}=0,\ 0\leqslant x\leqslant l.\end{cases}\tag{2.41}$$

而 $W(x,t)$ 表示仅由初始状态引起弦振动的位移，它满足

$$\begin{cases}\dfrac{\partial^2 W}{\partial t^2}=a^2\dfrac{\partial^2 W}{\partial x^2},\ 0<x<l,t>0,\\ W\Big|_{x=0}=W\Big|_{x=l}=0,\ t>0\\ W\Big|_{t=0}=\varphi(x),\dfrac{\partial W}{\partial t}\Big|_{t=0}=\psi(x),\ 0\leqslant x\leqslant l.\end{cases}\tag{2.42}$$

读者不难验证，若 V 是(2.41)的解，W 是(2.42)的解，则 $U=V+W$ 一定就是原定

解问题的解.

问题(2.42)可直接用分离变量法求解,因此现在只要讨论如何解问题(2.41)就行了.

关于问题(2.41),我们可以采用类似于线性非齐次常微分方程中所常用的参数变易法,并保持如下的设想,即这个定解问题的解可分解为无穷多个驻波的叠加,而每个驻波的波形仍然是由相应齐次方程通过分离变量所得的特征值问题的特征函数所决定.这就是说,我们假设(2.41)的解具有如下的形式:

$$V(x,t)=\sum_{n=1}^{\infty}v_n(t)\sin\frac{n\pi}{l}x, \tag{2.43}$$

其中 $v_n(t)$ 是待定的函数.为了确定 $v_n(t)$,将自由项 $f(x,t)$ 也按特征函数系展开成如下的级数:

$$f(x,t)=\sum_{n=1}^{\infty}f_n(t)\sin\frac{n\pi}{l}x, \tag{2.44}$$

其中

$$f_n(t)=\frac{2}{l}\int_0^l f(x,t)\sin\frac{n\pi}{l}x\mathrm{d}x.$$

将(2.43)及(2.44)代入(2.41)的第一个式子,得到

$$\sum_{n=1}^{\infty}\left[v_n''(t)+\frac{a^2n^2\pi^2}{l^2}v_n(t)-f_n(t)\right]\sin\frac{n\pi}{l}x\equiv 0, \tag{2.45}$$

由此可得

$$v_n''(t)+\frac{a^2n^2\pi^2}{l^2}v_n(t)=f_n(t).$$

再将(2.43)代入(2.41)中的初值条件得

$$v_n(0)=0,\quad v_n'(0)=0.$$

这样一来,确定函数 $v_n(t)$ 只需解下列定解问题:

$$\begin{cases}v_n''(t)+\dfrac{a^2n^2\pi^2}{l^2}v_n(t)=f_n(t),\ t>0,\\ v_n(0)=0, v_n'(0)=0\ (n=1,2,\cdots).\end{cases} \tag{2.46}$$

用拉普拉斯变换法或参数变易法解出(2.46),得到

$$v_n(t)=\frac{l}{n\pi a}\int_0^t f_n(\tau)\sin\frac{n\pi a(t-\tau)}{l}\mathrm{d}\tau①,$$

所以,

$$V(x,t)=\sum_{n=1}^{\infty}\left[\frac{l}{n\pi a}\int_0^t f_n(\tau)\sin\frac{n\pi a(t-\tau)}{l}\mathrm{d}\tau\right]\sin\frac{n\pi}{l}x.$$

将这个解与问题(2.42)的解加起来,就得到原定解问题(2.37),(2.38),(2.39)的解.

这里所给的求解问题(2.41)的方法,其实质是将方程的自由项及解都按齐次方程所对应的一族特征函数展开.随着方程与边界条件的不同,特征函数族也就不同,但总是把非齐次方程的解按相应的特征函数展开.所以这种方法也叫**特征函数法**.

例 在环形域 $a\leqslant\sqrt{x^2+y^2}\leqslant b\ (0<a<b)$ 内求解下列定解问题:

$$\begin{cases}\dfrac{\partial^2 u}{\partial x^2}+\dfrac{\partial^2 u}{\partial y^2}=12(x^2-y^2), \quad a<\sqrt{x^2+y^2}<b,\\ u\Big|_{\sqrt{x^2+y^2}=a}=0, \quad \dfrac{\partial u}{\partial n}\Big|_{\sqrt{x^2+y^2}=b}=0.\end{cases}$$

解 由于求解区域是环形区域,所以我们选用平面极坐标系,在极坐标系下,可将上述定解问题用极坐标 ρ,θ 表示出来:

$$\begin{cases}\dfrac{1}{\rho}\dfrac{\partial}{\partial\rho}\left(\rho\dfrac{\partial u}{\partial\rho}\right)+\dfrac{1}{\rho^2}\dfrac{\partial^2 u}{\partial\theta^2}=12\rho^2\cos 2\theta,\ a<\rho<b,0\leqslant\theta\leqslant 2\pi, & (2.47)\\ u\Big|_{\rho=a}=0,\ \dfrac{\partial u}{\partial\rho}\Big|_{\rho=b}=0,0\leqslant\theta\leqslant 2\pi. & (2.48)\end{cases}$$

这是一个非齐次方程附有齐次边界条件的定解问题.采用特征函数法,并注意

① 在方程(2.46)的两端取关于 t 的拉普拉斯变换,得

$$p^2U_n(p)+\frac{a^2n^2\pi^2}{l^2}U_n(p)=F_n(p),$$

其中 $U_n(p)$,$F_n(p)$ 分别为 $v_n(t)$ 与 $f_n(t)$ 的拉普拉斯变换.解出

$$U_n(p)=\frac{1}{p^2+\dfrac{a^2n^2\pi^2}{l^2}}F_n(p),$$

由于 $\dfrac{1}{p^2+\dfrac{a^2n^2\pi^2}{l^2}}$ 的逆拉普拉斯变换为 $\dfrac{l}{n\pi a}\sin\dfrac{n\pi at}{l}$,利用拉普拉斯变换的卷积性质,即得 $v_n(t)$.有关拉普拉斯变换的内容请参见 § 3.3.

参数变易法参阅《学习指南》1.1.3.

到在§2.3中得到的关于圆域内拉普拉斯方程所对应的特征函数,可令问题(2.47),(2.48)的解为

$$u(\rho,\theta)=\sum_{n=0}^{\infty}[A_n(\rho)\cos n\theta+B_n(\rho)\sin n\theta],$$

代入(2.47)并整理得到

$$\sum_{n=0}^{\infty}\left\{\left[A_n''(\rho)+\frac{1}{\rho}A_n'(\rho)-\frac{n^2}{\rho^2}A_n(\rho)\right]\cos n\theta\right.$$
$$\left.+\left[B_n''(\rho)+\frac{1}{\rho}B_n'(\rho)-\frac{n^2}{\rho^2}B_n(\rho)\right]\sin n\theta\right\}=12\rho^2\cos 2\theta.$$

比较两端关于 $\cos n\theta,\sin n\theta$ 的系数可得

$$A_2''(\rho)+\frac{1}{\rho}A_2'(\rho)-\frac{4}{\rho^2}A_2(\rho)=12\rho^2, \tag{2.49}$$

$$A_n''(\rho)+\frac{1}{\rho}A_n'(\rho)-\frac{n^2}{\rho^2}A_n(\rho)=0\ (n\neq 2), \tag{2.50}$$

$$B_n''(\rho)+\frac{1}{\rho}B_n'(\rho)-\frac{n^2}{\rho^2}B_n(\rho)=0. \tag{2.51}$$

再由条件(2.48)得

$$A_n(a)=A_n'(b)=0, \tag{2.52}$$

$$B_n(a)=B_n'(b)=0. \tag{2.53}$$

方程(2.50)与(2.51)都是齐次的**欧拉**方程,它们的通解分别为

$$A_0(\rho)=c_0+d_0\ln\rho,$$
$$B_0(\rho)=c_0'+d_0'\ln\rho,$$
$$A_n(\rho)=c_n\rho^n+d_n\rho^{-n},n\neq 2,$$
$$B_n(\rho)=c_n'\rho^n+d_n'\rho^{-n},n=1,2,3,\cdots,$$

其中 c_n,d_n $(n\geqslant 0,n\neq 2$ 整数$)$,c_n',d_n' $(n\geqslant 0$,整数$)$都是任意常数.由条件(2.52)与(2.53)可得

$$A_n(\rho)\equiv 0\quad(n\neq 2),$$
$$B_n(\rho)\equiv 0.$$

下面的任务就是要确定 $A_2(\rho)$.

方程(2.49)是一个非齐次的欧拉方程,利用待定系数法可求得它的一个特解

$$A_2^*(\rho)=\rho^4,$$

所以,它的通解为

$$A_2(\rho)=C_1\rho^2+C_2\rho^{-2}+\rho^4,$$

由条件(2.52)确定 C_1,C_2 得

$$C_1=-\frac{a^6+2b^6}{a^4+b^4},\quad C_2=-\frac{a^4b^4(a^2-2b^2)}{a^4+b^4}.$$

因此

$$A_2(\rho)=-\frac{a^6+2b^6}{a^4+b^4}\rho^2-\frac{a^4b^4(a^2-2b^2)}{a^4+b^4}\rho^{-2}+\rho^4,$$

原定解问题的解为

$$u(\rho,\theta)=-\frac{1}{a^4+b^4}[(a^6+2b^6)\rho^2+a^4b^4(a^2-2b^2)\rho^{-2}-(a^4+b^4)\rho^4]\cos 2\theta.$$

§2.5 非齐次边界条件的处理

前面所讨论的定解问题的解法,不论方程是齐次的还是非齐次的,边界条件都是齐次的.如果遇到非齐次边界条件的情况,应该如何处理? 总的原则是设法将边界条件化成齐次的.具体地说,就是取一个适当的未知函数之间的代换,使对新的未知函数,边界条件是齐次的.现在以下列定解问题为例,说明选取代换的方法.设有定解问题

$$\begin{cases}\dfrac{\partial^2 u}{\partial t^2}=a^2\dfrac{\partial^2 u}{\partial x^2}+f(x,t),\ 0<x<l,t>0, & (2.54)\\ u\big|_{x=0}=u_1(t),u\big|_{x=l}=u_2(t),\ t>0, & (2.55)\\ u\big|_{t=0}=\varphi(x),\dfrac{\partial u}{\partial t}\Big|_{t=0}=\psi(x),\ 0\leqslant x\leqslant l. & (2.56)\end{cases}$$

我们设法作一代换将边界条件化为齐次的,为此令

$$u(x,t)=V(x,t)+W(x,t). \tag{2.57}$$

选取 $W(x,t)$ 使 $V(x,t)$ 的边界条件化为齐次的,即

$$V\big|_{x=0}=V\big|_{x=l}=0, \tag{2.58}$$

由(2.55)及(2.57)容易看出,要(2.58)成立,只要

$$W\big|_{x=0}=u_1(t),\ W\big|_{x=l}=u_2(t), \tag{2.59}$$

也就是说,只要所选取的 W 满足(2.59)就能达到我们的目的.而满足(2.59)的函数是容易找到的,例如取 W 为 x 的一次式,即设

$$W(x,t)=A(t)x+B(t),$$

用条件(2.59)确定 A,B 得

$$A(t)=\frac{1}{l}[u_2(t)-u_1(t)],\ B(t)=u_1(t).$$

显然,函数 $W(x,t)=u_1(t)+\dfrac{u_2(t)-u_1(t)}{l}x$ 就满足(2.59)式,因而只要作代换

$$u=V+\left(u_1+\frac{u_2-u_1}{l}x\right), \tag{2.60}$$

就能使新的未知函数 V 满足齐次的边界条件.

经过这个代换后,得到关于 V 的定解问题为

$$\begin{cases}\dfrac{\partial^2 V}{\partial t^2}=a^2\dfrac{\partial^2 V}{\partial x^2}+f_1(x,t),\ 0<x<l,t>0,\\ V\Big|_{x=0}=V\Big|_{x=l}=0,t>0,\\ V\Big|_{t=0}=\varphi_1(x),\dfrac{\partial V}{\partial t}\Big|_{t=0}=\psi_1(x),\ 0\leqslant x\leqslant l.\end{cases} \tag{2.61}$$

其中

$$\begin{cases}f_1(x,t)=f(x,t)-\left[u_1''(t)+\dfrac{u_2''(t)-u_1''(t)}{l}x\right],\\ \varphi_1(x)=\varphi(x)-\left[u_1(0)+\dfrac{u_2(0)-u_1(0)}{l}x\right],\\ \psi_1(x)=\psi(x)-\left[u_1'(0)+\dfrac{u_2'(0)-u_1'(0)}{l}x\right].\end{cases} \tag{2.62}$$

问题(2.61)可用上一节的方法解出.将(2.61)的解代入(2.60)即得原问题的解.

上面由(2.59)式定 $W(x,t)$ 时,取 $W(x,t)$ 为 x 的一次式是为了使(2.62)中几个式子简单一些,并且 $W(x,t)$ 也容易定.但若 f,u_1,u_2 都与 t 无关,则可取适当的 $W(x)$ (也与 t 无关),使 $V(x,t)$ 的方程与边界条件同时都化成齐次的,这样做就可以省掉下面对 $V(x,t)$ 要进行解非齐次方程的繁重工作.这种 $W(x)$ 究竟怎么找,将在后面的例题中说明.

若边界条件不全是第一类的,本节的方法仍然适用,不同的只是函数

$W(x,t)$的形式，读者可就下列几种边界条件的情况写出相应的 $W(x,t)$来：

1° $u\big|_{x=0}=u_1(t),\dfrac{\partial u}{\partial x}\Big|_{x=l}=u_2(t)$，

2° $\dfrac{\partial u}{\partial x}\Big|_{x=0}=u_1(t),u\big|_{x=l}=u_2(t)$，

3° $\dfrac{\partial u}{\partial x}\Big|_{x=0}=u_1(t),\dfrac{\partial u}{\partial x}\Big|_{x=l}=u_2(t)$.

以上各节我们说明了如何用分离变量法来解定解问题，为便于读者掌握此方法，现将解定解问题的主要步骤简略小结如下：

一、根据边界的形状选取适当的坐标系，选取的原则是使在此坐标系中边界条件的表达式最为简单.圆、圆环、扇形等域用极坐标系较方便，圆柱形域与球形域分别用柱坐标系与球坐标系较方便.

二、若边界条件是非齐次的，又没有其他条件可以用来定特征函数，则不论方程是否为齐次，必须先作函数的代换使其化为具有齐次边界条件的问题，然后再求解.

三、非齐次方程、齐次边界条件的定解问题（不论初值条件如何）可以分为两个定解问题，其一是具有原来初值条件的齐次方程的定解问题，其二是具有齐次定解条件的非齐次方程的定解问题.第一个问题用分离变量法求解，第二个问题按特征函数法求解.

在结束本节之前，我们再举三个综合性的例子，目的是帮助读者掌握分离变量法的全过程.

例 1 求下列定解问题：

$$\begin{cases}\dfrac{\partial^2 u}{\partial t^2}=a^2\dfrac{\partial^2 u}{\partial x^2}+A,\ 0<x<l,t>0, & (2.63)\\ u\big|_{x=0}=0,\ u\big|_{x=l}=B,t>0, & (2.64)\\ u\big|_{t=0}=\dfrac{\partial u}{\partial t}\Big|_{t=0}=0,\ 0\leqslant x\leqslant l & (2.65)\end{cases}$$

的形式解，其中 A,B 均为常数.

解 这个定解问题的特点是：方程及边界条件都是非齐次的.根据上述原则，首先应将边界条件化成齐次的，由于方程(2.63)的自由项及边界条件都与 t 无关，所以我们有可能通过一次代换将方程与边界条件都变成齐次的，具体做法如下：令

$$u(x,t)=V(x,t)+W(x),$$

代入方程(2.63)得

$$\frac{\partial^2 V}{\partial t^2}=a^2\left[\frac{\partial^2 V}{\partial x^2}+W''(x)\right]+A.$$

为了使这个方程及边界条件同时化成齐次的,选 $W(x)$满足

$$\begin{cases}a^2W''(x)+A=0,\ 0<x<l,\\ W\big|_{x=0}=0,W\big|_{x=l}=B,t>0.\end{cases}\tag{2.66}$$

(2.66)是一个二阶常系数线性非齐次常微分方程的边值问题,它的解可以通过两次积分求得

$$W(x)=-\frac{A}{2a^2}x^2+\left(\frac{Al}{2a^2}+\frac{B}{l}\right)x.$$

求出函数 $W(x)$之后,再由(2.65)可知函数 $V(x,t)$为下列定解问题:

$$\begin{cases}\dfrac{\partial^2 V}{\partial t^2}=a^2\dfrac{\partial^2 V}{\partial x^2},\ 0<x<l,t>0, & (2.67)\\ V\big|_{x=0}=V\big|_{x=l}=0,t>0, & (2.68)\\ V\big|_{t=0}=-W(x),\dfrac{\partial V}{\partial t}\Big|_{t=0}=0,0\leqslant x\leqslant l & (2.69)\end{cases}$$

的解.

采用分离变量法,可得(2.67)满足齐次边界条件(2.68)的解为

$$V(x,t)=\sum_{n=1}^{\infty}\left(C_n\cos\frac{n\pi a}{l}t+D_n\sin\frac{n\pi a}{l}t\right)\sin\frac{n\pi}{l}x.\tag{2.70}$$

利用(2.69)中第二个条件可得 $D_n=0$.

于是定解问题(2.67),(2.68),(2.69)的解可表示为

$$V(x,t)=\sum_{n=1}^{\infty}C_n\cos\frac{n\pi a}{l}t\sin\frac{n\pi}{l}x.$$

代入(2.69)中第一个条件得

$$-W(x)=\sum_{n=1}^{\infty}C_n\sin\frac{n\pi}{l}x,$$

即

$$\frac{A}{2a^2}x^2-\left(\frac{Al}{2a^2}+\frac{B}{l}\right)x=\sum_{n=1}^{\infty}C_n\sin\frac{n\pi}{l}x.$$

由傅里叶级数的系数公式可得

$$\begin{aligned}C_n &= \frac{2}{l}\int_0^l\left[\frac{A}{2a^2}x^2-\left(\frac{Al}{2a^2}+\frac{B}{l}\right)x\right]\sin\frac{n\pi}{l}x\mathrm{d}x\\&=\frac{A}{a^2l}\int_0^l x^2\sin\frac{n\pi}{l}x\mathrm{d}x-\left(\frac{A}{a^2}+\frac{2B}{l^2}\right)\int_0^l x\sin\frac{n\pi}{l}x\mathrm{d}x\\&=-\frac{2Al^2}{a^2n^3\pi^3}+\frac{2}{n\pi}\left(\frac{Al^2}{a^2n^2\pi^2}+B\right)\cos n\pi.\end{aligned}\tag{2.71}$$

因此,原定解问题的解为

$$u(x,t)=-\frac{A}{2a^2}x^2+\left(\frac{Al}{2a^2}+\frac{B}{l}\right)x+\sum_{n=1}^{\infty}C_n\cos\frac{n\pi a}{l}t\sin\frac{n\pi}{l}x,$$

其中 C_n 由(2.71)确定.

例 2 研究细杆导热问题,杆的初始温度是均匀分布的,其值为 u_0,保持杆的一端的温度为 u_0,而另一端则有强度为 q_0(常数)的热流进入,求杆的温度分布.

解 按题意这个问题归结为求解

$$\begin{cases}u_t=a^2u_{xx},\ 0<x<l,t>0, & (2.72)\\ u\Big|_{x=0}=u_0,u_x\Big|_{x=l}=\dfrac{q_0}{k},t>0, & (2.73)\\ u\Big|_{t=0}=u_0,0\leqslant x\leqslant l, & (2.74)\end{cases}$$

其中 k 是杆的热传导系数.这个定解问题的特点是方程为齐次的,而两个边界条件都是非齐次的.如前所述首先要找一个 x 的线性函数 $W(x)$ 使它满足边界条件,例如取

$$W(x)=u_0+\frac{q_0}{k}x.$$

再令解 $u(x,t)$ 为

$$u(x,t)=v(x,t)+W(x),\tag{2.75}$$

代入定解问题得

$$\begin{cases}v_t=a^2v_{xx},0<x<l,t>0, & (2.76)\\ v\Big|_{x=0}=v_x\Big|_{x=l}=0,t>0, & (2.77)\\ v\Big|_{t=0}=-\dfrac{q_0}{k}x,0\leqslant x\leqslant l. & (2.78)\end{cases}$$

采用分离变量法,设

$$v(x,t)=T(t)X(x),$$

代入方程和边界条件可得

$$T'+a^2\lambda T=0, \tag{2.79}$$

$$\begin{cases}X''+\lambda X=0,\\ X(0)=0,X'(l)=0.\end{cases} \tag{2.80}$$

由(2.80)可得特征值

$$\lambda_n=\frac{(2n+1)^2\pi^2}{4l^2}\quad(n=0,1,2,\cdots),$$

特征函数

$$X_n(x)=C_n\sin\frac{(2n+1)\pi}{2l}x\quad(n=0,1,2,\cdots).$$

再将 λ_n 代入(2.79)并求得

$$T_n(t)=D_n e^{-\frac{a^2(2n+1)^2\pi^2t}{4l^2}}.$$

于是就得到满足方程(2.76)和边界条件(2.77)的解

$$v(x,t)=\sum_{n=0}^{\infty}A_n e^{-\frac{a^2(2n+1)^2\pi^2}{4l^2}t}\sin\frac{(2n+1)\pi}{2l}x, \tag{2.81}$$

其中 $A_n=C_nD_n$.由初值条件(2.78)得

$$-\frac{q_0}{k}x=\sum_{n=0}^{\infty}A_n\sin\frac{(2n+1)\pi}{2l}x.$$

由傅里叶级数的系数公式可得

$$\begin{aligned}A_n&=\frac{2}{l}\int_0^l-\frac{q_0}{k}x\sin\frac{(2n+1)\pi x}{2l}\mathrm{d}x\\&=(-1)^{n+1}\frac{8q_0l}{k(2n+1)^2\pi^2}.\end{aligned}$$

最后,得到原定解问题的解为

$$u(x,t)=u_0+\frac{q_0}{k}x+\frac{8q_0l}{k\pi^2}\sum_{n=0}^{\infty}(-1)^{n+1}\frac{1}{(2n+1)^2}e^{-\frac{a^2(2n+1)^2\pi^2}{4l^2}t}\sin\frac{(2n+1)\pi}{2l}x. \tag{2.82}$$

例 3 如果均匀细杆的内部有一个与温度 u 成正比的负热源,则热传导方程(2.72)右端会多出一项$-b^2u$,现在求解下列定解问题:

$$\begin{cases}\dfrac{\partial u}{\partial t}=a^2\dfrac{\partial^2u}{\partial x^2}-b^2u,\ 0<x<l,t>0, & (2.83)\\ u_x\Big|_{x=0}=0,\ u\Big|_{x=l}=u_1,\ t>0, & (2.84)\\ u\Big|_{t=0}=\dfrac{u_1}{l^2}x^2,\ 0\leqslant x\leqslant l, & (2.85)\end{cases}$$

其中 b,u_1 均为常数.

解 这里所遇到的方程(2.83)比 § 2.2 中所讨论的方程(2.13)多了一项 $-b^2u$,但它仍然是线性齐次方程,故还能用分离变量法求解,而且从下面的求解过程中可以看到,方程里多了一项$-b^2u$不会给我们带来本质上的困难.下面我们写出具体的求解过程:

首先,将边界条件化成齐次的,为此令

$$u(x,t)=V(x,t)+u_1, \tag{2.86}$$

代入原定解问题得到

$$\begin{cases}\dfrac{\partial V}{\partial t}=a^2\dfrac{\partial^2 V}{\partial x^2}-b^2V-b^2u_1,\ 0<x<l,t>0,\\ V_x\Big|_{x=0}=V\Big|_{x=l}=0,\ t>0,\\ V\Big|_{t=0}=\dfrac{u_1}{l^2}x^2-u_1,\ 0\leqslant x\leqslant l.\end{cases}$$

显然这个定解问题可分为如下两个定解问题:

$$(\mathrm{I})\begin{cases}\dfrac{\partial V^{(1)}}{\partial t}=a^2\dfrac{\partial^2 V^{(1)}}{\partial x^2}-b^2V^{(1)},\ 0<x<l,t>0, & (2.87)\\ V_x^{(1)}\Big|_{x=0}=V^{(1)}\Big|_{x=l}=0,\ t>0, & (2.88)\\ V^{(1)}\Big|_{t=0}=\dfrac{u_1}{l^2}x^2-u_1,\ 0\leqslant x\leqslant l, & (2.89)\end{cases}$$

$$(\mathrm{II})\begin{cases}\dfrac{\partial V^{(2)}}{\partial t}=a^2\dfrac{\partial^2 V^{(2)}}{\partial x^2}-b^2V^{(2)}-b^2u_1,\ 0<x<l,\ t>0, & (2.90)\\ V_x^{(2)}\Big|_{x=0}=V^{(2)}\Big|_{x=l}=0,t>0, & (2.91)\\ V^{(2)}\Big|_{t=0}=0,\ 0\leqslant x\leqslant l. & (2.92)\end{cases}$$

对于问题(Ⅰ),可以直接用分离变量法求解,求解步骤与 § 2.2中的问题(2.13),(2.14),(2.15)相同,所不同的只是通过分离变量所得到的常微分方程较(2.16)稍有不同.

令

$$V^{(1)}(x,t)=X(x)T(t),$$

代入(2.87)得

$$\frac{T'+b^2T}{a^2T}=\frac{X''}{X}=-\beta^2,$$

由此得到下列两个常微分方程

$$T' + (b^2 + a^2\beta^2)T = 0, \tag{2.93}$$

$$X'' + \beta^2 X = 0. \tag{2.94}$$

由条件(2.88)得

$$X'(0) = X(l) = 0, \tag{2.95}$$

容易求得特征值问题(2.94),(2.95)的特征值与特征函数为

$$\beta^2 = \frac{(2n+1)^2\pi^2}{4l^2}, \quad n=0,1,2,\cdots.$$

$$X_n(x) = B_n \cos\frac{(2n+1)\pi}{2l}x,$$

将上式中的 β^2 代入(2.93)得

$$T' + \left[b^2 + \frac{(2n+1)^2\pi^2a^2}{4l^2}\right]T = 0,$$

它的通解为

$$T_n(t) = C_n e^{-\left[b^2+\frac{(2n+1)^2\pi^2a^2}{4l^2}\right]t},$$

从而问题(Ⅰ)的解可表示为

$$V^{(1)}(x,t) = \sum_{n=0}^{\infty} C_n e^{-\left[b^2+\frac{(2n+1)^2\pi^2a^2}{4l^2}\right]t}\cos\frac{(2n+1)\pi}{2l}x, \tag{2.96}$$

其中常数 C_n 由初值条件(2.89)确定为

$$C_n = \frac{2}{l}\int_0^l\left(\frac{u_1}{l^2}x^2 - u_1\right)\cos\frac{(2n+1)\pi}{2l}x\mathrm{d}x$$

$$= (-1)^{n+1}\frac{32u_1}{(2n+1)^3\pi^3},$$

故所求的解 $V^{(1)}(x,t)$ 为

$$V^{(1)}(x,t) = \frac{32u_1}{\pi^3}e^{-b^2t}\sum_{n=0}^{\infty}\frac{(-1)^{n+1}}{(2n+1)^3}e^{-\frac{(2n+1)^2\pi^2a^2}{4l^2}t}\cos\frac{(2n+1)\pi}{2l}x. \tag{2.97}$$

对于问题(Ⅱ),可以用特征函数法求解,将方程的自由项 $-b^2u_1$ 及解 $V^{(2)}(x,t)$ 都按特征函数系 $\left\{\cos\frac{(2n+1)\pi}{2l}x: n=0,1,2,\cdots\right\}$ 展开,得

$$-b^2u_1 = \frac{4b^2u_1}{\pi}\sum_{n=0}^{\infty}\frac{(-1)^{n+1}}{2n+1}\cos\frac{(2n+1)\pi}{2l}x, \tag{2.98}$$

$$V^{(2)}(x,t)=\sum_{n=0}^{\infty}v_n(t)\cos\frac{(2n+1)\pi}{2l}x, \tag{2.99}$$

其中 $v_n(t)$ 满足

$$\begin{cases}v_n'(t)+\left[\dfrac{(2n+1)^2\pi^2a^2}{4l^2}+b^2\right]v_n(t)=(-1)^{n+1}\dfrac{4b^2u_1}{(2n+1)\pi},\\ v_n(0)=0.\end{cases}$$

由此可解得

$$v_n(t)=\frac{(-1)^n 16b^2u_1l^2}{(2n+1)\pi[4b^2l^2+(2n+1)^2\pi^2a^2]}\{e^{-\left[b^2+\frac{(2n+1)^2\pi^2a^2}{4l^2}\right]t}-1\},$$

从而问题(Ⅱ)的解为

$$\begin{aligned}&V^{(2)}(x,t)\\ &=\frac{16b^2u_1l^2}{\pi}\sum_{n=0}^{\infty}\frac{(-1)^n}{(2n+1)[4b^2l^2+(2n+1)^2\pi^2a^2]}\\ &\quad\times\left\{e^{-\left[b^2+\frac{(2n+1)^2\pi^2a^2}{4l^2}\right]t}-1\right\}\cos\frac{(2n+1)\pi}{2l}x,\end{aligned} \tag{2.100}$$

将(2.97)与(2.100)相加,即得 $V(x,t)$,将这个 $V(x,t)$ 代入(2.86),即得原定解问题的解.

值得指出的是,方程(2.83)亦可通过下列函数之间的代换:

$$u(x,t)=e^{-b^2t}V(x,t)$$

化成(2.13)的形式.这样一来,原定解问题就化成了方程(2.13)相应的定解问题,然后用分离变量法求解,请读者自己按这个方法做一遍.

* §2.6 关于二阶常微分方程特征值问题的一些结论

从本章的前三节可以看出,不论对三种类型偏微分方程中的哪一类,也不论在何种坐标系中,采用分离变量法求解定解问题时,总不可避免地要遇到一个常微分方程在某种齐次边界条件下的特征值问题(以后将要看到,有些特征值问题中还包括自然边界条件,所谓**自然边界条件**就是指形如 $|y(x_0)|<+\infty$ 的条件),例如,§2.1 中的特征值问题(2.5),(2.6);§2.2 中的特征值问题(2.16)″,(2.17);§2.3 中的特征值问题(2.30)等.用分离变量法所得到的定解问题的解,其实就是将所求的解按照特征函数进行傅里叶展开.于是,就会产

生这样一个问题:这种将解按特征函数系进行展开的依据是什么呢?当特征函数系就是普通的三角函数系(如§2.1与§2.3中那样)时,这种展开的合理性已为我们所熟知,当特征函数系不是普通的三角函数系时(如§2.2中的特征函数系$\{\sin\beta_n x\}$),情况会怎样?本节我们就来讨论这个问题.我们将要说明,在一定条件下,求解一个二阶常微分方程的特征值问题所得的特征函数系是一个正交完全(备)系,所以按照这个函数系进行傅里叶展开是可能的.

为了使所得的结论更具有一般性,我们来考虑如下方程:

$$\frac{\mathrm{d}}{\mathrm{d}x}\left[k(x)\frac{\mathrm{d}y}{\mathrm{d}x}\right]-q(x)y+\lambda\rho(x)y=0\quad(a<x<b),\tag{2.101}$$

不难看出,方程(2.5)(包括(2.16)″及(2.30)中的方程)正是它的特例.例如,若取$k(x)=1,q(x)=0,\rho(x)=1$,则(2.101)即为(2.5)(只是未知函数的符号有所不同).

方程(2.101)通常称为**施图姆-刘维尔**(Sturm-Liouville)**型方程**(任一个二阶线性常微分方程乘适当函数后总可以化成这种形式),有关这个方程特征值问题的一些结论,称为**施图姆-刘维尔**理论.

对方程(2.101)中的函数$k(x),q(x),\rho(x)$作一些假定:设$k(x)$及其一阶导数在闭区间$[a,b]$上连续,当$a<x<b$时,$k(x)>0$;$q(x)$或者在闭区间$[a,b]$上连续,或者在开区间(a,b)内连续而在区间的端点处有一阶极点,且$q(x)\geqslant 0$;$\rho(x)$在$[a,b]$上连续且在(a,b)内$\rho(x)>0$.在这些条件下,方程(2.101)的特征值问题就是在一些齐次边界条件或自然边界条件下,求它的非零解.边界条件的提法与$k(x)$在区间端点$x=a$及$x=b$处是否为零以及哪一个端点是$k(x)$的零点有关,例如,若$k(a)k(b)\neq 0$,则在$x=a$及$x=b$处不需要加自然边界条件,这时在这两个端点所加的边界条件或者就是在§1.2中所述的三种类型的齐次边界条件中的一种,或者如同(2.30)中的周期性条件;若$k(a)=0,k(b)\neq 0$(对于$k(a)\neq 0,k(b)=0$,或者$k(a)=k(b)=0$两种情况,读者可自己考虑),则在$x=a$处要加自然边界条件,在$x=b$处不加自然边界条件,此时边界条件的形式为

$$\left[\sigma y(x)+hy'(x)\right]\Big|_{x=b}=0,\tag{2.102}$$

$$|y(a)|<+\infty,\tag{2.103}$$

这里的常数σ,h中可能有一个为零,即条件(2.102)包括了三种类型的边界条件.

对于特征值问题(2.101),(2.102),(2.103),有以下几点结论:

1. 存在无穷多个实特征值,适当调换这些特征值的顺序,可使它们构成一个非递减序列,即

$$\lambda_1 \leqslant \lambda_2 \leqslant \cdots \leqslant \lambda_n \leqslant \lambda_{n+1} \leqslant \cdots,$$

对应于这些特征值有无穷多个特征函数

$$y_1(x), y_2(x), \cdots y_n(x), \cdots.$$

2. 所有特征值均不为负,即

$$\lambda_n \geqslant 0, n = 1, 2, \cdots.$$

并且只有当两个边界条件都是齐次第二类边界条件时,$\lambda = 0$ 才是一个特征值.

3. 设 $\lambda_m \neq \lambda_n$ 是任意两个不同的特征值,对应于这两个特征值的特征函数记作 $y_m(x), y_n(x)$,则

$$\int_a^b \rho(x) y_m(x) y_n(x) \mathrm{d}x = 0 \quad (\lambda_m \neq \lambda_n),$$

即对应于不同特征值的特征函数在 $[a,b]$ 上**带权函数** $\rho(x)$ 互相正交.

4. 特征函数系 $\{y_n(x): n=1,2,\cdots\}$ 在区间 $[a,b]$ 上构成一个完全(备)系,即任意一个在 $[a,b]$ 上具有一阶连续导数及分段连续的二阶导数的函数 $f(x)$,只要它也满足特征函数中每个函数 $y_n(x)$ $(n=1,2,\cdots)$ 所满足的边界条件(例如,满足(2.102)与(2.103)),则一定可以将 $f(x)$ 按特征函数系展开成绝对且一致收敛的级数

$$f(x) = \sum_{n=1}^{\infty} f_n y_n(x),$$

其中

$$f_n = \frac{\int_a^b \rho(x) f(x) y_n(x) \mathrm{d}x}{\int_a^b \rho(x) y_n^2(x) \mathrm{d}x}.$$

以上四点结论的证明,有的并不困难,有的需要用到超出本书范围的一些知识,所以我们一概从略.

最后,我们还要指出一点,上述特征值问题是相当广泛的,数学物理方程中所出现的特征值问题,几乎都是它的特例.在第五、第六两章中将要看到,当我们在球坐标系及柱坐标系中用分离变量法解定解问题时,就要讨论如下两个方程:

$$x^2 y'' + x y' + (\lambda x^2 - n^2) y = 0, \tag{2.104}$$

$$(1 - x^2) y'' - 2 x y' + \lambda y = 0 \tag{2.105}$$

的特征值问题.这两个方程也是(2.101)的特例,例如,若取$k(x)=x,q(x)=\frac{n^2}{x}$,$\rho(x)=x$,则(2.101)就变成

$$\frac{\mathrm{d}}{\mathrm{d}x}\left(x\frac{\mathrm{d}y}{\mathrm{d}x}\right)-\frac{n^2}{x}y+\lambda xy=0,$$

即

$$x^2y''+xy'+(\lambda x^2-n^2)y=0,$$

这就是(2.104).

若取 $k(x)=1-x^2,q(x)=0,\rho(x)=1$,则方程(2.101)变成

$$\frac{\mathrm{d}}{\mathrm{d}x}\left[(1-x^2)\frac{\mathrm{d}y}{\mathrm{d}x}\right]+\lambda y=0,$$

这就是(2.105).

方程(2.104)称为 n 阶**贝塞尔**(Bessel)方程,方程(2.105)称为**勒让德**(Legendre)方程.这两个方程及它们解的一些性质,我们将在第五章、第六章分别讨论.

习　题　二

1. 设弦的两端固定于 $x=0$ 及 $x=l$,弦的初始位移如图所示,初速度为零,又没有外力作用,求弦作横向振动时的位移函数 $u(x,t)$.

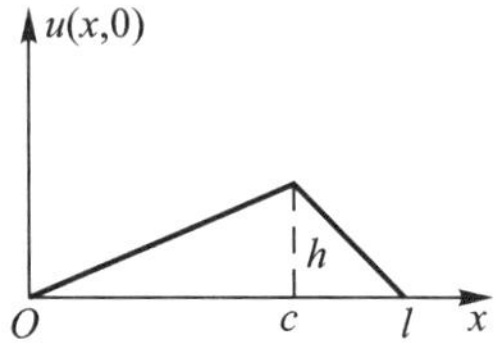

(第 1 题)

2. 就下列初值条件及边界条件解弦振动方程

$$u(x,0)=0,\ 0\leqslant x\leqslant l,$$

$$\frac{\partial u(x,0)}{\partial t}=x(l-x),\ 0\leqslant x\leqslant l,$$

$$u(0,t)=u(l,t)=0,\ t>0.$$

3. 就下列初值条件及边界条件解弦振动方程

$$u\big|_{t=0}=\begin{cases}x, & 0\leqslant x\leqslant\frac{1}{2},\\ 1-x, & \frac{1}{2}<x\leqslant 1,\end{cases}$$

$$\left.\frac{\partial u}{\partial t}\right|_{t=0}=x(x-1),\ 0\leqslant x\leqslant 1,$$

$$u\big|_{x=0}=u\big|_{x=1}=0,t>0.$$

4. 解出习题一中第 2 题.

5. 试求适合于下列初值条件及边界条件的一维热传导方程的解

$$u\Big|_{t=0}=x(l-x),\ 0\leqslant x\leqslant l,$$

$$u\Big|_{x=0}=u\Big|_{x=l}=0,\ t>0.$$

6. 解一维热传导方程,其初值条件及边界条件为

$$u\Big|_{t=0}=x,0\leqslant x\leqslant l;\frac{\partial u}{\partial x}\Big|_{x=0}=0,\ \frac{\partial u}{\partial x}\Big|_{x=l}=0,t>0.$$

7. 一根长为 l 的细杆表面绝缘,其初始温度分布如图所示,由 $t=0$ 开始两端温度保持于 0 ℃,求杆上温度分布.

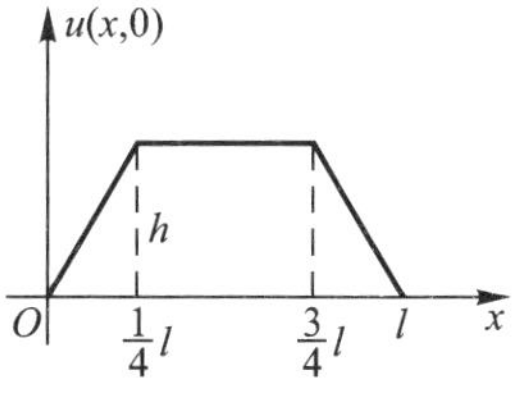

(第 7 题)

8. 试解出具有放射衰变的热传导方程

$$\frac{\partial^2 u}{\partial x^2}-a^2\frac{\partial u}{\partial t}+Ae^{-\alpha x}=0,0<x<l,t>0,$$

已知边界条件为

$$u\Big|_{x=0}=0,\ u\Big|_{x=l}=0,t>0,$$

初值条件为

$$u\Big|_{t=0}=T\ (\text{常数}),0\leqslant x\leqslant l.$$

9. 求定解问题

$$\begin{cases}\dfrac{\partial u}{\partial t}=a^2\dfrac{\partial^2 u}{\partial x^2}+A,\ 0<x<l,t>0,\\ u\Big|_{x=0}=u\Big|_{x=l}=0,\ t>0,\\ u\Big|_{t=0}=0,\ 0\leqslant x\leqslant l\end{cases}$$

的解.

10. 求满足下列定解条件的一维热传导方程的解:

$$u\Big|_{x=0}=10,\ u\Big|_{x=l}=5,t>0,$$

$$u\Big|_{t=0}=kx,\ k\text{ 为常数},0\leqslant x\leqslant l.$$

11. 试确定定解问题

$$\begin{cases}\dfrac{\partial u}{\partial t}=a^2\dfrac{\partial^2 u}{\partial x^2}+f(x),\ 0<x<l,t>0,\\ u\Big|_{x=0}=A,\quad u\Big|_{x=l}=B,t>0,\\ u\Big|_{t=0}=g(x),\ 0\leqslant x\leqslant l\end{cases}$$

的解的一般形式.

12. 求稳恒状态下,由直线 $x=0,x=l_1,y=0,y=l_2$ 所围矩形板内各点的温

度，假设在 $x=0, x=l_1$ 及 $y=0$ 三边上温度保持为 0 ℃，$y=l_2$ 边上各点温度为 $\varphi(x)$，其中 $\varphi(0)=\varphi(l_1)=0$.

13. 一半径为 a 的半圆形平板，其圆周边界上的温度保持 $u(a,\theta)=T\theta(\pi-\theta)$，而直径边界上温度保持为 0 ℃，板的侧面绝缘，试求稳恒状态下的温度分布规律 $u(\rho,\theta)$.

14. 一圆环形平板，内半径为 r_1，外半径为 r_2，侧面绝缘，如内圆温度保持 0 ℃，外圆温度保持 1 ℃，试求稳恒状态下的温度分布规律 $u(r,\theta)$.

15. 如何解下列定解问题：

$$\begin{cases}\dfrac{\partial^2 u}{\partial t^2}=a^2\dfrac{\partial^2 u}{\partial x^2}+f(x),\ 0<x<l,t>0,\\ u\Big|_{x=0}=M_1(\text{常数}),\quad u\Big|_{x=l}=M_2(\text{常数}),\ t>0,\\ u\Big|_{t=0}=\varphi(x),\quad \dfrac{\partial u}{\partial t}\Big|_{t=0}=\psi(x),\ 0\leqslant x\leqslant l.\end{cases}$$

16. 在矩形域内求定解问题

$$\begin{cases}\Delta u=f(x,y),\ 0<x<a,\ 0<y<b,\\ u\Big|_{x=0}=\varphi_1(y),u\Big|_{x=a}=\varphi_2(y),\ 0\leqslant y\leqslant b,\\ u\Big|_{y=0}=\psi_1(x),u\Big|_{y=b}=\psi_2(x),\ 0\leqslant x\leqslant a\end{cases}$$

的解.

17. 在扇形区域内求定解问题

$$\begin{cases}\Delta u=0,\ 0<\theta<\alpha,0<\rho<a,\\ u\Big|_{\theta=0}=u\Big|_{\theta=\alpha}=0,\ 0\leqslant\rho\leqslant a,\\ u\Big|_{\rho=a}=f(\theta),\ 0\leqslant\theta\leqslant\alpha\end{cases}$$

的解.

18. 在矩形域 $0\leqslant x\leqslant a, 0\leqslant y\leqslant b$ 内求拉普拉斯方程的解，使满足边界条件：

$$\begin{cases}u\Big|_{x=0}=0,\quad u\Big|_{x=a}=Ay,\ 0\leqslant y\leqslant b,\\ \dfrac{\partial u}{\partial y}\Big|_{y=0}=0,\quad \dfrac{\partial u}{\partial y}\Big|_{y=b}=0,\ 0\leqslant x\leqslant a.\end{cases}$$

19. 把高频输电线充电到具有电压 E，然后一端短路封闭，另一端仍保持断开，求以后的电压分布.

20. 求矩形膜振动的位移，即解下列定解问题：

$$\begin{cases}\dfrac{\partial^2 u}{\partial t^2}=\dfrac{\partial^2 u}{\partial x^2}+\dfrac{\partial^2 u}{\partial y^2},\ 0<x<a,0<y<b,t>0,\\ u\Big|_{x=0}=u\Big|_{x=a}=0,\ t>0,0\leqslant y\leqslant b,\\ u\Big|_{y=0}=u\Big|_{y=b}=0,\ t>0,0\leqslant x\leqslant a,\\ u\Big|_{t=0}=xy(x-a)(y-b),\ \dfrac{\partial u}{\partial t}\Big|_{t=0}=0,0\leqslant x\leqslant a,0\leqslant y\leqslant b.\end{cases}$$

21. 证明 § 2.2 中所得的特征函数系 $\{\sin\beta_n x: n=1,2,\cdots\}$ 在 $[0,l]$ 上是正交系,即

$$\int_0^l \sin\beta_m x\sin\beta_n x\mathrm{d}x=0\quad(m\neq n),$$

其中 β_n 满足 $\beta_n\cos\beta_n l+h\sin\beta_n l=0$,$h$ 为常数.

22. 求解定解问题

$$\begin{cases}\dfrac{\partial^2 u}{\partial t^2}=a^2\dfrac{\partial^2 u}{\partial x^2}+\sin\dfrac{2\pi}{l}x\sin\dfrac{2a\pi}{l}t,\ 0<x<l,t>0,\\ u\Big|_{x=0}=u\Big|_{x=l}=0,\ t>0,\\ u\Big|_{t=0}=u_t\Big|_{t=0}=0,\ 0\leqslant x\leqslant l.\end{cases}$$

23. 在单位圆内求解定解问题

$$\begin{cases}\dfrac{\partial^2 u}{\partial x^2}+\dfrac{\partial^2 u}{\partial y^2}=-xy,\ x^2+y^2<1,\\ u\Big|_{x^2+y^2=1}=0.\end{cases}$$

第三章　行波法与积分变换法

在第二章中,我们较为详细地讨论了分离变量法,它是求解有限域内定解问题的一个常用方法,只要求解的区域很规则(其边界在某种坐标系中的方程能用若干个只含有一个坐标变量的方程表示),对三种典型的方程均可运用.本章我们将介绍另外两个求解定解问题的方法,一是行波法,一是积分变换法.行波法只能用于求解无界域内波动方程的定解问题,积分变换法不受方程类型的限制,主要用于无界域,但对有界域也能应用.

§3.1　一维波动方程的达朗贝尔公式

我们知道,要求一个常微分方程的特解,惯用的方法是先求出它的通解,然后利用初值条件确定通解中的任意常数得到特解.对于偏微分方程能否采用类似的方法呢?一般说来是不行的,原因之一是在偏微分方程中很难定义通解的概念,原因之二是即使对某些方程能够定义并求出它的通解,但此通解中包含有任意函数,要由定解条件确定出这些任意函数是会遇到很大困难的.但事情总不是绝对的,在少数情况下不仅可以求出偏微分方程的通解(指包含有任意函数的解),而且可以由通解求出特解.本节我们就一维波动方程来建立它的通解公式,然后由它得到初值问题解的表达式.

对于一维波动方程

$$\frac{\partial^2 u}{\partial t^2}=a^2\frac{\partial^2 u}{\partial x^2},\tag{3.1}$$

我们作如下的代换(为什么作这样的代换,学完本节后就会明白):

$$\begin{cases}\xi = x+at,\\ \eta = x-at.\end{cases}\tag{3.2}$$

利用复合函数求导法则得

$$\frac{\partial u}{\partial x}=\frac{\partial u}{\partial \xi}\frac{\partial \xi}{\partial x}+\frac{\partial u}{\partial \eta}\frac{\partial \eta}{\partial x}=\frac{\partial u}{\partial \xi}+\frac{\partial u}{\partial \eta},$$

$$\frac{\partial^2 u}{\partial x^2}=\frac{\partial}{\partial \xi}\left(\frac{\partial u}{\partial \xi}+\frac{\partial u}{\partial \eta}\right)\frac{\partial \xi}{\partial x}+\frac{\partial}{\partial \eta}\left(\frac{\partial u}{\partial \xi}+\frac{\partial u}{\partial \eta}\right)\frac{\partial \eta}{\partial x}$$

$$=\frac{\partial^2 u}{\partial \xi^2}+2\frac{\partial^2 u}{\partial \xi \partial \eta}+\frac{\partial^2 u}{\partial \eta^2}, \tag{3.3}$$

同理有

$$\frac{\partial^2 u}{\partial t^2}=a^2\left(\frac{\partial^2 u}{\partial \xi^2}-2\frac{\partial^2 u}{\partial \xi \partial \eta}+\frac{\partial^2 u}{\partial \eta^2}\right), \tag{3.4}$$

将(3.3)及(3.4)代入(3.1)得

$$\frac{\partial^2 u}{\partial \xi \partial \eta}=0. \tag{3.5}$$

将(3.5)式对 η 积分得

$$\frac{\partial u}{\partial \xi}=f(\xi)\quad (f(\xi)\text{ 是 }\xi\text{ 的任意可微函数}),$$

再将此式对 ξ 积分得

$$\begin{aligned} u(x,t) &= \int f(\xi)\,\mathrm{d}\xi+f_2(\eta) \\ &= f_1(x+at)+f_2(x-at), \end{aligned} \tag{3.6}$$

其中 f_1,f_2 都是任意二次连续可微函数.(3.6)式就是方程(3.1)的通解(包含有两个任意函数的解).

在各个具体问题中,我们并不满足于求通解,还要确定函数 f_1 与 f_2 的具体形式.为此,必须考虑定解条件,下面我们来讨论无限长弦的自由横振动.设弦的初始状态为已知,即已知定解条件

$$\begin{cases} u\Big|_{t=0}=\varphi(x), & -\infty<x<+\infty, \\ \dfrac{\partial u}{\partial t}\Big|_{t=0}=\psi(x), & -\infty<x<+\infty. \end{cases} \tag{3.7}$$

将(3.6)中的函数代入(3.7)中,得

$$\begin{cases} f_1(x)+f_2(x)=\varphi(x), & (3.8) \\ af_1'(x)-af_2'(x)=\psi(x). & (3.9) \end{cases}$$

在(3.9)两端对 x 积分一次,得

$$f_1(x)-f_2(x)=\frac{1}{a}\int_0^x \psi(\xi)\,\mathrm{d}\xi+C. \tag{3.10}$$

由(3.8)与(3.10)解出 $f_1(x),f_2(x)$ 得

$$f_1(x)=\frac{1}{2}\varphi(x)+\frac{1}{2a}\int_0^x \psi(\xi)\,\mathrm{d}\xi+\frac{C}{2},$$

$$f_2(x)=\frac{1}{2}\varphi(x)-\frac{1}{2a}\int_0^x\psi(\xi)\,\mathrm{d}\xi-\frac{C}{2}.$$

把这里确定出来的$f_1(x)$与$f_2(x)$代回到(3.6)中,即得方程(3.1)在条件(3.7)下的解为

$$u(x,t)=\frac{1}{2}[\varphi(x+at)+\varphi(x-at)]+\frac{1}{2a}\int_{x-at}^{x+at}\psi(\xi)\,\mathrm{d}\xi. \tag{3.11}$$

(3.11)式称为无限长弦自由振动的**达朗贝尔**(d'Alembert)**公式**.

现在我们来说明达朗贝尔公式的物理意义.由于达朗贝尔公式是由(3.6)式得来的,所以我们只需说明(3.6)式的物理意义.

首先,考虑$u_2=f_2(x-at)$的物理意义.我们来说明这样的函数是代表一个向右传播的行波,为了讲清这一点,我们不妨考虑一个特例.假定$f_2(x)$的图形如图 3-1 所示①,则在$t=0$时,$u_2=f_2(x)$,其图形如图 3-1(a)所示;在$t=\frac{1}{2}$时,$u_2=f_2\left(x-\frac{a}{2}\right)$,其图形如图 3-1(b)所示;在$t=1$时,$u_2=f_2(x-a)$,其图形如图 3-1(c)所示;在$t=2$时,$u_2=f_2(x-2a)$,其图形如图 3-1(d)所示.这些图形说明,随着时间t的推移,$u_2=f_2(x-at)$的图形以速度a向x轴正方向一侧移动,即弦上质点振动所构成的波形不变且以速度a向右传播。所以,$u_2=f_2(x-at)$称为**右行波**.同样道理,$u_1=f_1(x+at)$就表示一个以速度a向左传播的行波,称为**左行波**.达朗贝尔公式表明,弦上的任意扰动总是以行波形式分别向两个方向传播出去,其传播速度正好是弦振动方程中的常数a.基于上述原因,所以本节所用的方法就称为**行波法**.

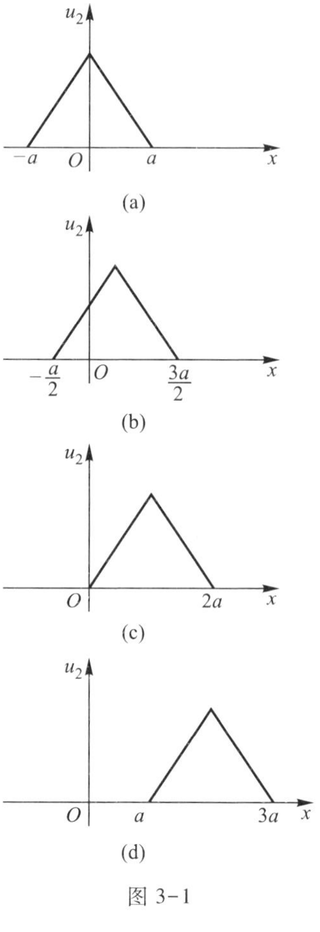

图 3-1

从达朗贝尔公式(3.11)还可以看出,解在点(x,t)的数值仅依赖于x轴上区间$[x-at,x+at]$

① 请读者注意,这里的图形都是以t为参数在xu平面内画的,不是在x,t,u的空间坐标系内画曲面$u_2=f_2(x-at)$的图像.

内的初值条件,而与其他点上的初值条件无关.区间 $[x-at,x+at]$ 称为点 (x,t) 的**依赖区间**.如果用直线段把点 (x,t) 和它的依赖区间的两个端点连起来,则这两条直线段的斜率分别为 $\pm\frac{1}{a}$(图 3-2(a)).

对初始轴 $t=0$ 上的一个区间 $[x_1,x_2]$,过点 x_1 作斜率为 $\frac{1}{a}$ 的直线 $x=x_1+at$,过点 x_2 作斜率为 $-\frac{1}{a}$ 的直线 $x=x_2-at$,它们和区间 $[x_1,x_2]$ 一起构成一个三角形区域(图 3-2(b)),此三角形区域中任一点 (x,t) 的依赖区间都落在区间 $[x_1,x_2]$ 的内部,因此解在此三角形区域中的数值完全由区间 $[x_1,x_2]$ 上的初值条件决定,而与此区间外的初值条件无关,这个三角形区域称为区间 $[x_1,x_2]$ 的**决定区域**,在区间 $[x_1,x_2]$ 上给定初值条件,就可以在其决定区域中决定初值问题的解.

若过点 x_1,x_2 分别作直线 $x=x_1-at,x=x_2+at$,则经过时间 t 后受到区间 $[x_1,x_2]$ 上初始扰动影响的区域为

$$x_1-at\leqslant x\leqslant x_2+at\quad(t>0),$$

在此区域之外的波动则不受 $[x_1,x_2]$ 上初始扰动的影响,称 xt 平面上由上述不等式确定的区域为 $[x_1,x_2]$ 的**影响区域**(如图 3-2(c)).

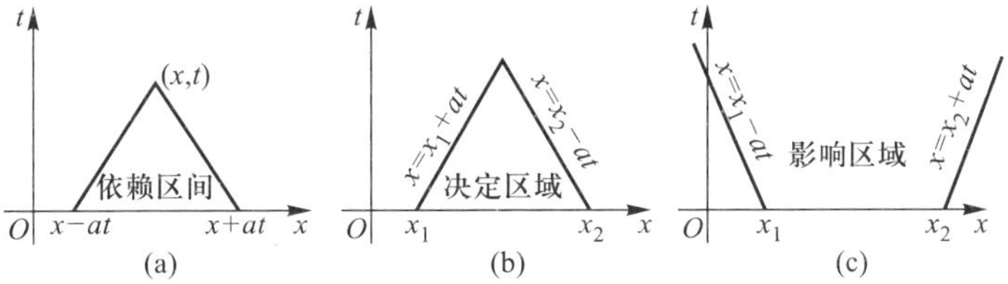

图 3-2

从上面的讨论中我们可以看到,在 xt 平面上斜率为 $\pm\frac{1}{a}$ 的两族直线 $x\pm at=$ 常数,对一维波动方程(3.1)的研究起着重要的作用,我们称这两族直线为一维波动方程(3.1)的**特征线**.因为在特征线 $x-at=C_2$ 上,右行波 $u_2=f_2(x-at)$ 的位移取常数值 $f_2(C_2)$,在特征线 $x+at=C_1$ 上,左行波 $u_1=f_1(x+at)$ 的位移取常数值 $f_1(C_1)$,所以,波动实际上是沿特征线传播的[①].变换(3.2)常称为**特征变**

① 参阅《学习指南》中示意图 2.4.

换，行波法又称为**特征线法**.

注 1　容易看出，一维波动方程(3.1)的两族特征线 $x\pm at=$常数，正好是常微分方程

$$(\mathrm{d}x)^2-a^2(\mathrm{d}t)^2=0$$

的积分曲线，这个常微分方程称为(3.1)的**特征方程**.对于更一般的二阶线性偏微分方程

$$A\frac{\partial^2 u}{\partial x^2}+2B\frac{\partial^2 u}{\partial x\partial y}+C\frac{\partial^2 u}{\partial y^2}+D\frac{\partial u}{\partial x}+E\frac{\partial u}{\partial y}+Fu=0 \tag{3.12}$$

来说，它的特征方程为

$$A(\mathrm{d}y)^2-2B\mathrm{d}x\mathrm{d}y+C(\mathrm{d}x)^2=0, \tag{3.13}$$

这个常微分方程的积分曲线称为偏微分方程(3.12)的特征线.二阶线性偏微分方程的特征线仅与该方程中的二阶导数项的系数有关，而与其低阶项的系数是无关的.

需要注意的是，并不是任意一个二阶线性偏微分方程(3.12)都有两族实的特征线.例如，若在某一区域内 $B^2-AC<0$，则过此域内每一点都不存在实的特征线；若在某域内，$B^2-AC=0$，则过此域内每一点仅有一条实的特征线；只有在 $B^2-AC>0$ 的域内，过其中每一点才有两条相异实的特征线.

若在某域内 $B^2-AC<0$，则在此域内称(3.12)为**椭圆型方程**，拉普拉斯方程及泊松方程均属于椭圆型；若在某域内 $B^2-AC=0$，则在此域内称(3.12)为**抛物型方程**，热传导方程属于抛物型；若在某域内 $B^2-AC>0$，则在此域内称(3.12)为**双曲型方程**，波动方程属于双曲型①.

不论(3.12)为哪一种类型的方程，都可通过适当的自变量之间的代换将它化简成所谓标准形式.关于如何将二阶线性偏微分方程化成标准形式，我们在这里就不详述了，下面举一个例子，说明如何通过将方程化简来求解它的定解问题.

例　求下列柯西问题

$$\begin{cases}\dfrac{\partial^2 u}{\partial x^2}+2\dfrac{\partial^2 u}{\partial x\partial y}-3\dfrac{\partial^2 u}{\partial y^2}=0, & y>0,-\infty<x<+\infty, \quad (3.14)\\[2ex] u\Big|_{y=0}=3x^2,\dfrac{\partial u}{\partial y}\Big|_{y=0}=0, & -\infty<x<+\infty \quad (3.15)\end{cases}$$

---

① 应该注意，上述三种类型的方程并不包括方程(3.12)所有可能的情况，还有这样的方程，它在某个区域的一部分域内是椭圆型的，而在另一部分域内则是双曲型的，这样的方程称为混合型方程.

的解.

解　先确定所给方程的特征线.为此,写出它的特征方程

$$(\mathrm{d}y)^2-2\mathrm{d}x\mathrm{d}y-3(\mathrm{d}x)^2=0.$$

它的两族积分曲线为

$$3x-y=C_1,$$

$$x+y=C_2.$$

作特征变换

$$\begin{cases}\xi=3x-y,\\ \eta=x+y,\end{cases}\tag{3.16}$$

容易验证,经过变换原方程化成

$$\frac{\partial^2 u}{\partial\xi\partial\eta}=0.$$

它的通解为

$$u=f_1(\xi)+f_2(\eta),$$

其中 f_1,f_2 是两个任意二次连续可微的函数.原方程(3.14)的通解为

$$u(x,y)=f_1(3x-y)+f_2(x+y),\tag{3.17}$$

把这个函数代入条件(3.15)得

$$\begin{cases}f_1(3x)+f_2(x)=3x^2, & (3.18)\\ -f_1'(3x)+f_2'(x)=0. & (3.19)\end{cases}$$

从(3.19)得

$$-\frac{1}{3}f_1(3x)+f_2(x)=C,\tag{3.20}$$

从(3.18)与(3.20)可得

$$f_1(3x)=\frac{9}{4}x^2-C',$$

$$f_2(x)=\frac{3}{4}x^2+C',$$

即

$$\begin{cases}f_1(x)=\dfrac{1}{4}x^2-C',\\ f_2(x)=\dfrac{3}{4}x^2+C'.\end{cases}$$

代入(3.17)得到所求的解为

$$u(x,y)=\frac{1}{4}(3x-y)^2+\frac{3}{4}(x+y)^2=3x^2+y^2. \tag{3.21}$$

注 2　上面用行波法只是求出了齐次方程(3.1)在初值条件(3.7)下的初值问题的解,对非齐次方程只要考虑下列定解问题

$$\begin{cases} u_{tt}-a^2u_{xx}=f(x,t), & -\infty<x<+\infty,t>0, \\ u\Big|_{t=0}=u_t\Big|_{t=0}=0, & -\infty<x<+\infty. \end{cases}$$

在《学习指南》2.3.1 中给出了这个问题的一种求解方法及解的表达式.这里就不详细叙述了,后面将利用傅里叶变换求解这个问题.

§3.2　三维波动方程的泊松公式

上节我们已经讨论了一维波动方程的初值问题,获得了达朗贝尔公式.只研究一维波动方程还不能满足工程技术上的要求,例如在研究交变电磁场时就要讨论三维波动方程,本节我们就来考虑在三维无限空间中的波动问题,即求解下列定解问题:

$$\begin{cases} \dfrac{\partial^2 u}{\partial t^2}=a^2\left(\dfrac{\partial^2 u}{\partial x^2}+\dfrac{\partial^2 u}{\partial y^2}+\dfrac{\partial^2 u}{\partial z^2}\right), & -\infty<x,y,z<+\infty,t>0, \quad (3.22) \\ u\Big|_{t=0}=\varphi_0(x,y,z), & \quad (3.23) \\ \dfrac{\partial u}{\partial t}\Big|_{t=0}=\varphi_1(x,y,z), & -\infty<x,y,z<+\infty. \quad (3.24) \end{cases}$$

这个定解问题仍可沿用行波法的思路来解,不过由于坐标变量有三个,需要先通过一个适当的转换对新的未知函数利用§3.1 中所得的通解公式.下面先考虑一个特例.

3.2.1　三维波动方程的球对称解

如果将波函数 u 用空间球坐标(r,θ,φ)来表示,所谓球对称就是指 u 与 θ,φ 都无关.在球坐标系中,波动方程(3.22)为

$$\frac{1}{r^2}\frac{\partial}{\partial r}\left(r^2\frac{\partial u}{\partial r}\right)+\frac{1}{r^2\sin\theta}\frac{\partial}{\partial\theta}\left(\sin\theta\frac{\partial u}{\partial\theta}\right)+\frac{1}{r^2\sin^2\theta}\frac{\partial^2 u}{\partial\varphi^2}=\frac{1}{a^2}\frac{\partial^2 u}{\partial t^2}.$$

当 u 不依赖于 θ,φ 时,这个方程可简化为

$$\frac{1}{r^2}\frac{\partial}{\partial r}\left(r^2\frac{\partial u}{\partial r}\right)=\frac{1}{a^2}\frac{\partial^2 u}{\partial t^2},$$

或

$$r\frac{\partial^2 u}{\partial r^2}+2\frac{\partial u}{\partial r}=\frac{r}{a^2}\frac{\partial^2 u}{\partial t^2}.$$

但

$$r\frac{\partial^2 u}{\partial r^2}+2\frac{\partial u}{\partial r}=\frac{\partial^2(ru)}{\partial r^2},$$

所以最后得到方程

$$\frac{\partial^2(ru)}{\partial r^2}=\frac{1}{a^2}\frac{\partial^2(ru)}{\partial t^2}.$$

这是关于 ru 的一维波动方程,其通解为

$$ru=f_1(r+at)+f_2(r-at),$$

或

$$u(r,t)=\frac{f_1(r+at)+f_2(r-at)}{r}.$$

这就是三维波动方程的关于原点为球对称的解,其中 f_1,f_2 是两个任意二次连续可微的函数,这两个函数可以用指定的初值条件来确定.

3.2.2 三维波动方程的泊松公式

现在我们来考虑一般的情况,即要求问题(3.22),(3.23),(3.24)的解.从上面对球对称情况的讨论使我们产生这样一个想法:既然在球对称的情况下,函数 $ru(r,t)$ 满足一维波动方程,可以求出通解,那么在不是球对称的情况能否设法把方程也化成可以求通解的形式?由于在球对称时波函数 u 只是 r 与 t 的函数,在非球对称时 u 不能写成 r 与 t 的函数,而是 x,y,z,t 的函数,所以对非球对称情况,ru 不可能满足一维波动方程.但是,如果我们不去考虑波函数 u 本身,而是考虑 u 在以 $M(x,y,z)$ 为球心、以 r 为半径的球面上的平均值,则这个平均值当 x,y,z 暂时固定之后就只与 r,t 有关了.这就启发我们先引入一个函数 $\overline{u}(r,t)$,它是函数$u(x,y,z,t)$在以点 $M(x,y,z)$ 为球心、以 r 为半径的球面 S_r^M 上的**平均值**,即

$$\overline{u}(r,t)=\frac{1}{4\pi r^2}\iint\limits_{S_r^M}u(\xi,\eta,\zeta,t)\,\mathrm{d}S$$

$$
=\frac{1}{4\pi}\iint\limits_{x_1^2+y_1^2+z_1^2=1} u(x+rx_1,y+ry_1,z+rz_1,t)\,\mathrm{d}\omega
$$

$$
=\frac{1}{4\pi}\iint\limits_{S_1^O} u(x+rx_1,y+ry_1,z+rz_1,t)\,\mathrm{d}\omega, \tag{3.25}
$$

其中 $\xi=x+rx_1,\eta=y+ry_1,\zeta=z+rz_1$ 是球面 S_r^M 上点的坐标，S_1^O 是以原点为球心的单位球面，$\mathrm{d}\omega$ 是单位球面上的面积元素，$\mathrm{d}S$ 是 S_r^M 上的面积元素，显然有 $\mathrm{d}S=r^2\mathrm{d}\omega$. 在球面坐标系中，$x_1=\sin\theta\cos\varphi,y_1=\sin\theta\sin\varphi,z_1=\cos\theta,\mathrm{d}\omega=\sin\theta\mathrm{d}\theta\mathrm{d}\varphi$.

从(3.25)及 $u(x,y,z,t)$ 的连续性可知，当 $r\to 0$ 时，

$$
\lim_{r\to 0}\overline{u}(r,t)=u(M,t),
$$

即

$$
\overline{u}(0,t)=u(M,t),
$$

此处 $u(M,t)$ 表示函数 u 在点 M 及时刻 t 的值. 下面来推导 $\overline{u}(r,t)$ 所满足的微分方程. 对方程(3.22)的两端在 S_r^M 所围成的球体 V_r^M 内积分(为了区别 V_r^M 内的流动点的坐标与球心点 M 的坐标 (x,y,z)，我们以 (x',y',z') 表示 V_r^M 内流动点的坐标)，并应用**高斯-奥斯特洛格拉茨基**公式(有时称**高斯**公式)可得

$$
\begin{aligned}
&\iiint\limits_{V_r^M}\frac{\partial^2 u(x',y',z',t)}{\partial t^2}\mathrm{d}V\\
&=a^2\iiint\limits_{V_r^M}\left(\frac{\partial^2 u(x',y',z',t)}{\partial x'^2}+\frac{\partial^2 u(x',y',z',t)}{\partial y'^2}\right.\\
&\qquad\left.+\frac{\partial^2 u(x',y',z',t)}{\partial z'^2}\right)\mathrm{d}V\\
&=a^2\iiint\limits_{V_r^M}\left[\frac{\partial}{\partial x'}\left(\frac{\partial u(x',y',z',t)}{\partial x'}\right)+\frac{\partial}{\partial y'}\left(\frac{\partial u(x',y',z',t)}{\partial y'}\right)\right.\\
&\qquad\left.+\frac{\partial}{\partial z'}\left(\frac{\partial u(x',y',z',t)}{\partial z'}\right)\right]\mathrm{d}V\\
&=a^2\iint\limits_{S_r^M}\frac{\partial u(\xi,\eta,\zeta,t)}{\partial n}\mathrm{d}S\\
&=a^2\iint\limits_{S_1^O}\frac{\partial u(x+rx_1,y+ry_1,z+rz_1,t)}{\partial n}r^2\mathrm{d}\omega\\
&=a^2r^2\iint\limits_{S_1^O}\frac{\partial u(x+rx_1,y+ry_1,z+rz_1,t)}{\partial n}\mathrm{d}\omega
\end{aligned}
$$

$$= a^2r^2 \frac{\partial}{\partial r}\iint_{S_1^O} u(x + rx_1, y + ry_1, z + rz_1, t)\,\mathrm{d}\omega$$

$$= 4\pi a^2 r^2 \frac{\partial \overline{u}(r,t)}{\partial r}, \tag{3.26}$$

其中 $\boldsymbol{n}$ 是 S_r^M 的外法向量.

(3.26)式左端的积分也用在单位球面上的积分表示并交换微分运算和积分运算的次序,得

$$\iiint_{V_r^M} \frac{\partial^2 u(x', y', z', t)}{\partial t^2}\mathrm{d}V$$

$$= \frac{\partial^2}{\partial t^2}\iiint_{V_r^M} u(x', y', z', t)\,\mathrm{d}V$$

$$= \frac{\partial^2}{\partial t^2}\iiint_{V_r^M} u(x + \rho x_1, y + \rho y_1, z + \rho z_1, t)\rho^2\,\mathrm{d}\omega\,\mathrm{d}\rho$$

$$= \frac{\partial^2}{\partial t^2}\int_0^r \rho^2\,\mathrm{d}\rho \iint_{S_1^O} u(x + \rho x_1, y + \rho y_1, z + \rho z_1, t)\,\mathrm{d}\omega.$$

代回(3.26)中得

$$\frac{\partial^2}{\partial t^2}\iint_{S_1^O}\mathrm{d}\omega\int_0^r u(x + \rho x_1, y + \rho y_1, z + \rho z_1, t)\rho^2\,\mathrm{d}\rho$$

$$= 4\pi a^2 r^2 \frac{\partial \overline{u}(r,t)}{\partial r}.$$

在此式两端对 r 微分一次,并利用变上限定积分对上限求导数的规则,得

$$\frac{\partial^2}{\partial t^2}\iint_{S_1^O} u(x + rx_1, y + ry_1, z + rz_1, t)r^2\,\mathrm{d}\omega$$

$$= 4\pi a^2 \frac{\partial}{\partial r}\left(r^2 \frac{\partial \overline{u}(r,t)}{\partial r}\right),$$

或

$$\frac{\partial^2 \overline{u}(r,t)}{\partial t^2} = \frac{a^2}{r^2}\frac{\partial}{\partial r}\left(r^2 \frac{\partial \overline{u}(r,t)}{\partial r}\right).$$

但

$$\frac{1}{r^2}\frac{\partial}{\partial r}\left(r^2 \frac{\partial \overline{u}(r,t)}{\partial r}\right) = \frac{1}{r}\frac{\partial^2 (r\,\overline{u}(r,t))}{\partial r^2},$$

故得

$$\frac{\partial^2(r\overline{u}(r,t))}{\partial t^2}=a^2\frac{\partial^2(r\overline{u}(r,t))}{\partial r^2}.$$

这是一个关于 $r\,\overline{u}(r,t)$ 的一维波动方程，它的通解为

$$r\,\overline{u}(r,t)=f_1(r+at)+f_2(r-at),\tag{3.27}$$

其中 f_1,f_2 是两个二次连续可微的任意函数.

下面的任务是要从(3.27)及(3.23),(3.24)来确定原柯西问题的解 $u(M,t)$.由(3.27)得到

$$f_1(r)+f_2(r)=r\overline{u}(r,t)\Big|_{t=0},$$

$$af_1'(r)-af_2'(r)=\frac{\partial}{\partial t}(r\overline{u}(r,t))\Big|_{t=0}.$$

但

$$r\overline{u}(r,t)\Big|_{t=0}=r\overline{\varphi}_0(r),$$

$$\frac{\partial}{\partial t}(r\overline{u}(r,t))\Big|_{t=0}=r\overline{\varphi}_1(r),$$

其中 $\overline{\varphi}_0(r),\overline{\varphi}_1(r)$ 分别是 $\varphi_0(x,y,z)$ 与 $\varphi_1(x,y,z)$ 在球面 S_r^M 上的平均值.所以，可得

$$f_1(r)+f_2(r)=r\overline{\varphi}_0(r),\tag{3.28}$$

$$f_1'(r)-f_2'(r)=\frac{r}{a}\overline{\varphi}_1(r).\tag{3.29}$$

由此可解得

$$f_1(r)=\frac{1}{2}\left[r\overline{\varphi}_0(r)+\frac{1}{a}\int_0^r\rho\overline{\varphi}_1(\rho)\,\mathrm{d}\rho+C\right],$$

$$f_2(r)=\frac{1}{2}\left[r\overline{\varphi}_0(r)-\frac{1}{a}\int_0^r\rho\overline{\varphi}_1(\rho)\,\mathrm{d}\rho-C\right],$$

代回到(3.27)得

$$\overline{u}(r,t)=\frac{(r+at)\overline{\varphi}_0(r+at)+(r-at)\overline{\varphi}_0(r-at)}{2r}+\frac{1}{2ar}\int_{r-at}^{r+at}\rho\overline{\varphi}_1(\rho)\,\mathrm{d}\rho,\tag{3.30}$$

此外，还可利用

$$\overline{u}(-r,t)$$

$$= \frac{1}{4\pi} \iint_{\alpha_1^2+\alpha_2^2+\alpha_3^2=1} u(x+r(-\alpha_1), y+r(-\alpha_2), z+r(-\alpha_3), t)\,\mathrm{d}\omega$$

$$= \frac{1}{4\pi} \iint_{\beta_1^2+\beta_2^2+\beta_3^2=1} u(x+r\beta_1, y+r\beta_2, z+r\beta_3, t)\,\mathrm{d}\omega,$$

将 $\overline{u}(r,t)$ 拓广到 $r<0$ 的范围内，并且比较上面两式可知

$$\overline{u}(-r,t)=\overline{u}(r,t),$$

即 $\overline{u}(r,t)$ 是 r 的偶函数.同理，$\overline{\varphi}_0(r)$ 与 $\overline{\varphi}_1(r)$ 也是偶函数.注意到这些事实后，我们可将(3.30)写成

$$\overline{u}(r,t)=\frac{(at+r)\overline{\varphi}_0(at+r)-(at-r)\overline{\varphi}_0(at-r)}{2r}$$

$$+\frac{1}{2ar}\int_{r-at}^{r+at}\rho\overline{\varphi}_1(\rho)\,\mathrm{d}\rho.$$

令 $r\to 0$，并利用**洛必达**(L'Hospital)法则得到

$$\overline{u}(0,t)=\overline{\varphi}_0(at)+at\,\overline{\varphi}_0'(at)+t\,\overline{\varphi}_1(at)$$

$$=\frac{1}{a}\frac{\partial}{\partial t}[(at)\overline{\varphi}_0(at)]+t\,\overline{\varphi}_1(at)$$

$$=\frac{1}{4\pi a}\frac{\partial}{\partial t}\iint_{S_{at}^M} at\cdot\frac{\varphi_0(\xi,\eta,\zeta)}{(at)^2}\mathrm{d}S+\frac{t}{4\pi}\iint_{S_{at}^M}\frac{\varphi_1(\xi,\eta,\zeta)}{(at)^2}\mathrm{d}S,$$

或简记成

$$u(M,t)=\frac{1}{4\pi a}\frac{\partial}{\partial t}\iint_{S_{at}^M}\frac{\varphi_0}{at}\mathrm{d}S+\frac{1}{4\pi a}\iint_{S_{at}^M}\frac{\varphi_1}{at}\mathrm{d}S. \tag{3.31}$$

(3.31)式称为**三维波动方程的泊松公式**.不难验证，当 $\varphi_0(x,y,z)$ 是三次连续可微的函数，$\varphi_1(x,y,z)$ 是二次连续可微的函数时，由(3.31)所确定的函数确实是原定解问题的解.

下面举一个例子，说明泊松公式(3.31)的用法.

例 设已知 $\varphi_0(x,y,z)=x+y+z$，$\varphi_1(x,y,z)=0$，求方程(3.22)相应柯西问题的解.

解 将给定的初值条件 $\varphi_0(x,y,z)$ 与 $\varphi_1(x,y,z)$ 代入(3.31)，并采用球面坐标系得到所要求的解为

$$u(x,y,z,t)$$

$$=\frac{1}{4\pi a}\cdot\frac{\partial}{\partial t}\int_0^{2\pi}\int_0^{\pi}\frac{x+y+z+at(\sin\theta\cos\varphi+\sin\theta\sin\varphi+\cos\theta)}{at}$$

$$
\begin{aligned}
&\cdot (at)^2\sin\theta \mathrm{d}\varphi \mathrm{d}\theta \\
=&\frac{1}{4\pi a}\frac{\partial}{\partial t}\Big[at(x+y+z)\int_0^{2\pi}\mathrm{d}\varphi\int_0^{\pi}\sin\theta \mathrm{d}\theta \\
&+a^2t^2\int_0^{2\pi}(\sin\varphi+\cos\varphi)\mathrm{d}\varphi\int_0^{\pi}\sin^2\theta \mathrm{d}\theta \\
&+a^2t^2\int_0^{2\pi}\mathrm{d}\varphi\int_0^{\pi}\sin\theta\cos\theta \mathrm{d}\theta\Big] \\
=&x+y+z.
\end{aligned}
$$

3.2.3 泊松公式的物理意义

下面我们来说明解(3.31)的物理意义.

从(3.31)式可以看出,为求出定解问题(3.22),(3.23),(3.24)的解在(x,y,z,t)处的值,只需要以$M(x,y,z)$为球心、以at为半径作出球面S_{at}^M,然后将初始扰动φ_0,φ_1代入(3.31)式进行积分.因为积分只在球面上进行,所以只有与M相距为at的点上的初始扰动能够影响$u(x,y,z,t)$的值.或者,换一种说法,就是$M_0(\xi,\eta,\zeta)$处的初始扰动,在时刻t只影响到以M_0为球心,以at为半径的球面$S_{at}^{M_0}$上各点,这是因为以S_{at}^M上任一点为球心,以at为半径所作的球面都必定经过点M_0.这就表明扰动是以速度a传播的.为了明确起见,设初始扰动只限于区域T_0,任取一点M,它与T_0的最小距离为d,最大距离为D (图 3-3),由泊松公式(3.31)可知,当$at<d$,即$t<\dfrac{d}{a}$时,$u(x,y,z,t)=0$,这表明扰动的"**前锋**"还未到达;当$d<at<D$,即$\dfrac{d}{a}<t<\dfrac{D}{a}$时,$u(x,y,z,t)\neq 0$,这表明扰动已经到达;当$at>D$,即$t>\dfrac{D}{a}$时,$u(x,y,z,t)=0$,这表明扰动的"**阵尾**"已经过去并恢复了原来的状态.因此,当初始扰动限制在空间某局部范围内时,扰动有清晰的"前锋"与"阵尾",这种现象在物理学中称为**惠更斯**(Huygens)**原理**或**无后效现象**.由于在点(ξ,η,ζ)的初始扰动是向各方向传播的,在时间t它的影响是在以(ξ,η,ζ)为球心,at为半径的一个球面上,因此解(3.31)称为**球面波**.

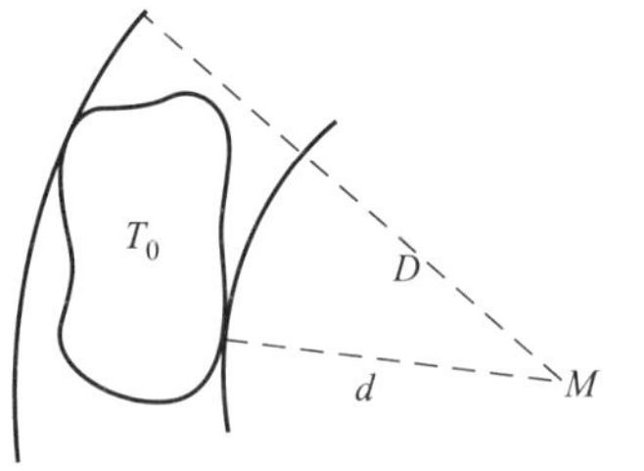

图 3-3

从(3.31)我们也可以得到二维波动方程初值问题的解.事实上,如果u与z无关,则$\dfrac{\partial u}{\partial z}=0$,这时三维波动方程的初值问题就变成二维波动方程的初值问题：

$$
\begin{cases}
\dfrac{\partial^2 u}{\partial t^2}=a^2\left(\dfrac{\partial^2 u}{\partial x^2}+\dfrac{\partial^2 u}{\partial y^2}\right), & -\infty<x,y<+\infty\ ,t>0,\\
u\Big|_{t=0}=\varphi_0(x,y), & \\
 & -\infty<x,y<+\infty\ ,\\
\dfrac{\partial u}{\partial t}\Big|_{t=0}=\varphi_1(x,y), &
\end{cases}
\tag{3.32}
$$

要想从泊松公式(3.31)得到问题(3.32)解的表达式，就应将(3.31)中两个沿球面 S_{at}^M 的积分转化成在圆域 $C_{at}^M:(\xi-x)^2+(\eta-y)^2\leqslant(at)^2$ 内的积分，下面以 $\dfrac{1}{4\pi a}\iint\limits_{S_{at}^M}\dfrac{\varphi_1}{at}\mathrm{d}S$ 为例说明这个转化方法.先将这个积分拆成两部分：

$$
\frac{1}{4\pi a}\iint\limits_{S_{at}^M}\frac{\varphi_1}{at}\mathrm{d}S=\frac{1}{4\pi a}\iint\limits_{S_1}\frac{\varphi_1}{at}\mathrm{d}S+\frac{1}{4\pi a}\iint\limits_{S_2}\frac{\varphi_1}{at}\mathrm{d}S,
\tag{3.33}
$$

其中 S_1,S_2 分别表示球面 S_{at}^M 的上半球面与下半球面.

由于被积函数不依赖于变量 z，所以(3.33)右端两个积分是相等的，即

$$
\frac{1}{4\pi a}\iint\limits_{S_{at}^M}\frac{\varphi_1}{at}\mathrm{d}S=\frac{1}{2\pi a}\iint\limits_{S_1}\frac{\varphi_1}{at}\mathrm{d}S.
$$

现在把右端的曲面积分化成二重积分.由于上半球面上的面积元素 $\mathrm{d}S$ 和它到 $\xi\eta$ 平面上投影元素 $\mathrm{d}\xi\mathrm{d}\eta$ 之间成立如下关系

$$
\mathrm{d}S=\frac{at}{\sqrt{a^2t^2-(\xi-x)^2-(\eta-y)^2}}\mathrm{d}\xi\mathrm{d}\eta,
$$

所以有

$$
\begin{aligned}
&\frac{1}{4\pi a}\iint\limits_{S_{at}^M}\frac{\varphi_1}{at}\mathrm{d}S\\
=&\frac{1}{2\pi a}\iint\limits_{C_{at}^M}\frac{\varphi_1(\xi,\eta)}{at}\frac{at}{\sqrt{a^2t^2-(\xi-x)^2-(\eta-y)^2}}\mathrm{d}\xi\mathrm{d}\eta\\
=&\frac{1}{2\pi a}\iint\limits_{C_{at}^M}\frac{\varphi_1(\xi,\eta)}{\sqrt{a^2t^2-(\xi-x)^2-(\eta-y)^2}}\mathrm{d}\xi\mathrm{d}\eta,
\end{aligned}
$$

同理有

$$
\frac{1}{4\pi a}\iint\limits_{S_{at}^M}\frac{\varphi_0}{at}\mathrm{d}S
$$

$$= \frac{1}{2\pi a}\iint_{C_{at}^M} \frac{\varphi_0(\xi,\eta)}{\sqrt{a^2t^2-(\xi-x)^2-(\eta-y)^2}}\mathrm{d}\xi\mathrm{d}\eta.$$

将这两个等式代入(3.31),即得问题(3.32)的解为

$$u(x,y,t)=\frac{1}{2\pi a}\left[\frac{\partial}{\partial t}\iint_{C_{at}^M} \frac{\varphi_0(\xi,\eta)}{\sqrt{a^2t^2-(\xi-x)^2-(\eta-y)^2}}\mathrm{d}\xi\mathrm{d}\eta\right.$$
$$\left.+\iint_{C_{at}^M} \frac{\varphi_1(\xi,\eta)}{\sqrt{a^2t^2-(\xi-x)^2-(\eta-y)^2}}\mathrm{d}\xi\mathrm{d}\eta\right]. \tag{3.34}$$

从(3.34)可以看出,要计算这个解在(x,y,t)处的值,只要以$M(x,y)$为圆心、以at为半径作圆域C_{at}^M,然后将初始扰动代入(3.34)进行积分.为清楚起见,设初始扰动仍限于区域T_0,并且d,D分别表示点$M(x,y)$与T_0的最小和最大距离,则当$t<\frac{d}{a}$时,$u(x,y,t)=0$;当$\frac{d}{a}<t<\frac{D}{a}$时,$u(x,y,t)\neq 0$;当$t>\frac{D}{a}$时,由于圆域$C_{at}^M$包含了区域$T_0$,所以$u(x,y,t)$仍不为零,这种现象称为**有后效**,或称为波的**弥漫**.即在二维情形,局部范围内的初始扰动,具有长期的连续的后效特性,扰动有清晰的"前锋",而无"阵尾",这一点与球面波不同.

平面上以点(ξ,η)为圆心的圆周的方程$(x-\xi)^2+(y-\eta)^2=r^2$在空间坐标系内表示母线平行于z轴的直圆柱面,所以在过点(ξ,η)平行于z轴的无限长的直线上的初始扰动,在时间t后的影响是在以该直线为轴,at为半径的圆柱面内,因此解(3.34)称为**柱面波**.

§3.3　傅里叶变换与拉普拉斯变换

为了便于广大读者利用积分变换法求解数学物理方程,在这一节里我们扼要地介绍傅里叶变换和拉普拉斯变换,其中包括两种变换的概念、基本性质以及δ函数的定义.

3.3.1　傅里叶积分公式与傅里叶变换

在微积分学或者数学分析的课程内,我们已经学过了如何把一个周期函数(或者把一个非周期函数通过奇(偶)延拓变成周期函数)展开成三角函数的级数(称为傅里叶级数)的问题.现在我们要问:对于一个定义在无限区间$(-\infty,+\infty)$内的函数有没有类似的展开式?对于这个问题我们有如下结论(推导过程可参阅《学习指南》):

设函数 $f(x)$ 是定义在 $(-\infty,+\infty)$ 内的实函数,它在任一有限区间 $[-l,l]$ 上分段光滑(一阶导数存在且导函数只有第一类间断点),且在 $(-\infty,+\infty)$ 内是绝对可积的,即 $\int_{\infty}^{+\infty}|f(t)|\mathrm{d}t$ 收敛.则有

$$f(x)=\frac{1}{\pi}\int_{0}^{+\infty}\mathrm{d}\omega\int_{-\infty}^{+\infty}f(t)\cos\omega(x-t)\,\mathrm{d}t,\quad -\infty<x<+\infty, \tag{3.35}$$

这个公式称为 $f(x)$ 的**傅里叶积分公式**.把上式右端展开可得

$$f(x)=\int_{0}^{+\infty}[a(\omega)\cos\omega x+b(\omega)\sin\omega x]\,\mathrm{d}\omega, \tag{3.36}$$

其中

$$\begin{aligned}a(\omega)&=\frac{1}{\pi}\int_{-\infty}^{+\infty}f(t)\cos\omega t\,\mathrm{d}t,\\ b(\omega)&=\frac{1}{\pi}\int_{-\infty}^{+\infty}f(t)\sin\omega t\,\mathrm{d}t.\end{aligned} \tag{3.37}$$

(3.36)和(3.37)与有限区间上函数的傅里叶级数展开很类似.现在来把(3.35)写成复数形式,利用**欧拉**(Euler)公式

$$\mathrm{e}^{\omega(x-t)\mathrm{i}}=\cos\omega(x-t)+\mathrm{i}\sin\omega(x-t),$$

并注意 $\sin\omega(x-t)$ 对 ω 是奇函数,而 $\cos\omega(x-t)$ 对 ω 是偶函数,可得

$$f(x)=\frac{1}{2\pi}\int_{-\infty}^{+\infty}\mathrm{e}^{\mathrm{i}\omega x}\mathrm{d}\omega\int_{-\infty}^{+\infty}f(t)\,\mathrm{e}^{-\mathrm{i}\omega t}\mathrm{d}t. \tag{3.38}$$

令

$$F(\omega)=\int_{-\infty}^{+\infty}f(t)\,\mathrm{e}^{-\mathrm{i}\omega t}\mathrm{d}t, \tag{3.39}$$

则由(3.38)得

$$f(x)=\frac{1}{2\pi}\int_{-\infty}^{+\infty}F(\omega)\,\mathrm{e}^{\mathrm{i}\omega x}\mathrm{d}\omega. \tag{3.40}$$

我们称 $F(\omega)$ 是 $f(x)$ 的**傅里叶变换**(或称为 $f(x)$ 的**像函数**),记成

$$F(\omega)=\mathscr{F}[f(x)].$$

表达式(3.40)表明可以通过 $f(x)$ 的傅里叶变换还原到 $f(x)$,即(3.39)和(3.40)是互为逆运算.故称(3.40)是 $F(\omega)$ 的**傅里叶逆变换式**(或称 $f(x)$ 为 $F(\omega)$ 的**像原函数**),记作

$$f(x)=\mathscr{F}^{-1}[F(\omega)].$$

例 1 求函数

$$f(x)=\begin{cases}0, & x<0,\\ \mathrm{e}^{-\beta x}, & x\geqslant 0\end{cases}$$

的傅里叶变换,其中 $\beta>0$ 为常数.

解 由(3.39)得

$$F(\omega)=\int_{-\infty}^{+\infty} f(x)\mathrm{e}^{-\mathrm{i}\omega x}\mathrm{d}x=\int_{0}^{+\infty} \mathrm{e}^{-\beta x}\mathrm{e}^{-\mathrm{i}\omega x}\mathrm{d}x$$

$$=\int_{0}^{+\infty} \mathrm{e}^{-(\beta+\mathrm{i}\omega)x}\mathrm{d}x=\frac{1}{\beta+\mathrm{i}\omega}=\frac{\beta-\mathrm{i}\omega}{\beta^2+\omega^2}.$$

注 根据以上所述,如果函数 $f(x)$ 满足使傅里叶积分公式成立的条件,则 f 的傅里叶变换存在,而且此变换的逆变换就等于 $f(x)$.我们以后就把这些条件称为函数满足傅里叶变换存在的条件.

3.3.2 傅里叶变换的基本性质

傅里叶变换具有一系列性质,下面我们只讲几个主要性质,其中最重要的是微分性质和卷积性质.

1. 线性性质

设 $f_1(x)$ 和 $f_2(x)$ 都满足傅里叶变换存在的条件,C_1,C_2 是常数(实数或复数),则

$$\mathscr{F}[C_1f_1+C_2f_2]=C_1\mathscr{F}[f_1]+C_2\mathscr{F}[f_2]. \tag{3.41}$$

2. 微分性质

若 $f(x)$ 及 $f'(x)$ 都满足傅里叶变换存在的条件,且 $f'(x)$ 是连续的.则

$$\mathscr{F}[f'(x)]=\mathrm{i}\omega\mathscr{F}[f(x)]. \tag{3.42}$$

这个性质表明,傅里叶变换式能使对一个函数求导数的运算转换成对其傅里叶变换的乘法运算,这就是为什么可以用傅里叶变换求解微分方程的原因.要证明这个性质很容易,利用分部积分法可得

$$\mathscr{F}[f'(x)]=\int_{-\infty}^{+\infty} f'(x)\mathrm{e}^{-\mathrm{i}\omega x}\mathrm{d}x$$

$$=f(x)\mathrm{e}^{-\mathrm{i}\omega x}\Big|_{-\infty}^{+\infty}+\mathrm{i}\omega\int_{-\infty}^{+\infty} f(x)\mathrm{e}^{-\mathrm{i}\omega x}\mathrm{d}x$$

$$=\mathrm{i}\omega\mathscr{F}[f(x)].$$

这里利用了一个结果:当 $f(x)$ 及 $f'(x)$ 在 $(-\infty,+\infty)$ 内是绝对可积且 $f'(x)$ 是连续函数时,必有 $\lim\limits_{|x|\to\infty}f(x)=0$.①

推论 若 $f(x),f'(x),f''(x),\cdots,f^{(m)}(x)$ 都满足傅里叶变换存在的条件

① 参阅《学习指南》§ 1.5 中命题 1.

且 $f^{(m)}(x)$ 连续,则

$$\mathscr{F}[f^{(m)}(x)]=(\mathrm{i}\omega)^m\mathscr{F}[f(x)]\quad(m\geqslant 1).\tag{3.43}$$

3. 乘多项式

设 $f(x)$,$xf(x)$ 都满足傅里叶变换存在的条件,则

$$\mathscr{F}[xf(x)]=\mathrm{i}\frac{\mathrm{d}}{\mathrm{d}\omega}\mathscr{F}[f(x)].\tag{3.44}$$

证明这个性质只要对 $\mathscr{F}[f(x)]$ 关于 ω 求导数即可.这个结果也可以推广为:若 $f(x)$,$xf(x)$,$\cdots$,$x^mf(x)$ 都满足傅里叶变换存在的条件,则

$$\mathscr{F}[x^mf(x)]=\mathrm{i}^m\frac{\mathrm{d}^m}{\mathrm{d}\omega^m}\mathscr{F}[f(x)]\quad(m\geqslant 1).$$

下面来讲卷积性质,在讲这个性质之前先介绍什么叫卷积.设 $f_1(x)$ 与 $f_2(x)$ 满足傅里叶变换存在的条件,则由积分

$$\int_{-\infty}^{+\infty}f_1(t)f_2(x-t)\,\mathrm{d}t$$

所确定的函数称为 $f_1(x)$ 与 $f_2(x)$ 的**卷积**,记作 f_1*f_2,即

$$\begin{aligned}(f_1*f_2)(x)&=\int_{-\infty}^{+\infty}f_1(t)f_2(x-t)\,\mathrm{d}t\\&=\int_{-\infty}^{+\infty}f_1(x-t)f_2(t)\,\mathrm{d}t,\end{aligned}\tag{3.45}$$

且这个函数也满足傅里叶变换存在的条件.事实上,只要说明 $(f_1*f_2)(x)$ 在 $(-\infty,+\infty)$ 内也绝对可积就够了,这是因为

$$\begin{aligned}\int_{-\infty}^{+\infty}|(f_1*f_2)(x)|\,\mathrm{d}x&=\int_{-\infty}^{+\infty}\mathrm{d}x\left|\int_{-\infty}^{+\infty}f_1(t)f_2(x-t)\,\mathrm{d}t\right|\\&\leqslant\int_{-\infty}^{+\infty}\mathrm{d}x\int_{-\infty}^{+\infty}|f_1(t)f_2(x-t)|\,\mathrm{d}t\\&\leqslant\int_{-\infty}^{+\infty}|f_1(t)|\,\mathrm{d}t\int_{-\infty}^{+\infty}|f_2(x-t)|\,\mathrm{d}x\\&=\int_{-\infty}^{+\infty}|f_1(t)|\,\mathrm{d}t\cdot\int_{-\infty}^{+\infty}|f_2(y)|\,\mathrm{d}y.\end{aligned}$$

4. 卷积性质

设 $f_1(x)$,$f_2(x)$ 都满足傅里叶变换存在的条件,则

$$\mathscr{F}[(f_1*f_2)(x)]=\mathscr{F}[f_1(x)]\cdot\mathscr{F}[f_2(x)],\tag{3.46}$$

即两个函数卷积的傅里叶变换等于两个函数傅里叶变换的乘积.要证明这个性质,还是从定义出发:

$$
\begin{aligned}
\mathscr{F}[(f_1*f_2)(x)] &= \int_{-\infty}^{+\infty}\left[\int_{-\infty}^{+\infty} f_1(t)f_2(x-t)\mathrm{d}t\right]\mathrm{e}^{-\mathrm{i}\omega x}\mathrm{d}x \\
&= \int_{-\infty}^{+\infty}\int_{-\infty}^{+\infty} f_1(t)\mathrm{e}^{-\mathrm{i}\omega t}f_2(x-t)\mathrm{e}^{-\mathrm{i}\omega(x-t)}\mathrm{d}t\mathrm{d}x \\
&= \int_{-\infty}^{+\infty} f_1(t)\mathrm{e}^{-\mathrm{i}\omega t}\mathrm{d}t\int_{-\infty}^{+\infty} f_2(x-t)\mathrm{e}^{-\mathrm{i}\omega(x-t)}\mathrm{d}x \\
&= \mathscr{F}[f_1]\cdot\mathscr{F}[f_2].
\end{aligned}
$$

这里需要指出的是,在上面的一些推导中都利用了交换积分顺序,其实在已给的条件下这样做是允许的,这里就不再追究其中的细节了.在实际利用卷积性质时,通常是为了求一个函数 $F(\omega)$ 的傅里叶逆变换.而这个函数又比较复杂,于是就将它表示成两个函数的乘积 $F(\omega)=F_1(\omega)F_2(\omega)$,而每个因子 $F_i(\omega)$ $(i=1,2)$ 的傅里叶逆变换能求出(或查表找出),再通过求卷积求得原来函数 $F(\omega)$ 的逆变换.

一元函数的傅里叶变换(或称为一维的傅里叶变换)可以推广到多元函数,记 $\boldsymbol{x}=(x_1,x_2,\cdots,x_n)\in\mathbf{R}^n$,$f(\boldsymbol{x})$ 是 $\mathbf{R}^n$ 上分片光滑且绝对可积函数,则 $f(\boldsymbol{x})$ 的傅里叶变换为

$$
F(\boldsymbol{\xi})=\int_{\mathbf{R}^n} f(\boldsymbol{x})\mathrm{e}^{-\mathrm{i}\boldsymbol{\xi}\cdot\boldsymbol{x}}\mathrm{d}\boldsymbol{x}, \tag{3.47}
$$

其中 $\boldsymbol{\xi}=(\xi_1,\xi_2,\cdots,\xi_n)\in\mathbf{R}^n$,$\boldsymbol{\xi}\cdot\boldsymbol{x}=\sum\limits_{i=1}^{n}x_i\xi_i$.

$F(\boldsymbol{\xi})$ 的傅里叶逆变换为

$$
f(\boldsymbol{x})=\frac{1}{(2\pi)^n}\int_{\mathbf{R}^n} F(\boldsymbol{\xi})\mathrm{e}^{\mathrm{i}\boldsymbol{\xi}\cdot\boldsymbol{x}}\mathrm{d}\boldsymbol{\xi}. \tag{3.48}
$$

一维傅里叶变换的所有性质对多维情形都成立.

3.3.3 δ 函数及其傅里叶变换

δ 函数又称单位脉冲函数,其实它不是一个普通意义下的函数,它是一个广义函数.所谓不是普通意义下的函数,是指它不是通过“值的对应关系”来定义的,它也没有普通意义下的“函数值”.要想讲清 δ 函数的定义,需要用到泛函分析的知识,超出了本书的范围.这里我们给出一种既较简单又相对严格的定义.首先介绍“弱”收敛的概念:

设 $\{f_n(x):n=0,1,2,\cdots\}$ 是区间 $[a,b]$(可能是无限的)上的一个函数列,如果存在函数 $f(x)$ 使得对于任意一个在 $[a,b]$ 上连续函数 $\varphi(x)$ 都有

$$\lim_{n\to\infty}\int_a^b f_n(x)\varphi(x)\,\mathrm{d}x=\int_a^b f(x)\varphi(x)\,\mathrm{d}x,\tag{3.49}$$

则称 $\{f_n(x)\}$ 在 $[a,b]$ 上**弱收敛**于 $f(x)$，满足(3.49)的函数 $f(x)$ 称为 $\{f_n(x)\}$ 的弱极限.这里特别要强调的是：$\varphi(x)$ 是任意的.

现在来考虑一个矩形脉冲序列

$$\delta_n(x)=\begin{cases}0, & x<0,\\ n, & 0\leqslant x\leqslant \dfrac{1}{n},\\ 0, & x>\dfrac{1}{n}.\end{cases}\tag{3.50}$$

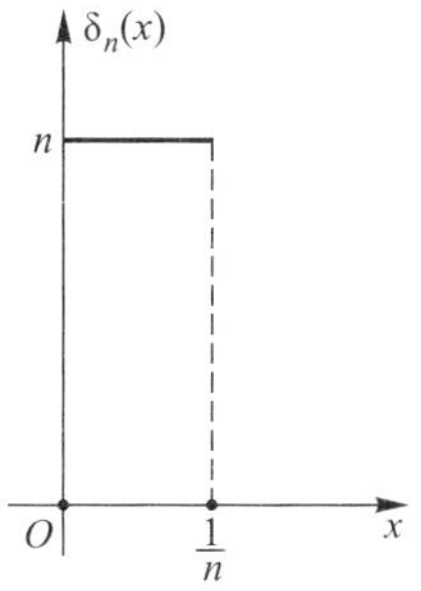

图 3-4

它的图形如图 3-4 所示.

我们把 $\{\delta_n(x): n=1,2,3,\cdots\}$ 在 $(-\infty,+\infty)$ 内的弱极限称为 **δ 函数**，记作 $\delta(x)$，即

$$\int_{-\infty}^{+\infty}\delta(x)\varphi(x)\,\mathrm{d}x=\lim_{n\to\infty}\int_{-\infty}^{+\infty}\delta_n(x)\varphi(x)\,\mathrm{d}x,\tag{3.51}$$

其中 $\varphi(x)$ 是 $(-\infty,+\infty)$ 内任意连续函数.把(3.50)代入(3.51)的右端得

$$\int_{-\infty}^{+\infty}\delta(x)\varphi(x)\,\mathrm{d}x=\lim_{n\to\infty}\int_0^{\frac{1}{n}} n\varphi(x)\,\mathrm{d}x=\lim_{n\to\infty}\varphi\left(\theta_n\frac{1}{n}\right)=\varphi(0),\tag{3.52}$$

其中 $0<\theta_n<1$，这里利用了积分中值定理及 $\varphi(x)$ 的连续性.有的书里就用(3.52)式作为 δ 函数的定义.请读者注意，如果用(3.52)来定义 $\delta(x)$，其中任意函数 $\varphi(x)$ 的范围还可以大大缩小，即可对它加更严格的要求，例如要求 $\varphi(x)$ 无穷次连续可微且在 $(-\infty,+\infty)$ 内某个有限闭区间外为零.

从(3.52)容易看出 $\delta(x)$ 是一个偶函数，即 $\delta(-x)=\delta(x)$.此外，利用变量代换还可得

$$\begin{aligned}\int_{-\infty}^{+\infty}\delta(x-x_0)\varphi(x)\,\mathrm{d}x&=\int_{-\infty}^{+\infty}\delta(x)\varphi(x+x_0)\,\mathrm{d}x\\&=\lim_{n\to\infty}\int_{-\infty}^{+\infty}\delta_n(x)\varphi(x+x_0)\,\mathrm{d}x=\varphi(x_0).\end{aligned}\tag{3.53}$$

弄清了 δ 函数定义后，我们就可以求它的傅里叶变换了，由(3.39)得

$$\mathscr{F}[\delta(x)]=\int_{-\infty}^{+\infty}\delta(x)\mathrm{e}^{-\mathrm{i}\omega x}\,\mathrm{d}x=\mathrm{e}^{-\mathrm{i}\omega x}\Big|_{x=0}=1^{①},\tag{3.54}$$

① $\delta(x)$ 是广义函数，严格地说，它的傅里叶变换不能用(3.39)来定义，这里只是形式上的表述，不过这种表述是以古典傅里叶变换理论及 $\delta(x)$ 的定义为基础的，所以也是合理的.

$$\mathscr{F}[\delta(x\pm x_0)]=\mathrm{e}^{\mp \mathrm{i}\omega x}\Big|_{x=x_0}=\mathrm{e}^{\mp \mathrm{i}\omega x_0}. \tag{3.55}$$

此外，我们还可以由(3.40)求出 $2\pi\delta(\omega-\omega_0)$ 的傅里叶逆变换，即

$$\frac{1}{2\pi}\int_{-\infty}^{+\infty}2\pi\delta(\omega-\omega_0)\mathrm{e}^{\mathrm{i}\omega x}\mathrm{d}\omega=\mathrm{e}^{\mathrm{i}\omega x}\Big|_{\omega=\omega_0}=\mathrm{e}^{\mathrm{i}\omega_0 x}. \tag{3.56}$$

这些式子表明，$\delta(x)$ 与 1 构成一个傅里叶变换对，$\mathrm{e}^{\mathrm{i}\omega_0 x}$ 与 $2\pi\delta(\omega-\omega_0)$ 也构成一个傅里叶变换对. 但是函数 $f(\omega)\equiv 1$ 及 $f(x)=\mathrm{e}^{\mathrm{i}\omega_0 x}$ 都不满足 3.3.1 小节中所述的傅里叶变换存在的条件中的最主要的条件，即它们在 $(-\infty,+\infty)$ 内不是绝对可积的. 所以这里所讲的傅里叶变换也是在广义函数意义下的变换，或称为**广义傅里叶变换**. 即使在许多教材中不提“广义”二字，但读者必须明白.

例 2　求函数 $f(x)=\sin\omega_0 x$ 的(广义)傅里叶变换.

解　由欧拉公式

$$\sin\omega_0 x=\frac{\mathrm{e}^{\mathrm{i}\omega_0 x}-\mathrm{e}^{-\mathrm{i}\omega_0 x}}{2\mathrm{i}},$$

可得

$$\begin{aligned}\mathscr{F}[\sin\omega_0 x]&=\frac{1}{2\mathrm{i}}\{\mathscr{F}[\mathrm{e}^{\mathrm{i}\omega_0 x}]-\mathscr{F}[\mathrm{e}^{-\mathrm{i}\omega_0 x}]\}\\&=\frac{2\pi}{2\mathrm{i}}[\delta(\omega-\omega_0)-\delta(\omega+\omega_0)]\\&=\pi\mathrm{i}[\delta(\omega+\omega_0)-\delta(\omega-\omega_0)].\end{aligned}$$

3.3.4　拉普拉斯变换及其基本性质

前面我们已经讲了傅里叶变换，对一个函数进行傅里叶变换运算要求这个函数在整个数轴(或整个空间 $\mathbf{R}^n$)上有定义，但在实际问题中所遇到的函数往往只在 $[0,+\infty)$ 内有定义，或者即使在整个数轴上有定义，但它不是绝对可积，抑或我们不关心它在 $(-\infty,0)$ 内的作用，这时对这个函数就不能作傅里叶变换了，只能对它作另一种积分变换，即拉普拉斯变换. 设函数 $f(t)$ 在 $[0,+\infty)$ 内有定义，且积分

$$\int_0^{+\infty}f(t)\mathrm{e}^{-pt}\mathrm{d}t$$

在 p 的某个区域内收敛，其中 p 是复参数. 则这个积分在上述区域内就确定一个以 p 为变量的函数，记作 $F(p)$，即

$$F(p)=\int_0^{+\infty}f(t)\mathrm{e}^{-pt}\mathrm{d}t, \tag{3.57}$$

我们称由此所确定的函数 $F(p)$ 为 $f(t)$ 的**拉普拉斯变换**，记成

$$F(p)=\mathscr{L}[f(t)].$$

若 $F(p)$ 是 $f(t)$ 的拉普拉斯变换，则 $f(t)$ 称为 $F(p)$ 的**拉普拉斯逆变换**，记作

$$f(t)=\mathscr{L}^{-1}[F(p)].$$

例 3　求单位阶跃函数

$$u(t)=\begin{cases}0, & t\leqslant 0,\\ 1, & t>0\end{cases}$$

的拉普拉斯变换.

解　由(3.57)得

$$\mathscr{L}[u(t)]=\int_0^{+\infty}u(t)\mathrm{e}^{-pt}\mathrm{d}t=\int_0^{+\infty}\mathrm{e}^{-pt}\mathrm{d}t,$$

右端积分在 $\mathrm{Re}(p)>0$ 内收敛，且

$$\int_0^{+\infty}\mathrm{e}^{-pt}\mathrm{d}t=-\frac{1}{p}\mathrm{e}^{-pt}\Big|_0^{+\infty}=\frac{1}{p}.$$

故

$$\mathscr{L}[u(t)]=\frac{1}{p},\quad \mathrm{Re}(p)>0.$$

例 4　求函数 $f(t)=\mathrm{e}^{kt}$ 的拉普拉斯变换，其中 k 为实数.

解　由(3.57)得

$$\mathscr{L}[\mathrm{e}^{kt}]=\int_0^{+\infty}\mathrm{e}^{kt}\mathrm{e}^{-pt}\mathrm{d}t=\int_0^{+\infty}\mathrm{e}^{-(p-k)t}\mathrm{d}t,$$

右端积分在 $\mathrm{Re}(p)>k$ 内是收敛的，且

$$\int_0^{+\infty}\mathrm{e}^{-(p-k)t}\mathrm{d}t=\frac{1}{p-k},$$

故

$$\mathscr{L}[\mathrm{e}^{kt}]=\frac{1}{p-k},\quad \mathrm{Re}(p)>k.$$

现在我们来分析一下一个函数在什么条件下它的拉普拉斯变换一定存在？首先设 $f(t)$ 在 $[0,+\infty)$ 内是分段光滑的，而后要保证(3.57)右端的积分是收敛的. 为此，我们把条件加强一点，要求函数 $\mathrm{e}^{-pt}f(t)$ 在 $[0,+\infty)$ 内绝对可积，令 $p=\alpha+\mathrm{i}\beta$，则 $|\mathrm{e}^{-pt}f(t)|=|\mathrm{e}^{-(\alpha+\mathrm{i}\beta)t}f(t)|=\mathrm{e}^{-\alpha t}|f(t)|$，为使右端函数在 $[0,+\infty)$ 内绝对可积，例如只要存在一个小的正数 ε 及正数 M，使得

$$e^{-\alpha t}|f(t)|\leqslant Me^{-\varepsilon t}$$

就足够了,这式表明只要

$$|f(t)|\leqslant Me^{(\alpha-\varepsilon)t}.$$

通过这样的分析(不是证明),我们知道只要存在两个常数 $M>0,c\geqslant 0$,使得

$$|f(t)|\leqslant Me^{ct},\tag{3.58}$$

则(3.57)右端积分在 $\mathrm{Re}(p)>c$ 内一定收敛,即 $f(t)$ 的拉普拉斯变换一定存在.满足(3.58)的函数当 $t\to+\infty$ 时是指数级增长的,这个条件比傅里叶变换存在的条件要宽得多了.

下面再简单介绍一下拉普拉斯变换的基本性质,这里只讲微分性质、积分性质及卷积性质.

1. 微分性质

设 $f(t)$ 存在一阶导数 $f'(t)$ 且 $f(t)$ 和 $f'(t)$ 都满足拉普拉斯变换存在的条件,则

$$\mathscr{L}[f'(t)]=p\mathscr{L}[f(t)]-f(0),\mathrm{Re}(p)>c.\tag{3.59}$$

这个性质表明,函数的微分运算对应于其拉普拉斯变换的代数运算,证明很简单,只要用一次分部积分法.

推论 若 $f(t)$ 存在 n 阶导数($n\geqslant 1$)且 $f(t),f'(t),f''(t),\cdots,f^{(n)}(t)$ 都满足拉普拉斯变换存在的条件,则

$$\mathscr{L}[f^{(n)}(t)]=p^nF(p)-p^{n-1}f(0)-p^{n-2}f'(0)-\cdots-f^{(n-1)}(0),\tag{3.60}$$

其中 $F(p)=\mathscr{L}[f(t)]$.特别是,若 $f(0)=f'(0)=\cdots=f^{(n-1)}(0)=0$,则

$$\mathscr{L}[f^{(n)}(t)]=p^nF(p),\quad \mathrm{Re}(p)>c.\tag{3.61}$$

例 5 求 δ 函数的拉普拉斯变换

解 首先要说明 $\delta(t)$ 是例 3 所述单位阶跃函数 $u(t)$ 的弱(或称广义)导数.什么叫弱导数?对在区间$[a,b]$(可以是无限的)上给定的函数 $f(t)$,如果存在一个函数 $g(t)$,使得对任意一次连续可微且在端点 a,b 附近为零的函数 $\varphi(t)$,有

$$\int_a^b g(t)\varphi(t)\,\mathrm{d}t=-\int_a^b f(t)\varphi'(t)\,\mathrm{d}t,$$

则称 $g(t)$ 是 $f(t)$ 的**弱导数**,仍记作 $f'(t)$.这个定义显然是从微积分学中的分部积分公式推广来的.故古典意义下的导数一定是弱导数.按照这个定义有

$$\int_{-\infty}^{+\infty}u'(t)\varphi(t)\,\mathrm{d}t=-\int_{-\infty}^{+\infty}u(t)\varphi'(t)\,\mathrm{d}t=-\int_0^{+\infty}\varphi'(t)\,\mathrm{d}t=\varphi(0),$$

其中 $\varphi(t)$ 是$(-\infty,+\infty)$内任意一次连续可微且在某个有界闭区间外为零的函

数.按 δ 函数定义知

$$u'(t)=\delta(t).$$

利用微分性质得

$$\mathscr{L}[\delta(t)]=\mathscr{L}[u'(t)]-p\mathscr{L}[u(t)]-u(0)$$
$$=p\cdot\frac{1}{p}=1.$$

2. **卷积性质**

若 $f_1(t)$,$f_2(t)$ 都满足拉普拉斯变换存在的条件且当 $t<0$ 时,$f_1(t)=f_2(t)\equiv 0$.则 $f_1(t)$ 与 $f_2(t)$ 的卷积

$$f_1(t)*f_2(t)=\int_0^t f_1(\tau)f_2(t-\tau)\,\mathrm{d}\tau \tag{3.62}$$

也存在拉普拉斯变换且

$$\mathscr{L}[f_1(t)*f_2(t)]=\mathscr{L}[f_1(t)]\cdot\mathscr{L}[f_2(t)]. \tag{3.63}$$

证明这个性质并不难,只要从定义出发:

$$\mathscr{L}[f_1(t)*f_2(t)]=\int_0^{+\infty}\left(\int_0^t f_1(\tau)f_2(t-\tau)\,\mathrm{d}\tau\right)\mathrm{e}^{-pt}\mathrm{d}t$$
$$=\int_0^{+\infty}f_1(\tau)\int_\tau^{+\infty}f_2(t-\tau)\,\mathrm{e}^{-pt}\mathrm{d}t\mathrm{d}\tau$$
$$=\int_0^{+\infty}f_1(\tau)\int_0^{+\infty}f_2(t')\,\mathrm{e}^{-p(t'+\tau)}\mathrm{d}t'\mathrm{d}\tau$$
$$=\mathscr{L}[f_1(t)]\cdot\mathscr{L}[f_2(t)].$$

3. **积分性质**

若 $f(t)$ 满足拉普拉斯变换存在的条件,则

$$\mathscr{L}\left[\int_0^t f(t)\,\mathrm{d}t\right]=\frac{1}{p}\mathscr{L}[f(t)]. \tag{3.64}$$

为了证明这个等式,令

$$h(t)=\int_0^t f(t)\,\mathrm{d}t,$$

则 $h(0)=0,h'(t)=f(t)$,由微分性质得

$$\mathscr{L}[f(t)]=\mathscr{L}[h'(t)]=p\mathscr{L}[h(t)],$$

故

$$\mathscr{L}[h(t)]=\mathscr{L}\left[\int_0^t f(t)\,\mathrm{d}t\right]=\frac{1}{p}\mathscr{L}[f(t)].$$

3.3.5 拉普拉斯变换的反演

现在来讲求拉普拉斯逆变换的问题，即已知 $F(p)$ 如何求它的逆变换．下面不加证明地给出一个求拉普拉斯逆变换的公式（或称为**反演公式**）：设 $f(t)$ 满足拉普拉斯变换存在的条件，$F(p)$ 是它的变换，则当 $t>0$ 时，在 $f(t)$ 的每一点连续点成立

$$f(t)=\frac{1}{2\pi\mathrm{i}}\int_{\beta-\mathrm{i}\infty}^{\beta+\mathrm{i}\infty}F(p)\mathrm{e}^{pt}\mathrm{d}p. \tag{3.65}$$

其中积分是沿着任一直线 $\mathrm{Re}(p)=\beta>c$ 进行的．(3.65)表明，这个积分值不依赖于 β，所以在计算时可适当选 $\beta(\beta>c)$ 使 $F(p)$ 的所有奇点均落在 $\mathrm{Re}(p)=\beta$ 的左侧，即在 $\mathrm{Re}(p)<\beta$ 内．要计算(3.65)右端的积分还是有些困难的，需要利用复变函数理论中的一些技巧．下面我们给出一个计算公式，假设存在一族以 R_n 为半径的圆 C_n：

$$|p|=R_n,R_1<R_2<\cdots<R_n\cdots\to+\infty,$$

在这族圆周上 $F(p)$ 关于辐角 $\arg p$ 一致地 $\to0$，并且对任意一个 $\beta>c$，积分 $\int_{\beta-\mathrm{i}\infty}^{\beta+\mathrm{i}\infty}F(p)\mathrm{d}p$ 绝对收敛，则 $F(p)$ 的像原函数

$$f(t)=\sum_k\underset{p=p_k}{\mathrm{Res}}[F(p)\mathrm{e}^{pt}]^{①},$$

其中 p_k 是 $F(p)$ 的奇点（落在半平面 $\mathrm{Re}(p)\leqslant\beta$ 内），Res[　]表示[　]内函数在 p_k 点的留数．特别是，如果 $F(p)$ 是 p 的一个有理函数 $F(p)=\dfrac{A(p)}{B(p)}$，其中 $A(p)$，$B(p)$ 是 p 的多项式，且是不可约的，$A(p)$ 的次数小于 $B(p)$ 的次数．这时上述条件一定满足，且 $F(p)$ 的奇点就是 $B(p)$ 的零点（即 $F(p)$ 的极点）．利用求极点留数的方法就可得到 $f(t)$．

例 6　求 $F(p)=\dfrac{1}{p(p-1)^2}$ 的拉普拉斯逆变换．

解　由 $F(p)=\dfrac{1}{p(p-1)^2}$ 知 $p=0$ 是 $F(p)$ 的一阶极点，$p=1$ 是 $F(p)$ 的二阶极点，利用求极点留数的方法得

① 参阅《学习指南》§1.5 中命题 4 及命题 5.

$$\underset{p=0}{\text{Res}}\left[\frac{1}{p(p-1)^2}e^{pt}\right]=\lim_{p\to 0}\frac{1}{(p-1)^2}e^{pt}=1,$$

$$\underset{p=1}{\text{Res}}\left[\frac{1}{p(p-1)^2}e^{pt}\right]=\lim_{p\to 1}\frac{d}{dp}\left(\frac{e^{pt}}{p}\right)=te^t-e^t=e^t(t-1).$$

故

$$\mathscr{L}^{-1}\left[\frac{1}{p(p-1)^2}\right]=1+e^t(t-1).$$

§3.4　积分变换法举例

由上一节我们知道,对一个函数求导数的运算对应于它的傅里叶(拉普拉斯)变换的代数运算,因此可以通过取积分变换将未知函数的常微分方程化为像函数的代数方程,达到了消去对自变量求导数运算的目的.基于这一事实,我们自然会想到积分变换也能用于解偏微分方程,在偏微分方程两端对某个变量取变换就能消去未知函数对该自变量求偏导数的运算,得到像函数的常微分方程.下面通过例题来说明用积分变换法解定解问题的一般步骤.

例1　无界杆上的热传导问题

设有一根无限长的杆,杆上具有强度为 $F(x,t)$ 的热源,杆的初始温度为 $\varphi(x)$,试求 $t>0$ 时杆上温度的分布规律.

解　这个问题可归结为求解下列定解问题

$$\begin{cases}\dfrac{\partial u}{\partial t}=a^2\dfrac{\partial^2 u}{\partial x^2}+f(x,t), & -\infty<x<+\infty,t>0, \quad (3.66)\\ u\Big|_{t=0}=\varphi(x), & -\infty<x<+\infty, \quad (3.67)\end{cases}$$

其中 $f(x,t)=\dfrac{1}{\rho c}F(x,t)$.

由于方程(3.66)是非齐次的,且求解的区域又是无限的,因此用分离变量法来解将导致比较复杂的运算.现在我们用傅里叶变换来解.用记号 $U(\omega,t)$,$G(\omega,t)$ 分别表示函数 $u(x,t)$,$f(x,t)$ 关于变量 x 的傅里叶变换,即

$$U(\omega,t)=\int_{-\infty}^{+\infty}u(x,t)e^{-i\omega x}dx,$$

$$G(\omega,t)=\int_{-\infty}^{+\infty}f(x,t)e^{-i\omega x}dx.$$

对方程(3.66)的两端取关于 x 的傅里叶变换,根据傅里叶变换的微分性质,得到

$$\frac{\mathrm{d}U(\omega,t)}{\mathrm{d}t}=-a^2\omega^2U(\omega,t)+G(\omega,t). \tag{3.68}$$

这是一个含参量 ω 的常微分方程.为了导出方程(3.68)的定解条件,对条件(3.67)式的两端也取傅里叶变换,并且以 $\Phi(\omega)$ 表示$\varphi(x)$的傅里叶变换,得

$$U(\omega,t)\bigg|_{t=0}=\Phi(\omega). \tag{3.69}$$

方程(3.68)是一阶线性常微分方程,它满足初值条件(3.69)的解为

$$U(\omega,t)=\Phi(\omega)\mathrm{e}^{-a^2\omega^2t}+\int_0^t G(\omega,\tau)\mathrm{e}^{-a^2\omega^2(t-\tau)}\mathrm{d}\tau. \tag{3.70}$$

为了求出原定解问题(3.66),(3.67)的解 $u(x,t)$,还需要对$U(\omega,t)$取傅里叶逆变换.由傅里叶变换表可查得

$$\mathscr{F}^{-1}[\mathrm{e}^{-a^2\omega^2t}]=\frac{1}{2a\sqrt{\pi t}}\mathrm{e}^{-\frac{x^2}{4a^2t}}.$$

再根据傅里叶变换的卷积性质得

$$\begin{aligned}u(x,t)&=\mathscr{F}^{-1}[U(\omega,t)]\\&=\frac{1}{2a\sqrt{\pi t}}\int_{-\infty}^{+\infty}\varphi(\xi)\mathrm{e}^{-\frac{(x-\xi)^2}{4a^2t}}\mathrm{d}\xi\\&\quad+\frac{1}{2a\sqrt{\pi}}\int_0^t\mathrm{d}\tau\int_{-\infty}^{+\infty}\frac{f(\xi,\tau)}{\sqrt{t-\tau}}\mathrm{e}^{-\frac{(x-\xi)^2}{4a^2(t-\tau)}}\mathrm{d}\xi,\end{aligned} \tag{3.71}$$

这样就得到原定解问题的解.

通过这个例子可以看出,用积分变换法解定解问题的过程大体为

一、根据自变量的变化范围以及定解条件的具体情况,选取适当的积分变换.然后对方程的两端取变换,把一个偏微分方程化为含一个参量的常微分方程.

二、对定解条件取相应的变换,导出新方程的定解条件.

三、解所得的常微分方程,求得原定解问题解的变换式(即像函数).

四、对所得的变换式取逆变换,得到原定解问题的解.

当然,在用傅里叶(或拉普拉斯)变换解定解问题时,是假定所求的解及定解条件中的已知函数都是能够取傅里叶(或拉普拉斯)变换的,即假定它们的傅里叶(或拉普拉斯)变换都存在.一个未知函数当它未求出以前是很难判断它是否存在傅里叶(或拉普拉斯)变换的,所以,在未做综合工作之前,用积分

变换法所求的解都只是形式解.

例 2　一条半无限长的杆,端点温度变化情况为已知,杆的初始温度为0℃,求杆上温度的分布规律.

解　这个问题可归结为求解下列定解问题:

$$\begin{cases}\dfrac{\partial u}{\partial t}=a^2\dfrac{\partial^2 u}{\partial x^2}, & x>0,t>0, \quad (3.72)\\ u\Big|_{t=0}=0, & x>0, \quad (3.73)\\ u\Big|_{x=0}=f(t), & t>0. \quad (3.74)\end{cases}$$

这个问题显然不能用傅里叶变换来解了,因为 x,t 的变化范围都是$(0,+\infty)$.下面我们用拉普拉斯变换来解.从 x,t 的变化范围来看,对 x 与 t 都能取拉普拉斯变换,但由于方程(3.72)中包含有$\dfrac{\partial^2 u}{\partial x^2}$,而在 $x=0$ 处未给出$\dfrac{\partial u}{\partial x}$的值,故不能对 x 取拉普拉斯变换.而对 t 来说,由于方程(3.72)中只出现关于 t 的一阶偏导数,只要知道当 $t=0$ 时 u 的值就够了,这个值已由(3.73)给出,故我们采用关于 t 的拉普拉斯变换.

用 $U(x,p)$,$F(p)$分别表示函数 $u(x,t)$,$f(t)$关于 t 的拉普拉斯变换,即

$$U(x,p)=\int_0^{+\infty}u(x,t)\mathrm{e}^{-pt}\mathrm{d}t,$$

$$F(p)=\int_0^{+\infty}f(t)\mathrm{e}^{-pt}\mathrm{d}t.$$

首先,对方程(3.72)的两端取拉普拉斯变换,并利用条件(3.73)则得到新方程

$$\frac{\mathrm{d}^2U(x,p)}{\mathrm{d}x^2}-\frac{p}{a^2}U(x,p)=0. \tag{3.75}$$

再对条件(3.74)取同样变换,得

$$U(x,p)\Big|_{x=0}=F(p). \tag{3.76}$$

方程(3.75)是关于 $U(x,p)$的线性二阶常系数的常微分方程,它的通解为

$$U(x,p)=C_1\mathrm{e}^{-\frac{\sqrt{p}}{a}x}+C_2\mathrm{e}^{\frac{\sqrt{p}}{a}x}, \tag{3.77}$$

由于当 $x\to+\infty$ 时,$u(x,t)$应该有限,所以 $U(x,p)$也应该有限,故 $C_2=0$.再由条件(3.76)得 $C_1=F(p)$,从而得

$$U(x,p)=F(p)\mathrm{e}^{-\frac{\sqrt{p}}{a}x}.$$

为了求得原定解问题的解 $u(x,t)$，需要对 $U(x,p)$ 求拉普拉斯逆变换，由拉普拉斯变换表查得

$$\mathscr{L}^{-1}\left[\frac{1}{p}\mathrm{e}^{-\frac{x}{a}\sqrt{p}}\right]=\frac{2}{\sqrt{\pi}}\int_{\frac{x}{2a\sqrt{t}}}^{+\infty}\mathrm{e}^{-y^2}\mathrm{d}y.$$

再根据拉普拉斯变换的微分性质可得

$$\begin{aligned}\mathscr{L}^{-1}[\mathrm{e}^{-\frac{x}{a}\sqrt{p}}]&=\mathscr{L}^{-1}\left[p\cdot\frac{1}{p}\mathrm{e}^{-\frac{x}{a}\sqrt{p}}\right]\\&=\frac{\mathrm{d}}{\mathrm{d}t}\left(\frac{2}{\sqrt{\pi}}\int_{\frac{x}{2a\sqrt{t}}}^{+\infty}\mathrm{e}^{-y^2}\mathrm{d}y\right)\\&=\frac{x}{2a\sqrt{\pi}\,t^{\frac{3}{2}}}\mathrm{e}^{-\frac{x^2}{4a^2t}}.\end{aligned}$$

最后由拉普拉斯变换的卷积性质得

$$\begin{aligned}u(x,t)&=\mathscr{L}^{-1}[F(p)\mathrm{e}^{-\frac{x}{a}\sqrt{p}}]\\&=\frac{x}{2a\sqrt{\pi}}\int_0^t f(\tau)\frac{1}{(t-\tau)^{\frac{3}{2}}}\mathrm{e}^{-\frac{x^2}{4a^2(t-\tau)}}\mathrm{d}\tau.\end{aligned}\tag{3.78}$$

这便是所要求的解.

通过上面两个例子我们对用积分变换法解定解问题的步骤已有所了解，掌握这些步骤并不困难，对初学者来说，使用这个方法时主要困难在于：

(1) 如何选取恰当的积分变换.对这个问题应从两方面来考虑，首先要注意自变量的变化范围，傅里叶变换要求作变换的自变量在$(-\infty,+\infty)$内变化，拉普拉斯变换要求作变换的自变量在$(0,+\infty)$内变化.其次要注意定解条件的形式，根据拉普拉斯变换的微分性质

$$\begin{aligned}&\mathscr{L}[f^{(n)}(t)]\\&=p^n\mathscr{L}[f(t)]-p^{n-1}f(0)-p^{n-2}f'(0)-\cdots-f^{(n-1)}(0),\end{aligned}$$

可以看出，要对某自变量取拉普拉斯变换，必须在定解条件中给出当该自变量等于零时的函数值及有关导数值.

(2) 定解条件中哪些需要取变换，哪些不需要取变换.这个问题容易解决，凡是对方程取变换时没有用到的条件都要对它取变换，使它转化为新方程的定解条件.

(3) 如何顺利地求出逆变换.解决这个问题主要是依靠积分变换表（见附

录 B),以及运用积分变换的有关性质,对拉普拉斯变换有时还要用到计算反演积分的留数定理.

注 从例 1 中解的表达式(3.71)及例 2 中解的表达式(3.78)可以看出:函数$\dfrac{1}{2a\sqrt{\pi t}}e^{-\frac{x^2}{4a^2t}}$对热传导方程的初值问题起着重要的作用,令

$$K(x,t)=\begin{cases}\dfrac{1}{2a\sqrt{\pi t}}e^{-\frac{x^2}{4a^2t}}, & t>0,\\ 0, & t\leqslant 0.\end{cases}\tag{3.79}$$

利用 $K(x,t)$,则(3.71)可以表示为

$$\begin{aligned}u(x,t)=&\int_{-\infty}^{+\infty}K(x-\xi,t)\varphi(\xi)\mathrm{d}\xi\\&+\int_0^t\int_{-\infty}^{+\infty}K(x-\xi,t-\tau)f(\xi,\tau)\mathrm{d}\xi\mathrm{d}\tau.\end{aligned}\tag{3.80}$$

人们通常称(3.80)为**泊松公式**,称函数 $\Gamma(x,t;\xi,\tau)=K(x-\xi,t-\tau)$ 为热传导方程的**基本解**.基本解有明确的物理意义,它表示在杆上 ξ 处时刻 τ 的一个瞬时单位热源所引起的杆上的温度分布,有时也将基本解称为瞬时单位点热源的**影响函数**.

对于高维热传导方程也可以引入基本解的概念,以三维问题为例,令

$$K(x,y,z,t)=\begin{cases}\dfrac{1}{(4\pi a^2t)^{3/2}}e^{-(x^2+y^2+z^2)/(4a^2t)}, & t>0,\\ 0, & t\leqslant 0,\end{cases}$$

则三维热传导方程的基本解就是 $\Gamma(x,y,z,t;\xi,\eta,\zeta,\tau)=K(x-\xi,y-\eta,z-\zeta,t-\tau)$.利用 $K(x,y,z,t)$ 可以将下列问题

$$\begin{cases}\dfrac{\partial u}{\partial t}=a^2\left(\dfrac{\partial^2u}{\partial x^2}+\dfrac{\partial^2u}{\partial y^2}+\dfrac{\partial^2u}{\partial z^2}\right)+f(x,y,z,t), & (x,y,z)\in\mathbf{R}^3,t>0,\\ u(x,y,z,0)=\varphi(x,y,z), & (x,y,z)\in\mathbf{R}^3\end{cases}$$

的解表示成

$$\begin{aligned}&u(x,y,z,t)\\=&\iiint\limits_{\mathbf{R}^3}K(x-\xi,y-\eta,z-\zeta,t)\varphi(\xi,\eta,\zeta)\mathrm{d}\xi\mathrm{d}\eta\mathrm{d}\zeta\\&+\int_0^t\mathrm{d}\tau\iiint\limits_{\mathbf{R}^3}K(x-\xi,y-\eta,z-\zeta,t-\tau)f(\xi,\eta,\zeta,\tau)\mathrm{d}\xi\mathrm{d}\eta\mathrm{d}\zeta.\end{aligned}$$

例 3 设有一长为 l 的均匀杆,其一端固定,另一端由静止状态开始受力

$F=A\sin \omega t$ 的作用,力 F 的方向和杆的轴线一致,求杆在零初值条件下作纵振动的规律.

解　由§1.1中例1的注1可知,杆作纵振动的方程与弦作横振动的方程完全相同,因此这个问题可归结为如下的定解问题:

$$\begin{cases}\dfrac{\partial^2 u}{\partial t^2}=a^2\dfrac{\partial^2 u}{\partial x^2}, & 0<x<l,t>0, \quad (3.81)\\ u\Big|_{t=0}=0,\dfrac{\partial u}{\partial t}\Big|_{t=0}=0, & 0\leqslant x\leqslant l, \quad (3.82)\\ u\Big|_{x=0}=0,\dfrac{\partial u}{\partial x}\Big|_{x=l}=\dfrac{A}{E}\sin \omega t, & t>0, \quad (3.83)\end{cases}$$

其中 E 为杨氏模量.

下面用积分变换法求这个定解问题的解.由于 x 的变化范围是 $0<x<l$,所以只能取关于 t 的拉普拉斯变换.以 $U(x,p)$ 表示函数 $u(x,t)$ 关于 t 的拉普拉斯变换,在方程(3.81)两端取变换得

$$a^2\frac{\mathrm{d}^2 U(x,p)}{\mathrm{d}x^2}=p^2U(x,p). \tag{3.84}$$

在推导方程(3.84)时还未用到条件(3.83),为了导出方程(3.84)的定解条件,对条件(3.83)取相应的变换,得

$$U(x,p)\Big|_{x=0}=0,\quad \frac{\mathrm{d}U(x,p)}{\mathrm{d}x}\Big|_{x=l}=\frac{A}{E}\frac{\omega}{p^2+\omega^2}, \tag{3.85}$$

方程(3.84)满足条件(3.85)的解为

$$U(x,p)=\frac{Aa\omega\sin \mathrm{h}\dfrac{p}{a}x}{Ep(p^2+\omega^2)\cos \mathrm{h}\dfrac{p}{a}l}, \tag{3.86}$$

求(3.86)的逆变换,即得原定解问题的解

$$\begin{aligned}u(x,t)&=\mathscr{L}^{-1}\left[\frac{Aa\omega\sin \mathrm{h}\dfrac{p}{a}x}{Ep(p^2+\omega^2)\cos \mathrm{h}\dfrac{p}{a}l}\right]\\&=\sum_i \operatorname*{Res}_{p=p_i}\left[\frac{Aa\omega\sin \mathrm{h}\dfrac{p}{a}x}{Ep(p^2+\omega^2)\cos \mathrm{h}\dfrac{p}{a}l}\mathrm{e}^{pt}\right],\end{aligned}$$

p_i 是 $U(x,p)$ 的极点，$\operatorname*{Res}_{p=p_i}[\quad]$ 表示方括号内函数在 p_i 处的留数.由于 $U(x,p)$ 的极点是使

$$p(p^2+\omega^2)\cos\mathrm{h}\frac{p}{a}l=0$$

的点，这些点是

$$p=0,\ \pm\mathrm{i}\omega,\ \pm\mathrm{i}\frac{a}{l}\left(k-\frac{1}{2}\right)\pi\quad(k=1,2,3,\cdots).$$

由于这些极点 p_i 都是一阶的，所以 $u(x,t)$ 还可以表示为

$$u(x,t)$$

$$=\sum_i\frac{Aa\omega\sin\mathrm{h}\frac{p}{a}x}{\left[Ep(p^2+\omega^2)\cos\mathrm{h}\frac{p}{a}l\right]'_p}\mathrm{e}^{pt}\Bigg|_{p=p_i}\text{①}$$

$$=\frac{Aa\omega}{E}\sum_i\frac{\mathrm{e}^{p_it}\sin\mathrm{h}\frac{p_i}{a}x}{(p_i^2+\omega^2)\cos\mathrm{h}\frac{p_i}{a}l+2p_i^2\cos\mathrm{h}\frac{p_i}{a}l+p_i(p_i^2+\omega^2)\frac{l}{a}\sin\mathrm{h}\frac{p_i}{a}l}.$$

记

$$F(p_i,x,t)=\frac{\mathrm{e}^{p_it}\sin\mathrm{h}\frac{p_i}{a}x}{(p_i^2+\omega^2)\cos\mathrm{h}\frac{p_i}{a}l+2p_i^2\cos\mathrm{h}\frac{p_i}{a}l+\frac{l}{a}p_i(p_i^2+\omega^2)\sin\mathrm{h}\frac{p_i}{a}l},$$

则

$$u(x,t)=\frac{Aa\omega}{E}\sum_iF(p_i,x,t).$$

而

$$F(0,x,t)=0,$$

$$F(\mathrm{i}\omega,x,t)=\frac{\mathrm{e}^{\mathrm{i}\omega t}\sin\mathrm{h}\frac{\mathrm{i}\omega}{a}x}{2(\mathrm{i}\omega)^2\cos\mathrm{h}\frac{\mathrm{i}\omega}{a}l}=-\frac{\mathrm{i}\sin\frac{\omega}{a}x}{2\omega^2\cos\frac{\omega}{a}l}\mathrm{e}^{\mathrm{i}\omega t},$$

---

① 参阅《学习指南》§ 1.4.

$$F(-\mathrm{i}\omega,x,t)=\frac{\mathrm{i}\sin\frac{\omega}{a}x}{2\omega^2\cos\frac{\omega}{a}l}\mathrm{e}^{-\mathrm{i}\omega t},$$

$$F\left[\mathrm{i}\frac{a}{l}\left(k-\frac{1}{2}\right)\pi,x,t\right]$$

$$=\frac{\mathrm{e}^{\mathrm{i}\frac{(2k-1)a\pi}{2l}t}\sin\mathrm{h}\frac{\mathrm{i}(2k-1)\pi}{2l}x}{\mathrm{i}\frac{(2k-1)a\pi}{2l}\left[\omega^2-\frac{(2k-1)^2a^2\pi^2}{4l^2}\right]\frac{l}{a}\sin\mathrm{h}\frac{\mathrm{i}(2k-1)\pi}{2}}$$

$$=\frac{(-1)^k\mathrm{i}8l^2\sin\frac{(2k-1)\pi}{2l}x}{(2k-1)\pi[4l^2\omega^2-(2k-1)^2a^2\pi^2]}\mathrm{e}^{\mathrm{i}\frac{(2k-1)a\pi}{2l}t},$$

$$F\left[-\mathrm{i}\frac{a}{l}\left(k-\frac{1}{2}\right)\pi,x,t\right]$$

$$=\frac{(-1)^{k-1}\mathrm{i}8l^2\sin\frac{(2k-1)\pi}{2l}x}{(2k-1)\pi[4l^2\omega^2-(2k-1)^2a^2\pi^2]}\mathrm{e}^{-\mathrm{i}\frac{(2k-1)a\pi}{2l}t}.$$

所以

$$u(x,t)$$

$$=\frac{Aa}{\omega E}\frac{1}{\cos\frac{\omega}{a}l}\sin\omega t\sin\frac{\omega}{a}x$$

$$+\sum_{k=1}^{\infty}(-1)^{k-1}\frac{16a\omega Al^2}{E\pi}\frac{\sin\frac{(2k-1)\pi}{2l}x\sin\frac{(2k-1)a\pi}{2l}t}{(2k-1)[4l^2\omega^2-a^2(2k-1)^2\pi^2]},\tag{3.87}$$

这就是所要求的解.

这个定解问题当然也可以用分离变量法求解,如果用分离变量法解,需要先将边界条件化成齐次的,但是用积分变换法来解不必先做这一步工作.即使是在最复杂的情况——方程及边界条件都是非齐次的,也可直接使用积分变换法,这是积分变换法的一个优点.

在本节的最后,我们来解决 §3.1 中的一个遗留问题,即求解非齐次一维波动方程的初值问题.

例 4 求非齐次波动方程初值问题

$$\begin{cases}\dfrac{\partial^2 u}{\partial t^2}-a^2\dfrac{\partial^2 u}{\partial x^2}=f(x,t), & -\infty<x<+\infty,\ t>0, \quad (3.88)\\ u\Big|_{t=0}=u_t\Big|_{t=0}=0, & -\infty<x<+\infty \quad (3.89)\end{cases}$$

的解.

解 从自变量的变化范围及定解条件来看,这个问题只能用傅里叶变换来解.记

$$U(\omega,t)=\mathscr{F}[u(x,t)]=\int_{-\infty}^{+\infty}u(x,t)\mathrm{e}^{-\mathrm{i}\omega x}\mathrm{d}x,$$

$$F(\omega,t)=\mathscr{F}[f(x,t)]=\int_{-\infty}^{+\infty}f(x,t)\mathrm{e}^{-\mathrm{i}\omega x}\mathrm{d}x.$$

在方程(3.88)两边对 x 取傅里叶变换并利用微分性质得

$$\frac{\mathrm{d}^2U(\omega,t)}{\mathrm{d}t^2}+a^2\omega^2U(\omega,t)=F(\omega,t), \tag{3.90}$$

再对初值条件(3.89)两端取变换得

$$U\Big|_{t=0}=U_t\Big|_{t=0}=0, \tag{3.91}$$

(3.90)是一个二阶常系数非齐次线性常微分方程,利用参数变易法可以求出这个方程满足条件(3.91)的一个特解

$$U^*(\omega,t)=\frac{1}{a\omega}\int_0^t F(\omega,\tau)\sin a\omega(t-\tau)\mathrm{d}\tau.$$

所以问题(3.90),(3.91)的通解为

$$U(\omega,t)=C_1\cos a\omega t+C_2\sin a\omega t+\frac{1}{a\omega}\int_0^t F(\omega,\tau)\sin a\omega(t-\tau)\mathrm{d}\tau, \tag{3.92}$$

其中 C_1,C_2是任意常数,利用初值条件(3.91)知

$$C_1=C_2=0.$$

故由(3.92)得

$$U(\omega,t)=\frac{1}{a\omega}\int_0^t F(\omega,\tau)\sin a\omega(t-\tau)\mathrm{d}\tau.$$

从附录 B 中傅里叶变换简表知

$$\mathscr{F}^{-1}\left[\frac{\sin a\omega(t-\tau)}{\omega}\right]=g(x)=\begin{cases}\dfrac{1}{2}, & -a(t-\tau)<x<a(t-\tau),\\ 0, & \text{其他}.\end{cases}$$

再利用傅里叶变换的卷积性质得

$$u(x,t)=\frac{1}{a}\int_0^t \mathscr{F}^{-1}\left[F(\omega,\tau)\frac{\sin a\omega(t-\tau)}{\omega}\right]\mathrm{d}\tau$$
$$=\frac{1}{a}\int_0^t\int_{-\infty}^{+\infty}f(y,\tau)g(x-y)\,\mathrm{d}y\mathrm{d}\tau$$
$$=\frac{1}{2a}\int_0^t\int_{x-a(t-\tau)}^{x+a(t-\tau)}f(y,\tau)\,\mathrm{d}y\mathrm{d}\tau. \tag{3.93}$$

这就是问题(3.88),(3.89)的解.

注 如果把(3.11)和(3.93)合并起来,就可得到问题

$$\begin{cases}\dfrac{\partial^2 u}{\partial t^2}=a^2\dfrac{\partial^2 u}{\partial x^2}+f(x,t), & -\infty<x<+\infty,t>0,\\ u\Big|_{t=0}=\varphi(x), & -\infty<x<+\infty,\\ \dfrac{\partial u}{\partial t}\Big|_{t=0}=\psi(x), & -\infty<x<+\infty\end{cases}$$

的解为

$$u(x,t)=\frac{1}{2}[\varphi(x+at)+\varphi(x-at)]+\frac{1}{2a}\int_{x-at}^{x+at}\psi(\xi)\,\mathrm{d}\xi$$
$$+\frac{1}{2a}\int_0^t\int_{x-a(t-\tau)}^{x+a(t-\tau)}f(y,\tau)\,\mathrm{d}y\mathrm{d}\tau. \tag{3.94}$$

习 题 三

1. 求方程

$$\frac{\partial^2 u}{\partial x\partial y}=x^2y,\quad x>1,y>0$$

满足边界条件

$$u\Big|_{y=0}=x^2,u\Big|_{x=1}=\cos y$$

的解.

2. 求解下列定解问题:

$$\begin{cases}\dfrac{\partial^2 u}{\partial t^2}=\dfrac{\partial^2 u}{\partial x^2}+t\sin x, & -\infty<x<+\infty,t>0,\\ u\Big|_{t=0}=0, & -\infty<x<+\infty,\\ \dfrac{\partial u}{\partial t}\Big|_{t=0}=\sin x, & -\infty<x<+\infty.\end{cases}$$

[说明:这个问题除了直接用积分变换法求解以外,也可以用下述方法来解.先将原问题分解成下列两个问题:

$$
(\text{Ⅰ})\begin{cases}\dfrac{\partial^2 u}{\partial t^2}=\dfrac{\partial^2 u}{\partial x^2}, & -\infty<x<+\infty,t>0,\\ u\Big|_{t=0}=0, & \\ & -\infty<x<+\infty,\\ \dfrac{\partial u}{\partial t}\Big|_{t=0}=\sin x, & \end{cases}
$$

$$
(\text{Ⅱ})\begin{cases}\dfrac{\partial^2 u}{\partial t^2}=\dfrac{\partial^2 u}{\partial x^2}+t\sin x, & -\infty<x<+\infty,t>0,\\ u\Big|_{t=0}=0, & \\ & -\infty<x<+\infty.\\ \dfrac{\partial u}{\partial t}\Big|_{t=0}=0, & \end{cases}
$$

对于(Ⅱ),先求

$$
\begin{cases}\dfrac{\partial^2 W}{\partial t^2}=\dfrac{\partial^2 W}{\partial x^2}, & t>\tau,-\infty<x<+\infty,\\ W\Big|_{t=\tau}=0, & \\ & -\infty<x<+\infty\\ \dfrac{\partial W}{\partial t}\Big|_{t=\tau}=\tau\sin x, & \end{cases}
$$

的解 $W(x,t;\tau)$.然后将 $W(x,t;\tau)$ 对 τ 积分得

$$
u(x,t)=\int_0^t W(x,t;\tau)\,\mathrm{d}\tau,
$$

这就是问题(Ⅱ)的解.这种求解问题(Ⅱ)的方法,称为**齐次化原理**,它可用于解非齐次波动方程的柯西问题.]

3. 求下列函数的傅里叶变换:

(1) $f(x)=\begin{cases}0, & x<0,\\ \mathrm{e}^{-\beta x}, & x\geqslant 0(\beta>0\text{ 为常数});\end{cases}$

(2) $f(x)=\begin{cases}0, & |x|>a,\\ |x|, & |x|\leqslant a(a\text{ 为正常数});\end{cases}$

(3) $f(x)=\mathrm{e}^{-\beta|x|}(\beta>0\text{ 为常数});$

(4) $f(x)=\cos x\cdot e^{-a|x|}$($a>0$ 为常数);

(5) $f(x)=\begin{cases}\sin\lambda_0 x, & |x|\leqslant a,\\ 0, & |x|>a\end{cases}$($\lambda_0,a$ 为正常数);

(6) $f(x)=\begin{cases}0, & |x|>a,\\ 1-\dfrac{|x|}{a}, & |x|\leqslant a\end{cases}$($a>0$ 为常数);

(7) $f(x)=\cos kx$(k 为常数).

4. 证明 $\mathscr{F}^{-1}[e^{-a^2\omega^2 t}]=\dfrac{1}{2a\sqrt{\pi t}}e^{-\frac{x^2}{4a^2 t}}$.

5. 求下列函数的拉普拉斯变换:

(1) $f(t)=\sin kt$,k 为实数;

(2) $f(t)=t^m$,m 为非负整数;

(3) $f(t)=\sin 2t\sin 3t$;

(4) $f(t)=\cosh\omega t$,ω 为实数;

(5) $f(t)=e^{-\lambda t}\sinh\omega t$,$\lambda,\omega$ 为实数.

6. 证明拉普拉斯变换的下列性质:

(1) 若 $F(p)=\mathscr{L}[f(t)]$,$\mathrm{Re}(p)>c$,则

$$F^{(n)}(p)=(-1)^n\mathscr{L}[t^n f(t)],\ \mathrm{Re}(p)>c;$$

(2) 若 $F(p)=\mathscr{L}[f(t)]$,$\mathrm{Re}(p)>c$,则

$$\mathscr{L}[e^{at}f(t)]=F(p-a),\ \mathrm{Re}(p-a)>c.$$

7. 求下列函数的拉普拉斯逆变换:

(1) $F(p)=\dfrac{p}{p^2+1}$;

(2) $F(p)=\dfrac{1}{p^2(p^2+1)}$;

(3) $F(p)=\dfrac{p^2}{(p^2+1)^2}$;

(4) $F(p)=\dfrac{1}{p^2(p+1)}$.

8. 用积分变换法解下列问题：

$$\begin{cases} \dfrac{\partial^2 u}{\partial x \partial y} = 1, & x > 0, y > 0, \\ u\Big|_{x=0} = y + 1, & y \geqslant 0, \\ u\Big|_{y=0} = 1, & x \geqslant 0. \end{cases}$$

9. 求上半平面内静电场的电位，即解下列定解问题：

$$\begin{cases} \Delta u = 0, & -\infty < x < +\infty, y > 0, \\ u\Big|_{y=0} = f(x), & -\infty < x < +\infty, \\ \lim\limits_{x^2+y^2 \to +\infty} u = 0. \end{cases}$$

10. 用积分变换法解下列定解问题：

$$\begin{cases} \dfrac{\partial u}{\partial t} = a^2 \dfrac{\partial^2 u}{\partial x^2}, & 0 < x < l, t > 0, \\ u\Big|_{t=0} = u_0, & 0 \leqslant x \leqslant l, \\ \dfrac{\partial u}{\partial x}\Big|_{x=0} = 0, u\Big|_{x=l} = u_1, & t > 0, \end{cases}$$

其中 u_0, u_1 是常数.

11. 用积分变换法求解下列定解问题：

$$\begin{cases} \dfrac{\partial^2 u}{\partial t^2} = \dfrac{\partial^2 u}{\partial x^2}, & -\infty < x < +\infty, t > 0, \\ u\Big|_{t=0} = \varphi(x), & -\infty < x < +\infty, \\ \dfrac{\partial u}{\partial t}\Big|_{t=0} = \psi(x), & -\infty < x < +\infty. \end{cases}$$

12. 求解下列初值问题：

$$\begin{cases} \dfrac{\partial^2 u}{\partial t^2} = \dfrac{\partial^2 u}{\partial x^2} + \dfrac{xt}{(1+x^2)^2}, & -\infty < x < +\infty, t > 0, \\ u\Big|_{t=0} = 0, \dfrac{\partial u}{\partial t}\Big|_{t=0} = \dfrac{1}{1+x^2}, & -\infty < x < +\infty. \end{cases}$$

13. 求下列**古尔萨**(Goursat)问题的解：

$$\begin{cases} \dfrac{\partial^2 u}{\partial t^2}=\dfrac{\partial^2 u}{\partial x^2}, & -t<x<t, t>0, \\ u\Big|_{t=-x}=\varphi(x), & x\leqslant 0, \\ u\Big|_{t=x}=\psi(x), & x\geqslant 0, \end{cases}$$

其中 $\varphi(0)=\psi(0)$.

第四章　拉普拉斯方程的格林函数法

在第二、三两章，我们较系统地介绍了求解数学物理方程的三种常用方法——分离变量法、行波法与积分变换法，本章我们来介绍拉普拉斯方程的格林函数法.先讨论此方程解的一些重要性质，再建立格林函数的概念，然后通过格林函数建立拉普拉斯方程第一边值问题解的积分表达式.

§4.1　拉普拉斯方程边值问题的提法

在第一章，我们已从无源静电场的电位分布及稳恒温度场的温度分布两个问题推导出了三维拉普拉斯方程

$$\Delta u \equiv \frac{\partial^2 u}{\partial x^2}+\frac{\partial^2 u}{\partial y^2}+\frac{\partial^2 u}{\partial z^2}=0.$$

作为描述稳定和平衡等物理现象的拉普拉斯方程，它不能提初值条件.至于边界条件，如第一章所述有三种类型，应用得较多的是如下两种边值问题.

（1）第一边值问题　在空间 (x,y,z) 中某一区域 Ω 的边界 Γ 上给定了连续函数 f，要求这样一个函数 $u(x,y,z)$，它在闭域 $\Omega+\Gamma$（或记作 $\overline{\Omega}$）上连续，在 Ω 内有二阶连续偏导数①且满足拉普拉斯方程，在 Γ 上与已知函数 f 相重合，即

$$u\Big|_{\Gamma}=f. \tag{4.1}$$

第一边值问题也称为**狄利克雷（Dirichlet）问题**，§2.3 中所讨论过的问题就是圆域内的狄利克雷问题.

拉普拉斯方程的连续解，也就是说，具有二阶连续偏导数并且满足拉普拉斯方程的连续函数，称为**调和函数**.所以，狄利克雷问题也可以换一种说法：在区域 Ω 内找一个调和函数，它在边界 Γ 上的值为已知.

（2）第二边值问题　在某光滑的闭曲面 Γ 上给出连续函数 f，要求寻找这样一个函数 $u(x,y,z)$，它在 Γ 内部的区域 Ω 中是调和函数，在 $\Omega+\Gamma$ 上连续，

① 这里关于函数 u 的光滑性假设，可简记成

$$u\in C(\overline{\Omega})\cap C^2(\Omega).$$

在 Γ 上任一点处法向导数 $\frac{\partial u}{\partial n}$ 存在，并且等于已知函数 f 在该点的值：

$$\left.\frac{\partial u}{\partial n}\right|_{\Gamma}=f, \tag{4.2}$$

这里 $\boldsymbol{n}$ 是 Γ 的外法向量.

第二边值问题也称**诺伊曼**(Neumann)**问题**.

以上两个边值问题都是在边界 Γ 上给定某些边界条件，在区域内部求拉普拉斯方程的解，这样的问题称为**内问题**.

在应用中我们还会遇到狄利克雷问题和诺伊曼问题的另一种提法.例如，当确定某物体外部的稳恒温度场时，就归结为在区域 Ω 的外部求调和函数 u，使满足边界条件 $u\big|_{\Gamma}=f$，这里 Γ 是 Ω 的边界，f 表示物体表面的温度分布.像这样的定解问题称为拉普拉斯方程的**外问题**.

由于拉普拉斯方程的外问题是在无穷区域上给出的，定解问题的解是否应加以一定的限制？基于在电学上总是假定在无穷远处的电位为零，所以在外问题中常常要求附加如下条件①：

$$\lim_{r\to+\infty}u(x,y,z)=0\qquad(r=\sqrt{x^2+y^2+z^2}). \tag{4.3}$$

(3) 狄利克雷外问题　在空间 (x,y,z) 的某一闭曲面 Γ 上给定连续函数 f，要找出这样一个函数 $u(x,y,z)$，它在 Γ 的外部区域 Ω' 内调和，在 $\Omega'+\Gamma$ 上连续，当点 (x,y,z) 趋于无穷远时，$u(x,y,z)$ 满足条件(4.3)，并且它在边界 Γ 上取所给的函数值

$$u\big|_{\Gamma}=f. \tag{4.4}$$

(4) 诺伊曼外问题　在光滑的闭曲面 Γ 上给定连续函数 f，要找出这样一个函数 $u(x,y,z)$，它在闭曲面 Γ 的外部区域 Ω' 内调和，在 $\Omega'+\Gamma$ 上连续，在无穷远处满足条件(4.3)，而且它在 Γ 上任一点的法向导数 $\frac{\partial u}{\partial n'}$ 存在，并满足

---

① 从数学角度讲，补充了这个条件就能保证外问题的解是唯一的.如果不具有这个条件，外问题的解可能不唯一.例如，在单位球面 Γ 外求调和函数，在边界上满足 $u\big|_{\Gamma}=1$.容易看出，$u_1(x,y,z)\equiv1$ 及 $u_2(x,y,z)=\dfrac{1}{\sqrt{x^2+y^2+z^2}}$ 都在单位球外满足拉普拉斯方程，并且在单位球面 Γ 上满足上述边界条件.

需要注意的是，对于二维拉普拉斯方程来说，它的外问题中所加的在无穷远点的条件可改为：当 $r\to+\infty$ 时，$|u(x,y)|$ 有界.

$$\left.\frac{\partial u}{\partial n'}\right|_{\Gamma}=f, \tag{4.5}$$

这里 $\boldsymbol{n}'$是边界曲面 Γ 的内法向量.

下面我们重点讨论内问题,所用的方法也可以用于外问题.

§4.2 格林公式

为了建立拉普拉斯方程解的积分表达式,需要先推导出格林公式,而格林公式则是曲面积分中高斯公式的直接推论.

设 Ω 是以足够光滑的曲面 Γ 为边界的有界区域,$P(x,y,z)$,$Q(x,y,z)$,$R(x,y,z)$是在 $\Omega+\Gamma$ 上连续的,在 Ω 内具有一阶连续偏导数的任意函数,则成立如下的**高斯**公式

$$\begin{aligned}&\iiint\limits_{\Omega}\left(\frac{\partial P}{\partial x}+\frac{\partial Q}{\partial y}+\frac{\partial R}{\partial z}\right)\mathrm{d}V\\&=\iint\limits_{\Gamma}[P\cos(\boldsymbol{n},x)+Q\cos(\boldsymbol{n},y)+R\cos(\boldsymbol{n},z)]\mathrm{d}S,\end{aligned} \tag{4.6}$$

其中 $\mathrm{d}V$ 是体积元素,$\boldsymbol{n}$ 是 Γ 的外法向量,$\mathrm{d}S$ 是 Γ 上的面积元素.

下面来推导公式(4.6)的两个推论.

设函数 $u(x,y,z)$和 $v(x,y,z)$在 $\Omega+\Gamma$ 上具有一阶连续偏导数,在 Ω 内具有连续的所有二阶偏导数,在(4.6)中令

$$P=u\frac{\partial v}{\partial x},\quad Q=u\frac{\partial v}{\partial y},\quad R=u\frac{\partial v}{\partial z},$$

则有

$$\begin{aligned}&\iiint\limits_{\Omega}(u\Delta v)\mathrm{d}V+\iiint\limits_{\Omega}\left(\frac{\partial u}{\partial x}\frac{\partial v}{\partial x}+\frac{\partial u}{\partial y}\frac{\partial v}{\partial y}+\frac{\partial u}{\partial z}\frac{\partial v}{\partial z}\right)\mathrm{d}V\\&=\iint\limits_{\Gamma}u\frac{\partial v}{\partial n}\mathrm{d}S,\end{aligned}$$

或

$$\iiint\limits_{\Omega}(u\Delta v)\mathrm{d}V=\iint\limits_{\Gamma}u\frac{\partial v}{\partial n}\mathrm{d}S-\iiint\limits_{\Omega}\mathbf{grad}\,u\cdot\mathbf{grad}\,v\mathrm{d}V. \tag{4.7}$$

(4.7)式称为**第一格林(Green)公式**.

在公式(4.7)中交换 u,v 位置,则得

$$\iiint_{\Omega}(v\Delta u)\,\mathrm{d}V=\iint_{\Gamma}v\frac{\partial u}{\partial n}\mathrm{d}S-\iiint_{\Omega}\mathbf{grad}\,v\cdot\mathbf{grad}\,u\,\mathrm{d}V. \tag{4.8}$$

将(4.7)与(4.8)式相减得到

$$\iiint_{\Omega}(u\Delta v-v\Delta u)\,\mathrm{d}V=\iint_{\Gamma}\left(u\frac{\partial v}{\partial n}-v\frac{\partial u}{\partial n}\right)\mathrm{d}S. \tag{4.9}$$

(4.9)式称为**第二格林公式**.

利用格林公式我们可以推出调和函数的一些基本性质.

(i) 调和函数的积分表达式

所谓调和函数的积分表达式,就是用调和函数及其在区域边界 Γ 上的法向导数沿 Γ 的积分来表达调和函数在 Ω 内任一点的值.

设 $M_0(x_0,y_0,z_0)$ 是 Ω 内某一固定点,现在我们就来求调和函数在这点的值.为此,构造一个函数

$$v=\frac{1}{r}=\frac{1}{\sqrt{(x-x_0)^2+(y-y_0)^2+(z-z_0)^2}}. \tag{4.10}$$

函数$\frac{1}{r}$除点 M_0 外处处满足拉普拉斯方程,它在研究三维拉普拉斯方程中起着重要的作用,通常称它为三维拉普拉斯方程的**基本解**①.由于 $v=\frac{1}{r}$在 Ω 内有奇异点 M_0,我们作一个以 M_0 为球心、以充分小的正数 ε 为半径的球面 Γ_ε,在 Ω 内挖去 Γ_ε 所包围的球域 K_ε 得到区域 $\Omega-K_\varepsilon$(图 4-1),在 $\Omega-K_\varepsilon$ 内直至边界上 $v=\frac{1}{r}$是任意次连续可微的.在公式(4.9)中取 u 为调和函数,并假定它在 $\Omega+\Gamma$ 上有一阶连续偏导数,而取 $v=\frac{1}{r}$,并以 $\Omega-K_\varepsilon$ 代替该公式中的 Ω,得

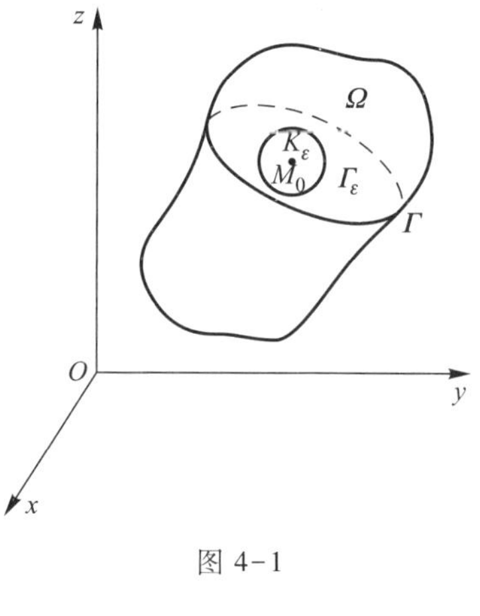

图 4-1

① 有的书中把三维拉普拉斯方程的基本解定义为$\frac{1}{4\pi r}$,为表达清楚写成$\frac{1}{4\pi r_{MM_0}}$.而二维拉普拉斯方程的基本解为$\frac{1}{2\pi}\ln\frac{1}{r_{MM_0}}$.

$$\iiint\limits_{\Omega-K_\varepsilon}\left(u\Delta\frac{1}{r}-\frac{1}{r}\Delta u\right)\mathrm{d}V=\iint\limits_{\Gamma+\Gamma_\varepsilon}\left[u\frac{\partial\left(\frac{1}{r}\right)}{\partial n}-\frac{1}{r}\frac{\partial u}{\partial n}\right]\mathrm{d}S, \tag{4.11}$$

因为在 $\Omega-K_\varepsilon$ 内 $\Delta u=0,\Delta\frac{1}{r}=0$.而在球面 Γ_ε 上

$$\frac{\partial\left(\frac{1}{r}\right)}{\partial n}=-\frac{\partial\left(\frac{1}{r}\right)}{\partial r}=\frac{1}{r^2}=\frac{1}{\varepsilon^2},$$

因此

$$\iint\limits_{\Gamma_\varepsilon}u\frac{\partial\left(\frac{1}{r}\right)}{\partial n}\mathrm{d}S=\frac{1}{\varepsilon^2}\iint\limits_{\Gamma_\varepsilon}u\mathrm{d}S=\frac{1}{\varepsilon^2}\overline{u}\cdot 4\pi\varepsilon^2=4\pi\overline{u},$$

其中 $\overline{u}$ 是函数 u 在球面 Γ_ε 上的平均值.

同理可得

$$\iint\limits_{\Gamma_\varepsilon}\frac{1}{r}\frac{\partial u}{\partial n}\mathrm{d}S=\frac{1}{\varepsilon}\iint\limits_{\Gamma_\varepsilon}\frac{\partial u}{\partial n}\mathrm{d}S=4\pi\varepsilon\overline{\left(\frac{\partial u}{\partial n}\right)},$$

此处$\overline{\left(\frac{\partial u}{\partial n}\right)}$是$\frac{\partial u}{\partial n}$在球面 Γ_ε 上的平均值.将此两式代入(4.11)可得

$$\iint\limits_{\Gamma}\left[u\frac{\partial}{\partial n}\left(\frac{1}{r}\right)-\frac{1}{r}\frac{\partial u}{\partial n}\right]\mathrm{d}S+4\pi\overline{u}-4\pi\varepsilon\overline{\left(\frac{\partial u}{\partial n}\right)}=0.$$

现在令 $\varepsilon\to 0$, 由于 $\lim\limits_{\varepsilon\to 0}\overline{u}=u(M_0)$ (因为 $u(x,y,z)$ 是连续函数),
$\lim\limits_{\varepsilon\to 0}4\pi\varepsilon\overline{\left(\frac{\partial u}{\partial n}\right)}=0$ (因为 $u(x,y,z)$ 是一阶连续可微的,故$\frac{\partial u}{\partial n}$有界),则得

$$u(M_0)=-\frac{1}{4\pi}\iint\limits_{\Gamma}\left[u(M)\frac{\partial}{\partial n}\left(\frac{1}{r_{MM_0}}\right)-\frac{1}{r_{MM_0}}\frac{\partial u(M)}{\partial n}\right]\mathrm{d}S, \tag{4.12}$$

此处为明确起见,我们将 $r=\sqrt{(x-x_0)^2+(y-y_0)^2+(z-z_0)^2}$ 记成了 r_{MM_0}.

(4.12)说明,对于在 $\Omega+\Gamma$ 上有连续一阶偏导数的调和函数 u,它在区域 Ω 内任一点 M_0 的值,可通过积分表达式(4.12)用这个函数在区域边界 Γ 上的值

及其在 Γ 上的法向导数来表示①.

(ii) 诺伊曼内问题有解的必要条件

设 u 是在以 Γ 为边界的区域 Ω 内的调和函数,在 $\Omega+\Gamma$ 上有一阶连续偏导数,则在公式(4.9)中取 u 为所给的调和函数,取 $v\equiv 1$,就得到

$$\iint_{\Gamma}\frac{\partial u}{\partial n}\mathrm{d}S=0, \tag{4.13}$$

由(4.13)可得诺伊曼内问题 $\left(\left.\dfrac{\partial u}{\partial n}\right|_{\Gamma}=f\right)$ 有解的必要条件为函数 f 满足

$$\iint_{\Gamma}f\mathrm{d}S=0. \tag{4.14}$$

事实上,这个条件也是诺伊曼内问题有解的充分条件,这里就不再深究了.

(iii) 平均值公式

设函数 $u(M)$ 在某区域 Ω 内是调和的,M_0 是 Ω 内任一点,K_a 表示以 M_0 为球心、以 a 为半径且完全落在区域 Ω 内部的球面,则成立下列平均值公式

$$u(M_0)=\frac{1}{4\pi a^2}\iint_{K_a}u\mathrm{d}S. \tag{4.15}$$

要证明这个公式,只要将公式(4.12)应用于球面 K_a,并注意在 K_a 上 $\dfrac{1}{r}=\dfrac{1}{a}$,$\dfrac{\partial}{\partial n}\left(\dfrac{1}{r}\right)=\dfrac{\partial}{\partial r}\left(\dfrac{1}{r}\right)=-\dfrac{1}{a^2}$,以及

$$\iint_{K_a}\frac{1}{r}\frac{\partial u}{\partial n}\mathrm{d}S=\frac{1}{a}\iint_{K_a}\frac{\partial u}{\partial n}\mathrm{d}S=0$$

即可.

(iv) 拉普拉斯方程解的唯一性问题

---

① 上面的推导是假定点 $M_0(x_0,y_0,z_0)$ 在区域 Ω 内,如果 M_0 在 Ω 外或 M_0 在边界 Γ 上,我们也可用同样方法推得另外两个式子,把它们合并在一起可得

$$-\iint_{\Gamma}\left[u\frac{\partial}{\partial n}\left(\frac{1}{r}\right)-\frac{1}{r}\frac{\partial u}{\partial n}\right]\mathrm{d}S=\begin{cases}0, & \text{若 } M_0 \text{ 在 } \Omega \text{ 外},\\ 2\pi u(M_0), & \text{若 } M_0 \text{ 在 } \Gamma \text{ 上},\\ 4\pi u(M_0), & \text{若 } M_0 \text{ 在 } \Omega \text{ 内}.\end{cases}$$

同样,若 u 不是调和函数,只要它在 $\Omega+\Gamma$ 上有一阶连续偏导数,而在 Ω 内有二阶连续偏导数,且 $\Delta u=F$,我们可以得到类似的公式

$$u(M_0)=-\frac{1}{4\pi}\iint_{\Gamma}\left[u(M)\frac{\partial}{\partial n}\left(\frac{1}{r_{MM_0}}\right)-\frac{1}{r_{MM_0}}\frac{\partial u(M)}{\partial n}\right]\mathrm{d}S-\frac{1}{4\pi}\iiint_{\Omega}\frac{F(M)}{r_{MM_0}}\mathrm{d}V.$$

现在我们利用格林公式讨论拉普拉斯方程解的唯一性问题，将证明如下的结论：狄利克雷问题在$C^1(\overline{\Omega})\cap C^2(\Omega)$内的解是唯一确定的，诺伊曼问题的解除了相差一常数外也是唯一确定的.

以u_1,u_2表示定解问题的两个解，则它们的差$v=u_1-u_2$必是原问题满足零边界条件的解.对于狄利克雷问题，v满足

$$\begin{cases}\Delta v=0,\text{在 }\Omega\text{ 内},\\ v\Big|_{\Gamma}=0.\end{cases}\tag{4.16}$$

对于诺伊曼问题，v满足

$$\begin{cases}\Delta v=0,\text{在 }\Omega\text{ 内},\\ \dfrac{\partial v}{\partial n}\Big|_{\Gamma}=0.\end{cases}\tag{4.17}$$

下面来说明满足条件(4.16)的函数v若满足$v\in C^1(\overline{\Omega})$，则在$\Omega$内恒为零；满足条件(4.17)的函数在$\Omega$内为一常数.

事实上，在公式(4.8)中取$u=v=u_1-u_2$，则得

$$0=\iint_{\Gamma}v\frac{\partial v}{\partial n}\mathrm{d}S-\iiint_{\Omega}|\mathbf{grad}\ v|^2\mathrm{d}V.$$

由条件(4.16)或(4.17)得

$$\iiint_{\Omega}|\mathbf{grad}\ v|^2\mathrm{d}V=0,$$

故在Ω内必有

$$|\mathbf{grad}\ v|\equiv 0,$$

即

$$\frac{\partial v}{\partial x}=\frac{\partial v}{\partial y}=\frac{\partial v}{\partial z}\equiv 0,$$

或

$$v\equiv C.$$

对于狄利克雷问题，由$v\Big|_{\Gamma}=0$，得$C=0$，故$v=0$.

需要注意的是，这里我们仅证明了狄利克雷问题在$C^1(\overline{\Omega})\cap C^2(\Omega)$内的解是唯一的，其所以要假定解$u\in C^1(\overline{\Omega})$，只是为了应用格林公式(4.9).其实这个要求是多余的，利用调和函数的极值原理，可以证明狄利克雷问题在

$C(\overline{\Omega})\cap C^2(\Omega)$内的解是唯一的.

§4.3 格林函数

公式(4.12)说明了一个调和函数可以用这个函数在边界上的值及其在边界上的法向导数来确定它在区域Ω内的值.但这个公式不能直接提供狄利克雷问题或诺伊曼问题的解,因为公式中既包含了$u\Big|_\Gamma$又包含了$\dfrac{\partial u}{\partial n}\Big|_\Gamma$.对于狄利克雷问题而言,$u\Big|_\Gamma$是已知的,但$\dfrac{\partial u}{\partial n}\Big|_\Gamma$不知道,并且由解的唯一性可知,当给定了$u\Big|_\Gamma$以后就不能再任意给定$\dfrac{\partial u}{\partial n}\Big|_\Gamma$.所以要想从(4.12)得到狄利克雷问题的解,就必须消去$\dfrac{\partial u}{\partial n}\Big|_\Gamma$,这就需要引进格林函数的概念.

在格林公式(4.9)中取u,v均为Ω内的调和函数,且在$\overline{\Omega}$上有连续的一阶偏导数,则得

$$0=\iint_\Gamma\left(v\frac{\partial u}{\partial n}-u\frac{\partial v}{\partial n}\right)\mathrm{d}S. \tag{4.18}$$

将(4.12)与(4.18)相减得

$$u(M_0)=\iint_\Gamma\left\{u\left[\frac{\partial v}{\partial n}-\frac{1}{4\pi}\frac{\partial}{\partial n}\left(\frac{1}{r_{MM_0}}\right)\right]+\left(\frac{1}{4\pi r_{MM_0}}-v\right)\frac{\partial u}{\partial n}\right\}\mathrm{d}S. \tag{4.19}$$

如果能选取调和函数v,使满足

$$v\Big|_\Gamma=\frac{1}{4\pi r_{MM_0}}\Big|_\Gamma, \tag{4.20}$$

则(4.19)中的$\dfrac{\partial u}{\partial n}\Big|_\Gamma$项就消失了,于是有

$$u(M_0)=-\iint_\Gamma u\frac{\partial}{\partial n}\left(\frac{1}{4\pi r_{MM_0}}-v\right)\mathrm{d}S. \tag{4.21}$$

令

$$G(M,M_0)=\frac{1}{4\pi r_{MM_0}}-v, \tag{4.22}$$

则(4.21)可表为

$$u(M_0)=-\iint_{\Gamma} u\frac{\partial G}{\partial n}\mathrm{d}S.$$

$G(M,M_0)$被称为拉普拉斯方程的**格林函数**.如果格林函数$G(M,M_0)$表达式中的调和函数v一经求得,并且它在闭区域$\overline{\Omega}$上存在连续的一阶偏导数,则狄利克雷问题

$$\begin{cases}\Delta u=0, & 在\ \Omega\ 内,\\ u\Big|_{\Gamma}=f(M)\end{cases}$$

的解若存在(且在$\overline{\Omega}$上是一次连续可微的),这个解必然能表示为

$$u(M_0)=-\iint_{\Gamma} f(M)\frac{\partial G}{\partial n}\mathrm{d}S. \tag{4.23}$$

对于泊松方程的狄利克雷问题

$$\begin{cases}\Delta u=F,在\ \Omega\ 内,\\ u\Big|_{\Gamma}=f\end{cases}$$

而言,若存在在$\overline{\Omega}$上一次连续可微的解①,这个解必能表示为

$$u(M_0)=-\iint_{\Gamma} f(M)\frac{\partial G}{\partial n}\mathrm{d}S-\iiint_{\Omega} GF\mathrm{d}V.$$

这样一来,对任意函数f求解拉普拉斯方程或泊松方程的狄利克雷问题就转化为求此区域内的格林函数.从(4.20)可知,确定格林函数又必须解一个特殊的狄利克雷问题

$$\begin{cases}\Delta v=0,在\ \Omega\ 内,\\ v\Big|_{\Gamma}=\dfrac{1}{4\pi r_{MM_0}}\Big|_{\Gamma}.\end{cases} \tag{4.24}$$

虽然对于一般的区域,求解问题(4.24)也不是一件容易的事,但公式(4.23)还是有重要意义的,因为:(1) 格林函数仅依赖于区域,而与原定解问题中所给的边界条件无关,只要求得了某个区域的格林函数,就能一劳永逸地解决这个区域上的一切边界条件的狄利克雷问题;(2) 对于某些特殊的区域,如球、半空间等,格林函数可以用初等方法求得.

格林函数在静电学中有明显的物理意义.设在闭曲面Γ内一点M_0处放一

---

① 这里要求解u在$\overline{\Omega}$上一次连续可微,也只是为了应用格林公式,不是狄利克雷问题本身的要求,因此,在未做综合工作之前,这个解只是狄利克雷问题的形式解.

个单位正电荷,则它在 Γ 面内侧感应有一定分布密度的负电荷,而在 Γ 外侧分布有相应的正电荷.如果曲面 Γ 是导体并接地,则外侧正电荷就消失,且电位为零.这时 Γ 内任意一点 M 的电位是由两种电荷产生的,一是在点 M_0 处单位正电荷,由它产生的电位为 $\dfrac{1}{4\pi r_{MM_0}}$ $\Bigg($ 在国际单位制中,这个电位应为 $\dfrac{1}{4\pi\varepsilon r_{MM_0}}$,此处为了方便,取介质的介电常量 $\varepsilon=1$ $\Bigg)$,二是在 Γ 内感应的负电荷,由它产生的电位为 v,v 是定解问题(4.24)的解.因此格林函数就是导电曲面 Γ 内的电位.

§4.4　两种特殊区域的格林函数及狄利克雷问题的解

从(4.23)可知,对于一个由曲面 Γ 所围成的区域 Ω,只要求出了它的格林函数,则在这个区域内狄利克雷问题的解就能以积分形式表示出来.对于某些特殊的区域,它的格林函数可以用**电像法**求得.所谓电像法就是在区域 Ω 外找出 M_0 关于边界 Γ 的像点 M_1,然后在这个像点放置适当的负电荷,由它产生的负电位与点 M_0 处单位正电荷所产生的正电位在曲面 Γ 上互相抵消,由于 M_0 在 Γ 内部,它关于 Γ 的像点 M_1 则在 Γ 的外部,所以,放在 M_1 处的点电荷所形成的电场的电位在 Γ 内部是调和函数 v,而且根据要求,有 $v\Big|_{\Gamma}=\dfrac{1}{4\pi r_{MM_0}}\Big|_{\Gamma}$,故在 M_0 与 M_1 处两个点电荷所形成电场在 Γ 内的电位就是所要求的格林函数.下面以半空间、球域为例说明电像法的应用.

4.4.1　半空间的格林函数

求解拉普拉斯方程在半空间 $z\geqslant 0$ 内的狄利克雷问题,就是求函数 $u(x,y,z)$ 使适合

$$\begin{cases}\dfrac{\partial^2 u}{\partial x^2}+\dfrac{\partial^2 u}{\partial y^2}+\dfrac{\partial^2 u}{\partial z^2}=0, & z>0,\\ u\Big|_{z=0}=f(x,y), & -\infty<x,y<+\infty.\end{cases}\tag{4.25}$$

首先找格林函数 $G(M,M_0)$,在半空间 $z>0$ 的点 $M_0(x_0,y_0,z_0)$ 置单位正电荷,并找出 M_0 关于 $z=0$ 平面的对称点 $M_1(x_0,y_0,-z_0)$ (图 4-2),在点 M_1 置单

位负电荷,则它与点 M_0 的单位正电荷所产生的电位在平面 $z=0$ 上互相抵消.

由于$\frac{1}{4\pi}\frac{1}{r_{MM_1}}$在上半空间 $z>0$ 内为调和函数,在闭域 $z\geqslant 0$ 上具有连续的一阶偏导数,因此

$$G(M,M_0)=\frac{1}{4\pi}\left(\frac{1}{r_{MM_0}}-\frac{1}{r_{MM_1}}\right) \quad (4.26)$$

就是半空间 $z>0$ 的格林函数.

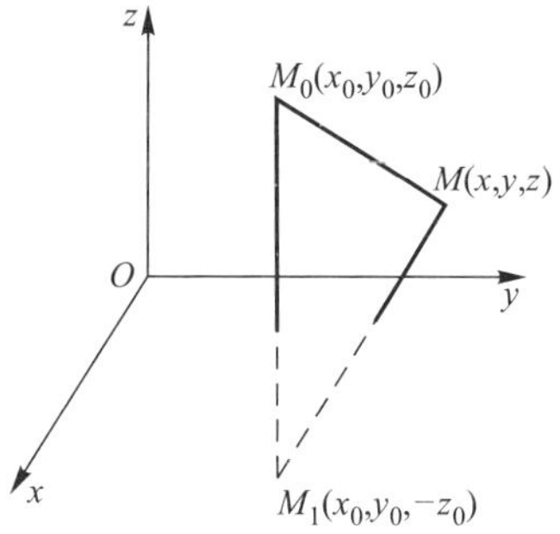

图 4-2

为了求得(4.25)的解,计算$\left.\frac{\partial G}{\partial n}\right|_{z=0}$,由于在平面 $z=0$ 上的外法线方向是 Oz 轴的负向,所以有

$$\begin{aligned}\left.\frac{\partial G}{\partial n}\right|_{z=0}&=-\left.\frac{\partial G}{\partial z}\right|_{z=0}\\&=\frac{1}{4\pi}\left\{\frac{z-z_0}{[(x-x_0)^2+(y-y_0)^2+(z-z_0)^2]^{\frac{3}{2}}}\right.\\&\qquad\left.-\frac{z+z_0}{[(x-x_0)^2+(y-y_0)^2+(z+z_0)^2]^{\frac{3}{2}}}\right\}_{z=0}\\&=-\frac{1}{2\pi}\frac{z_0}{[(x-x_0)^2+(y-y_0)^2+z_0^2]^{\frac{3}{2}}},\end{aligned} \quad (4.27)$$

将(4.27)代入(4.23)中,得到问题(4.25)的解[①]为

$$\begin{aligned}&u(x_0,y_0,z_0)\\&=\frac{1}{2\pi}\int_{-\infty}^{+\infty}\int_{-\infty}^{+\infty}\frac{z_0}{[(x-x_0)^2+(y-y_0)^2+z_0^2]^{\frac{3}{2}}}f(x,y)\,\mathrm{d}x\mathrm{d}y.\end{aligned} \quad (4.28)$$

4.4.2 球域的格林函数

设有一球心在原点、半径为 R 的球面 Γ,在球内任取一点$M_0(r_{OM_0}=\rho_0)$,连 OM_0 并延长至 M_1 使 $r_{OM_0}\cdot r_{OM_1}=R^2$,点 M_1 称为 M_0 关于球面 Γ 的**反演点**(图 4-3).以 ρ_1 表示 r_{OM_1},则

---

① 这里所考虑的区域为无限域,只要函数 $u(x,y,z)$ 在无穷远处满足如下条件:当 $r\geqslant r_0$ 时,$|u|<\frac{A}{r}$,$\left|\frac{\partial u}{\partial x}\right|<\frac{A}{r^2}$,$\left|\frac{\partial u}{\partial y}\right|<\frac{A}{r^2}$,$\left|\frac{\partial u}{\partial z}\right|<\frac{A}{r^2}$,则公式(4.23)对于包含无穷远点的区域仍成立.

$$\rho_0\rho_1=R^2.$$

在 M_0 放置单位正电荷，在 M_1 放置 q 单位的负电荷，我们要适当选择 q 的值，使得这两个电荷所产生的电位在球面 Γ 上相互抵消，即

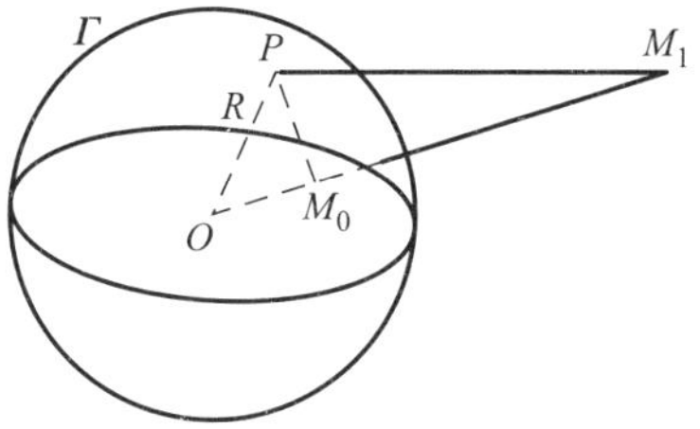

图 4-3

$$\frac{1}{4\pi r_{M_0P}}=\frac{q}{4\pi r_{M_1P}},$$

或

$$q=\frac{r_{M_1P}}{r_{M_0P}},$$

其中 P 是球面 Γ 上任一点.由于 $\triangle OM_1P$ 与 $\triangle OM_0P$ 在点 O 有公共角，且夹这角的两边成比例 $\frac{\rho_0}{R}=\frac{R}{\rho_1}$，因此这两个三角形是相似的，从而有

$$\frac{r_{M_1P}}{r_{M_0P}}=\frac{R}{\rho_0},$$

故

$$q=\frac{R}{\rho_0}.$$

即只要在点 M_1 处放置 R/ρ_0 单位的负电荷，由它所形成电场的电位 $v=\frac{R}{4\pi\rho_0 r_{M_1M}}$ 不仅在 Γ 所围成的球域 Ω 的内部是调和函数，在 $\Omega+\Gamma$ 上一次连续可微，而且在 Γ 上满足

$$\left.\frac{1}{4\pi r_{M_0M}}\right|_{\Gamma}=\left.\frac{R}{4\pi\rho_0 r_{M_1M}}\right|_{\Gamma},$$

即

$$\frac{1}{4\pi}\left(\frac{1}{r_{M_0P}}-\frac{R}{\rho_0 r_{M_1P}}\right)=0. \tag{4.29}$$

所以，球域的格林函数为

$$G(M,M_0)=\frac{1}{4\pi}\left(\frac{1}{r_{M_0M}}-\frac{R}{\rho_0 r_{M_1M}}\right). \tag{4.30}$$

现在利用格林函数求球域内的狄利克雷问题

$$\begin{cases}\Delta u=0, \text{在 } \Gamma \text{ 内部},\\ \left.u\right|_{\Gamma}=f\end{cases}$$

的解.为此,我们要算出$\left.\frac{\partial G}{\partial n}\right|_{\Gamma}$,注意到

$$\frac{1}{r_{MM_0}}=\frac{1}{\sqrt{\rho_0^2+\rho^2-2\rho\rho_0\cos\gamma}},$$

$$\frac{1}{r_{MM_1}}=\frac{1}{\sqrt{\rho_1^2+\rho^2-2\rho_1\rho\cos\gamma}},$$

其中$\rho=r_{OM}$,γ是OM_0与OM的夹角(当然也是OM_1与OM的夹角),于是

$$G(M,M_0)=\frac{1}{4\pi}\left(\frac{1}{\sqrt{\rho_0^2+\rho^2-2\rho_0\rho\cos\gamma}}-\frac{R}{\sqrt{\rho^2\rho_0^2-2R^2\rho\rho_0\cos\gamma+R^4}}\right)$$

$$(\rho_0\rho_1=R^2),$$

在球面Γ上,

$$\left.\frac{\partial G}{\partial n}\right|_{\Gamma}=\left.\frac{\partial G}{\partial \rho}\right|_{\rho=R}$$

$$=-\frac{1}{4\pi}\left[\frac{\rho-\rho_0\cos\gamma}{(\rho^2+\rho_0^2-2\rho_0\rho\cos\gamma)^{\frac{3}{2}}}-\frac{(\rho_0^2\rho-R^2\rho_0\cos\gamma)R}{(\rho_0^2\rho^2-2R^2\rho\rho_0\cos\gamma+R^4)^{\frac{3}{2}}}\right]_{\rho=R}$$

$$=-\frac{1}{4\pi R}\frac{R^2-\rho_0^2}{(R^2+\rho_0^2-2R\rho_0\cos\gamma)^{\frac{3}{2}}},$$

代入(4.23)可得球内狄利克雷问题的解为

$$u(M_0)=\frac{1}{4\pi R}\iint_{\Gamma}\frac{R^2-\rho_0^2}{(R^2+\rho_0^2-2R\rho_0\cos\gamma)^{\frac{3}{2}}}f\mathrm{d}S, \tag{4.31}$$

或写成球坐标的形式

$$u(\rho_0,\theta_0,\varphi_0)=\frac{R}{4\pi}\int_0^{2\pi}\int_0^{\pi}f(R,\theta,\varphi)\frac{R^2-\rho_0^2}{(R^2+\rho_0^2-2R\rho_0\cos\gamma)^{\frac{3}{2}}}\sin\theta\mathrm{d}\theta\mathrm{d}\varphi, \tag{4.32}$$

其中$(\rho_0,\theta_0,\varphi_0)$为点$M_0$的坐标,$(R,\theta,\varphi)$是球面$\Gamma$上点$P$的坐标,$\cos\gamma$是$OM_0$与$OP$夹角的余弦.因为向量$OM_0$,$OP$的方向余弦分别为

$$(\sin\theta_0\cos\varphi_0,\ \sin\varphi_0\sin\theta_0,\ \cos\theta_0)$$

与

$$(\sin\theta\cos\varphi,\ \sin\theta\sin\varphi,\ \cos\theta),$$

所以

$$\begin{aligned}\cos\gamma &= \cos\theta\cos\theta_0+\sin\theta\sin\theta_0(\sin\varphi\sin\varphi_0+\cos\varphi\cos\varphi_0)\\ &= \cos\theta\cos\theta_0+\sin\theta\sin\theta_0\cos(\varphi-\varphi_0).\end{aligned}$$

公式(4.31)或(4.32)称为球的**泊松公式**.

以上的推导都是形式上的,即在假定定解问题有解的条件下得到解的表达式,至于(4.28)与(4.32)是否就是相应定解问题的解,还应加以验证.这个验证过程我们就略去了,有兴趣的读者可查阅其他的书籍.

习 题 四

1. 证明平面上的格林公式

$$\iint_D (v\Delta u - u\Delta v)\,\mathrm{d}\sigma = \int_C \left(v\frac{\partial u}{\partial n} - u\frac{\partial v}{\partial n}\right)\mathrm{d}s,$$

其中 C 是闭区域 D 的边界曲线,$\mathrm{d}s$ 是弧微分.

2. 验证 $u=\ln\dfrac{1}{\rho}$是二维拉普拉斯方程的解(称为基本解),其中

$$\rho=\sqrt{(x-x_0)^2+(y-y_0)^2}.$$

3. 在二维情况,建立调和函数类似于公式(4.12)的积分表达式.

4. 试定义二维拉普拉斯方程边值问题的格林函数,并导出类似于(4.23)的平面上狄利克雷问题解的表达式.

5. 求证圆域 $x^2+y^2\leqslant R^2$ 的格林函数为

$$G(M,M_0)=\frac{1}{2\pi}\left(\ln\frac{1}{r_{MM_0}}-\ln\frac{R}{\rho_0}\frac{1}{r_{MM_1}}\right),$$

并由此推出圆内狄利克雷问题的泊松公式(2.36).

6. 用二维问题的格林函数法求下列上半平面狄利克雷问题的解:

$$\begin{cases}\dfrac{\partial^2 u}{\partial x^2}+\dfrac{\partial^2 u}{\partial y^2}=0, & -\infty<x<+\infty,\ y>0,\\ u\Big|_{y=0}=\varphi(x), & -\infty<x<+\infty.\end{cases}$$

第五章　贝塞尔函数

在第二章中,我们用分离变量法求解了一些定解问题.从 §2.3可以看出,在我们采用极坐标系以后,经过分离变量就会出现变系数的线性常微分方程.在那里,由于我们只考虑圆盘在稳恒状态下的温度分布,所以得到了欧拉方程.如果我们不是考虑稳恒状态而是考虑瞬时状态,就会得到一种特殊类型的常微分方程.本章我们将通过在柱坐标系中对定解问题进行分离变量,引出在 §2.6 中曾指出过的贝塞尔方程,并讨论这个方程解的一些性质.下面将要看到,在一般情况下,贝塞尔方程的解不能用初等函数表出,从而就导入一类特殊函数,称为贝塞尔函数.贝塞尔函数具有一系列性质,在求解数学物理问题时主要是引用它的正交完备性.

§5.1　贝塞尔方程的引出

下面我们以圆盘的瞬时温度分布为例推导出贝塞尔方程.设有半径为 R 的薄圆盘,其侧面绝缘,若圆盘边界上的温度恒保持为零摄氏度,且初始温度为已知,求圆盘内的瞬时温度分布规律.

这个问题可以归结为求解下述定解问题:

$$
\begin{cases}
\dfrac{\partial u}{\partial t}=a^2\left(\dfrac{\partial^2 u}{\partial x^2}+\dfrac{\partial^2 u}{\partial y^2}\right),\ x^2+y^2<R^2,t>0, & (5.1)\\
u\Big|_{t=0}=\varphi(x,y),\ x^2+y^2\leqslant R^2, & (5.2)\\
u\Big|_{x^2+y^2=R^2}=0. & (5.3)
\end{cases}
$$

用分离变量法解这个问题,先令

$$u(x,y,t)=V(x,y)T(t),$$

代入方程(5.1)得

$$VT'=a^2\left(\frac{\partial^2 V}{\partial x^2}+\frac{\partial^2 V}{\partial y^2}\right)T$$

或

$$\frac{T'}{a^2T}=\frac{\dfrac{\partial^2 V}{\partial x^2}+\dfrac{\partial^2 V}{\partial y^2}}{V}=-\lambda \quad (\lambda>0).$$

由此我们得到下面关于函数 $T(t)$ 和 $V(x,y)$ 的方程

$$T'(t)+a^2\lambda T(t)=0, \tag{5.4}$$

$$\frac{\partial^2 V}{\partial x^2}+\frac{\partial^2 V}{\partial y^2}+\lambda V=0. \tag{5.5}$$

从(5.4)得

$$T(t)=Ae^{-a^2\lambda t}.$$

方程(5.5)称为**亥姆霍兹**(Helmholtz)**方程**.为了求出这个方程满足条件

$$V\Big|_{x^2+y^2=R^2}=0 \tag{5.6}$$

的非零解,我们引用平面上的极坐标系,将方程(5.5)与条件(5.6)写成极坐标形式得

$$\begin{cases}\dfrac{\partial^2 V}{\partial \rho^2}+\dfrac{1}{\rho}\dfrac{\partial V}{\partial \rho}+\dfrac{1}{\rho^2}\dfrac{\partial^2 V}{\partial \theta^2}+\lambda V=0,\ 0<\rho<R,0\leqslant\theta\leqslant 2\pi, & (5.7)\\ V\Big|_{\rho=R}=0,\quad 0\leqslant\theta\leqslant 2\pi. & (5.8)\end{cases}$$

再令

$$V(\rho,\theta)=P(\rho)\Theta(\theta),$$

代入(5.7)并分离变量可得

$$\Theta''(\theta)+\mu\Theta(\theta)=0, \tag{5.9}$$

$$\rho^2P''(\rho)+\rho P'(\rho)+(\lambda\rho^2-\mu)P(\rho)=0. \tag{5.10}$$

由于 $u(x,y,t)$ 是单值函数,所以 $V(x,y)$ 也必是单值的,因此$\Theta(\theta)$应该是以 2π 为周期的周期函数,这就决定了 μ 只能等于如下的数:

$$0,1^2,2^2,\cdots,n^2,\cdots.$$

对应于 $\mu_n=n^2$,有

$$\Theta_0(\theta)=\frac{a_0}{2}\ (\text{为常数}),$$

$$\Theta_n(\theta)=a_n\cos n\theta+b_n\sin n\theta\quad (n=1,2,\cdots).$$

以 $\mu_n=n^2$ 代入(5.10)得

$$\rho^2 P''(\rho)+\rho P'(\rho)+(\lambda\rho^2-n^2)P(\rho)=0, \tag{5.11}$$

这个方程与(2.104)相比,仅仅是两者的自变量和函数的记号有差别,所以,它是 n 阶贝塞尔方程.

若再作代换

$$r=\sqrt{\lambda}\rho,$$

并记

$$F(r)=P\left(\frac{r}{\sqrt{\lambda}}\right),$$

则得

$$r^2F''(r)+rF'(r)+(r^2-n^2)F(r)=0.$$

这是 n 阶**贝塞尔**方程最常见的形式.

由条件(5.8)及温度 u 是有限的,分别可得

$$\begin{cases}P(R)=0,\\ |P(0)|<+\infty.\end{cases} \tag{5.12}$$

因此,原定解问题的最后解决就归结为求贝塞尔方程(5.11)在条件(5.12)下的特征值与特征函数((5.12)中第一个条件是在 $\rho=R$ 处的第一类边界条件,第二个条件是在 $\rho=0$ 处的自然边界条件,由于 $k(\rho)=\rho^2$ 在 $\rho=0$ 处为零,所以在这一点应加自然边界条件).在下一节我们先讨论方程(5.11)的解法,然后在 § 5.5 中再回过头来讨论这个特征值问题.

§ 5.2 贝塞尔方程的求解

在上一节中,我们从解决圆盘的瞬时温度分布问题引出了贝塞尔方程,本节我们来讨论这个方程的解法.按惯例,我们仍以 x 表示自变量,以 y 表示未知函数,则 n 阶贝塞尔方程为

$$x^2\frac{\mathrm{d}^2y}{\mathrm{d}x^2}+x\frac{\mathrm{d}y}{\mathrm{d}x}+(x^2-n^2)y=0, \tag{5.13}$$

其中 n 为任意实数或复数.在本书中 n 只限于实数,且由于方程的系数中出现 n^2 的项,所以在讨论时,不妨暂先假定 $n\geqslant 0$.

设方程(5.13)有一个级数解,其形式为

$$y=x^c(a_0+a_1x+a_2x^2+\cdots+a_kx^k+\cdots)$$

$$= \sum_{k=0}^{\infty} a_k x^{c+k}①, \ a_0 \neq 0, \tag{5.14}$$

其中常数 c 和a_k $(k=0,1,2,\cdots)$可以通过把 y 和它的导数 y',y''代入(5.13)来确定.

将(5.14)及其导数代入(5.13)后得

$$\sum_{k=0}^{\infty} \{[(c+k)(c+k-1)+(c+k)+(x^2-n^2)]a_k x^{c+k}\} = 0.$$

化简后写成

$$(c^2-n^2)a_0x^c+[(c+1)^2-n^2]a_1x^{c+1}$$

$$+\sum_{k=2}^{\infty}\{[(c+k)^2-n^2]a_k+a_{k-2}\}x^{c+k}=0,$$

要上式成为恒等式,必须各个 x 幂的系数全为零,从而得下列各式:

1° $a_0(c^2-n^2)=0$;

2° $a_1[(c+1)^2-n^2]=0$;

3° $[(c+k)^2-n^2]a_k+a_{k-2}=0 \quad (k=2,3,\cdots)$.

由 1°得 $c=\pm n$,代入 2°得 $a_1=0$.现暂取 $c=n$,代入 3°得

4° $a_k=\dfrac{-a_{k-2}}{k(2n+k)}$.

因为 $a_1=0$,由 4°知 $a_1=a_3=a_5=a_7=\cdots=0$,而 $a_2,a_4,a_6,\cdots$都可以用 a_0 表示,即

$$a_2=\frac{-a_0}{2(2n+2)},$$

$$a_4=\frac{a_0}{2\cdot4(2n+2)(2n+4)},$$

$$a_6=\frac{-a_0}{2\cdot4\cdot6(2n+2)(2n+4)(2n+6)},$$

$$\cdots$$

---

① 方程(5.13)是方程

$$y''+\frac{a(x)}{x}y'+\frac{b(x)}{x^2}y=0$$

的一个特例,其中 $a(x),b(x)$ 在 $x=0$ 处可展开成幂级数,这个方程有一个特点,即它的系数在 $x=0$ 处有奇性,故它的解在 $x=0$ 处也可能有奇性,可以证明这个方程至少存在一个形如

$$y(x)=x^r\sum_{m=0}^{\infty}c_m x^m$$

的解.

$$a_{2m}=(-1)^m\frac{a_0}{2\cdot4\cdot6\cdot\cdots\cdot2m(2n+2)(2n+4)\cdots(2n+2m)}$$
$$=\frac{(-1)^m a_0}{2^{2m}m!\ (n+1)(n+2)\cdots(n+m)}.$$

由此知(5.14)的一般项为

$$(-1)^m\frac{a_0x^{n+2m}}{2^{2m}m!\ (n+1)(n+2)\cdots(n+m)},$$

a_0 是一个任意常数,让 a_0 取一个确定的值,就得(5.13)的一个特解.我们把 a_0 取作

$$a_0=\frac{1}{2^n\Gamma(n+1)}①,$$

这样选取 a_0 可使一般项系数中 2 的次数与 x 的次数相同,并可以运用下列恒等式

$$(n+m)(n+m-1)\cdots(n+2)(n+1)\Gamma(n+1)=\Gamma(n+m+1)$$

使分母简化,从而使(5.14)中一般项的系数变成

$$a_{2m}=(-1)^m\frac{1}{2^{n+2m}m!\ \Gamma(n+m+1)},\tag{5.15}$$

这就比较整齐、简单了.

以(5.15)代入(5.14)得到(5.13)的一个特解

$$y_1=\sum_{m=0}^{\infty}(-1)^m\frac{x^{n+2m}}{2^{n+2m}m!\ \Gamma(n+m+1)}\quad(n\geqslant0).$$

用级数的比值判别法(或称达朗贝尔判别法②)可以判定这个级数在整个数轴上绝对收敛.这个无穷级数所确定的函数,称为 n **阶第一类贝塞尔函数**,记作

$$J_n(x)=\sum_{m=0}^{\infty}(-1)^m\frac{x^{n+2m}}{2^{n+2m}m!\ \Gamma(n+m+1)}\quad(n\geqslant0).\tag{5.16}$$

至此,我们就求出了贝塞尔方程的一个特解 $J_n(x)$.

当 n 为正整数或零时,$\Gamma(n+m+1)=(n+m)!$,故有

$$J_n(x)=\sum_{m=0}^{\infty}(-1)^m\frac{x^{n+2m}}{2^{n+2m}m!\ (n+m)!}\quad(n=0,1,2,\cdots).\tag{5.17}$$

取 $c=-n$ 时,用同样方法可得(5.13)的另一特解

① 此处 $\Gamma(n+1)$ 表示 Γ 函数,关于 Γ 函数的定义及性质参见附录 A.

② 参阅《学习指南》2.5.2 中习题 1 的解答.

$$J_{-n}(x)=\sum_{m=0}^{\infty}(-1)^m\frac{x^{-n+2m}}{2^{-n+2m}m!\ \Gamma(-n+m+1)}\quad(n\neq 1,2,\cdots).\tag{5.18}$$

比较(5.16)式与(5.18)式可见，只要在(5.16)的右端把 n 换成 $-n$，即可得到(5.18)式.因此不论 n 是正数还是负数，总可以用(5.16)式统一地表达第一类贝塞尔函数.

当 n 不为整数时，这两个特解 $J_n(x)$ 与 $J_{-n}(x)$ 是线性无关的，由齐次线性常微分方程的通解的结构定理知道，(5.13)的通解为

$$y=AJ_n(x)+BJ_{-n}(x),\tag{5.19}$$

其中 A,B 为两个任意常数.

当然，在 n 不为整数的情况，方程(5.13)的通解除了可以写成(5.19)式以外还可写成其他的形式，只要能够找到该方程另一个与 $J_n(x)$ 线性有关的特解，它与 $J_n(x)$ 就可构成(5.13)的通解，这样的特解是容易找到的.例如，在(5.19)中取 $A=\cot n\pi,B=-\csc n\pi$，则得到(5.13)的一个特解

$$\begin{aligned}Y_n(x)&=\cot n\pi J_n(x)-\csc n\pi J_{-n}(x)\\&=\frac{J_n(x)\cos n\pi-J_{-n}(x)}{\sin n\pi}\quad(n\neq\text{整数}).\end{aligned}\tag{5.20}$$

显然，$Y_n(x)$ 与 $J_n(x)$ 是线性无关的，因此，(5.13)的通解可写成

$$y=AJ_n(x)+BY_n(x).\tag{5.21}$$

由(5.20)式所确定的函数 $Y_n(x)$ 称为**第二类贝塞尔函数**，或称**诺伊曼函数**.

§5.3 当 n 为整数时贝塞尔方程的通解

上一节说明，当 n 不为整数时，贝塞尔方程(5.13)的通解由(5.19)或(5.21)式确定，当 n 为整数时，(5.13)的通解应该是什么样子呢？

首先，我们证明当 n 为整数时，$J_n(x)$ 与 $J_{-n}(x)$ 是线性相关的.事实上，我们不妨设 n 为正整数 N（这不失一般性，因 n 为负整数时，会得到同样的结果），则在(5.18)中，$\dfrac{1}{\Gamma(-N+m+1)}$ 当 $m=0,1,2,\cdots,(N-1)$ 时均为零，这时级数从 $m=N$ 起才开始出现非零项.于是(5.18)可以写成

$$J_{-N}(x)=\sum_{m=N}^{\infty}(-1)^m\frac{x^{-N+2m}}{2^{-N+2m}m!\ \Gamma(-N+m+1)}$$

$$=(-1)^N\left[\frac{x^N}{2^N N!}-\frac{x^{N+2}}{2^{N+2}(N+1)!}+\frac{x^{N+4}}{2^{N+4}(N+2)!\ 2!}+\cdots\right]$$
$$=(-1)^N J_N(x),$$

即 $J_N(x)$ 与 $J_{-N}(x)$ 线性相关，这时 $J_N(x)$ 与 $J_{-N}(x)$ 已不能构成贝塞尔方程的通解了. 为了求出贝塞尔方程的通解，还要求出一个与 $J_N(x)$ 线性无关的特解.

取哪一个特解？自然我们想到第二类贝塞尔函数. 不过当 n 为整数时 (5.20) 的右端没有意义，要想把整数阶贝塞尔方程的通解也写成 (5.21) 的形式，必须先修改第二类贝塞尔函数的定义. 在 n 为整数的情况，我们定义第二类贝塞尔函数为

$$Y_n(x)=\lim_{\alpha\to n}\frac{J_\alpha(x)\cos\alpha\pi-J_{-\alpha}(x)}{\sin\alpha\pi}\ (n\text{ 为整数}). \tag{5.22}$$

由于当 n 为整数时，$J_{-n}(x)=(-1)^n J_n(x)=\cos n\pi J_n(x)$，所以上式右端的极限是“$\dfrac{0}{0}$”形式的不定型的极限，应用**洛必达**法则并经过冗长的推导，最后得到

$$Y_0(x)=\frac{2}{\pi}J_0(x)\left(\ln\frac{x}{2}+c\right)-\frac{2}{\pi}\sum_{m=0}^{\infty}\frac{(-1)^m\left(\frac{x}{2}\right)^{2m}}{(m!)^2}\sum_{k=0}^{m-1}\frac{1}{k+1},$$
$$Y_n(x)=\frac{2}{\pi}J_n(x)\left(\ln\frac{x}{2}+c\right)-\frac{1}{\pi}\sum_{m=0}^{n-1}\frac{(n-m-1)!}{m!}\left(\frac{x}{2}\right)^{-n+2m}$$
$$-\frac{1}{\pi}\sum_{m=0}^{\infty}\frac{(-1)^m\left(\frac{x}{2}\right)^{n+2m}}{m!\ (n+m)!}\left(\sum_{k=0}^{n+m-1}\frac{1}{k+1}+\sum_{k=0}^{m-1}\frac{1}{k+1}\right)$$
$$(n=1,2,3,\cdots), \tag{5.23}$$

其中 $c=\lim\limits_{n\to\infty}\left(1+\frac{1}{2}+\frac{1}{3}+\cdots+\frac{1}{n}-\ln n\right)=0.577\ 2\cdots$，称为**欧拉常数**.

根据这个函数的定义，它确是贝塞尔方程的一个特解，而且与 $J_n(x)$ 是线性无关的（因为当 $x=0$ 时，$J_n(x)$ 为有限值，而 $Y_n(x)$ 为无穷大）.

综合上面所述，不论 n 是否为整数，贝塞尔方程 (5.13) 的通解都可表示为

$$y=AJ_n(x)+BY_n(x),$$

其中 A,B 为任意常数，n 为任意实数.

§5.4　贝塞尔函数的递推公式

不同阶的贝塞尔函数之间不是彼此孤立的，而是有一定的联系，本节我们

来建立反映这种联系的递推公式.

先考虑零阶与一阶贝塞尔函数之间的关系.

在(5.17)中令 $n=0$ 及 $n=1$ 得

$$J_0(x)=1-\frac{x^2}{2^2}+\frac{x^4}{2^4(2!)^2}-\frac{x^6}{2^6(3!)^2}+\cdots+(-1)^k\frac{x^{2k}}{2^{2k}(k!)^2}+\cdots,$$

$$J_1(x)=\frac{x}{2}-\frac{x^3}{2^3\cdot 2!}+\frac{x^5}{2^5\cdot 2!\cdot 3!}-\frac{x^7}{2^7\cdot 3!\cdot 4!}+\cdots+(-1)^k\frac{x^{2k+1}}{2^{2k+1}k!\ (k+1)!}+\cdots.$$

取出第一个级数的第 $k+2$ 项求导数,得

$$\frac{\mathrm{d}}{\mathrm{d}x}(-1)^{k+1}\frac{x^{2k+2}}{2^{2k+2}[(k+1)!]^2}=-(-1)^k\frac{(2k+2)x^{2k+1}}{2^{2k+2}[(k+1)!]^2}=-(-1)^k\frac{x^{2k+1}}{2^{2k+1}k!\ (k+1)!}.$$

这个式子正好是 $J_1(x)$ 中含 x^{2k+1} 这一项的负值,且知 $J_0(x)$ 的第一项导数为零,故得关系式

$$\frac{\mathrm{d}}{\mathrm{d}x}J_0(x)=-J_1(x).\tag{5.24}$$

将 $J_1(x)$ 乘 x 并求导数,又得

$$\begin{aligned}\frac{\mathrm{d}}{\mathrm{d}x}[xJ_1(x)]&=\frac{\mathrm{d}}{\mathrm{d}x}\left[\frac{x^2}{2}-\frac{x^4}{2^3\cdot 2!}+\cdots+(-1)^k\frac{x^{2k+2}}{2^{2k+1}k!\ (k+1)!}+\cdots\right]\\&=x-\frac{x^3}{2^2}+\cdots+(-1)^k\frac{x^{2k+1}}{2^{2k}(k!)^2}+\cdots\\&=x\left[1-\frac{x^2}{2^2}+\cdots+(-1)^k\frac{x^{2k}}{2^{2k}(k!)^2}+\cdots\right],\end{aligned}$$

即

$$\frac{\mathrm{d}}{\mathrm{d}x}[xJ_1(x)]=xJ_0(x).\tag{5.25}$$

以上结果可以推广,现将 $J_n(x)$ 乘 x^n 求导数,得

$$\frac{\mathrm{d}}{\mathrm{d}x}[x^nJ_n(x)]=\frac{\mathrm{d}}{\mathrm{d}x}\sum_{m=0}^{\infty}(-1)^m\frac{x^{2n+2m}}{2^{n+2m}m!\ \Gamma(n+m+1)}$$

$$= x^n \sum_{m=0}^{\infty} (-1)^m \frac{x^{n+2m-1}}{2^{n+2m-1} m!\ \Gamma(n+m)}$$
$$= x^n J_{n-1}(x),$$

即

$$\frac{\mathrm{d}}{\mathrm{d}x}[x^n J_n(x)] = x^n J_{n-1}(x). \tag{5.26}$$

同理可得

$$\frac{\mathrm{d}}{\mathrm{d}x}[x^{-n} J_n(x)] = -x^{-n} J_{n+1}(x). \tag{5.27}$$

将(5.26)和(5.27)两式左端的导数求出来,并经过化简,则分别得

$$xJ_n'(x) + nJ_n(x) = xJ_{n-1}(x),$$

及

$$xJ_n'(x) - nJ_n(x) = -xJ_{n+1}(x).$$

将这两式相减及相加,分别得到

$$J_{n-1}(x) + J_{n+1}(x) = \frac{2}{x} nJ_n(x), \tag{5.28}$$

$$J_{n-1}(x) - J_{n+1}(x) = 2J_n'(x). \tag{5.29}$$

以上几式便是贝塞尔函数的递推公式,它们在有关贝塞尔函数的分析运算中甚为有用.特别值得一提的是,应用(5.28)式可以用较低阶的贝塞尔函数把较高阶的贝塞尔函数表示出来,因此如果我们已有零阶与一阶贝塞尔函数表,则利用此表和(5.28)式,即可计算任意正整数阶的贝塞尔函数的数值.

第二类贝塞尔函数也具有与第一类贝塞尔函数相同的递推公式

$$\begin{cases} \dfrac{\mathrm{d}}{\mathrm{d}x}[x^n Y_n(x)] = x^n Y_{n-1}(x), \\ \dfrac{\mathrm{d}}{\mathrm{d}x}[x^{-n} Y_n(x)] = -x^{-n} Y_{n+1}(x), \\ Y_{n-1}(x) + Y_{n+1}(x) = \dfrac{2n}{x} Y_n(x), \\ Y_{n-1}(x) - Y_{n+1}(x) = 2Y_n'(x). \end{cases} \tag{5.30}$$

作为递推公式的一个应用,我们来考虑半奇数阶的贝塞尔函数,先计算 $J_{\frac{1}{2}}(x)$, $J_{-\frac{1}{2}}(x)$.由(5.16)可得

$$J_{\frac{1}{2}}(x) = \sum_{m=0}^{\infty} \frac{(-1)^m}{m!\ \Gamma\left(\frac{3}{2}+m\right)} \left(\frac{x}{2}\right)^{\frac{1}{2}+2m},$$

而

$$\Gamma\left(\frac{3}{2}+m\right)=\frac{1\cdot 3\cdot 5\cdot \cdots \cdot (2m+1)}{2^{m+1}}\Gamma\left(\frac{1}{2}\right)$$

$$=\frac{1\cdot 3\cdot 5\cdot \cdots \cdot (2m+1)}{2^{m+1}}\sqrt{\pi},$$

从而

$$J_{\frac{1}{2}}(x)=\sqrt{\frac{2}{\pi x}}\sum_{m=0}^{\infty}\frac{(-1)^m}{(2m+1)!}x^{2m+1}=\sqrt{\frac{2}{\pi x}}\sin x. \tag{5.31}$$

同理,可求得

$$J_{-\frac{1}{2}}(x)=\sqrt{\frac{2}{\pi x}}\cos x. \tag{5.32}$$

利用递推公式(5.28)得到

$$J_{\frac{3}{2}}(x)=\frac{1}{x}J_{\frac{1}{2}}(x)-J_{-\frac{1}{2}}(x)=\sqrt{\frac{2}{\pi x}}\left(-\cos x+\frac{1}{x}\sin x\right)$$

$$=-\sqrt{\frac{2}{\pi}}x^{\frac{3}{2}}\cdot\frac{1}{x}\frac{\mathrm{d}}{\mathrm{d}x}\left(\frac{\sin x}{x}\right)$$

$$=-\sqrt{\frac{2}{\pi}}x^{\frac{3}{2}}\left(\frac{1}{x}\frac{\mathrm{d}}{\mathrm{d}x}\right)\left(\frac{\sin x}{x}\right).$$

同理可得

$$J_{-\frac{3}{2}}(x)=\sqrt{\frac{2}{\pi}}x^{\frac{3}{2}}\left(\frac{1}{x}\frac{\mathrm{d}}{\mathrm{d}x}\right)\left(\frac{\cos x}{x}\right).$$

一般地,有

$$\begin{aligned}J_{n+\frac{1}{2}}(x)&=(-1)^n\sqrt{\frac{2}{\pi}}x^{n+\frac{1}{2}}\left(\frac{1}{x}\frac{\mathrm{d}}{\mathrm{d}x}\right)^n\left(\frac{\sin x}{x}\right),\\ J_{-\left(n+\frac{1}{2}\right)}(x)&=\sqrt{\frac{2}{\pi}}x^{n+\frac{1}{2}}\left(\frac{1}{x}\frac{\mathrm{d}}{\mathrm{d}x}\right)^n\left(\frac{\cos x}{x}\right).\end{aligned} \tag{5.33}$$

这里为了简便起见,我们采用了微分算子$\left(\frac{1}{x}\frac{\mathrm{d}}{\mathrm{d}x}\right)^n$,它是算子$\frac{1}{x}\frac{\mathrm{d}}{\mathrm{d}x}$连续作用 n 次的缩写,例如,

$$\left(\frac{1}{x}\frac{\mathrm{d}}{\mathrm{d}x}\right)^2\left(\frac{\sin x}{x}\right)=\frac{1}{x}\frac{\mathrm{d}}{\mathrm{d}x}\left[\frac{1}{x}\frac{\mathrm{d}}{\mathrm{d}x}\left(\frac{\sin x}{x}\right)\right],$$

千万不能把它与$\dfrac{1}{x^n}\dfrac{\mathrm{d}^n}{\mathrm{d}x^n}$混为一谈.

从(5.33)式可以看出,半奇数阶的贝塞尔函数都是初等函数.

§ 5.5　函数展开成贝塞尔函数的级数

利用贝塞尔函数求解数学物理方程的定解问题,最终都要把已知函数按贝塞尔方程的特征函数系进行展开.这一节我们先要说明贝塞尔方程的特征函数系是什么样的函数系,然后证明这个特征函数系是一个正交系.

5.5.1　贝塞尔函数的零点

在 § 5.1 中,我们已将求解圆盘的温度分布问题通过分离变量法转化成求解贝塞尔方程的特征值问题:

$$\begin{cases} r^2P''(r)+rP'(r)+(\lambda r^2-n^2)P(r)=0,0<r<R, & (5.34)\\ P(r)\Big|_{r=R}=0, & (5.35)\\ |P(0)|<+\infty\ (\text{自然边界条件}). & (5.36)\end{cases}$$

方程(5.34)的通解为

$$P(r)=AJ_n(\sqrt{\lambda}\,r)+BY_n(\sqrt{\lambda}\,r),$$

由条件(5.36)可得 $B=0$,即

$$P(r)=AJ_n(\sqrt{\lambda}\,r),$$

利用条件(5.35)得

$$J_n(\sqrt{\lambda}\,R)=0. \tag{5.37}$$

这就说明,为了求出上述特征值问题的特征值 λ,必须要计算 $J_n(x)$的零点.$J_n(x)$有没有实的零点?若存在实的零点,一共有多少个?关于这些问题,有以下几个结论:

1°　$J_n(x)$有无穷多个单重实零点,且这无穷多个零点在 x 轴上关于原点是对称分布的,因而 $J_n(x)$必有无穷多个正的零点;

2°　$J_n(x)$的零点与 $J_{n+1}(x)$的零点是彼此相间分布的,即$J_n(x)$的任意两个相邻零点之间必存在一个且仅有一个 $J_{n+1}(x)$的零点;

3°　除 $J_0(x)$以外,对所有 $n>0$,$x=0$ 是 $J_n(x)$的一个零点;

4°　以 $\mu_m^{(n)}$ 表示 $J_n(x)$的非负零点($m=1,2,\cdots$),则 $\mu_{m+1}^{(n)}-\mu_m^{(n)}$ 当 $m\to\infty$ 时

无限地接近于 π，即 $J_n(x)$ 几乎是以 2π 为周期的周期函数. $J_0(x)$ 与 $J_1(x)$ 的图形见图 5-1.

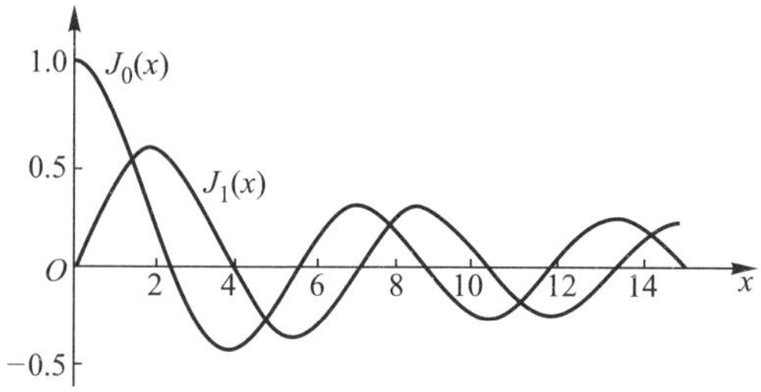

图 5-1

为了便于工程技术上的应用，贝塞尔函数正零点的数值已被详细计算出来，并列成表格. 表 5-1 给出了 $J_n(x)$ $(n=0,1,2,\cdots,5)$ 的前 9 个正零点 $\mu_m^{(n)}$ $(m=1,2,\cdots,9)$ 的近似值.

表 5-1 $J_n(x)$ $(n=0,1,2,\cdots,5)$ 的前 9 个正零点 $\mu_m^{(n)}$ $(m=1,2,\cdots,9)$ 的近似值表

$\mu_m^{(n)}$		n					
		0	1	2	3	4	5
m	1	2.405	3.832	5.136	6.380	7.588	8.771
	2	5.520	7.016	8.417	9.761	11.065	12.339
	3	8.654	10.173	11.620	13.015	14.373	15.700
	4	11.792	13.324	14.796	16.223	17.616	18.980
	5	14.931	16.471	17.960	19.409	20.827	22.218
	6	18.071	19.616	21.117	22.583	24.019	25.430
	7	21.212	22.760	24.270	25.748	27.199	28.627
	8	24.352	25.904	27.421	28.908	30.371	31.812
	9	27.493	29.047	30.569	32.065	33.537	34.989

利用上述关于贝塞尔函数零点的结论，方程(5.37)的解为

$$\sqrt{\lambda}R=\mu_m^{(n)} \qquad (m=1,2,\cdots),$$

即

$$\lambda_m^{(n)}=\left(\frac{\mu_m^{(n)}}{R}\right)^2 \qquad (m=1,2,\cdots), \tag{5.38}$$

与这些特征值相对应的特征函数为

$$P_m(r)=J_n\left(\frac{\mu_m^{(n)}}{R}r\right)\qquad(m=1,2,\cdots).\tag{5.39}$$

5.5.2　贝塞尔函数的正交性

现在我们来讨论贝塞尔函数系 $\left\{J_n\left(\frac{\mu_m^{(n)}}{R}r\right):m=1,2,\cdots\right\}$ 的正交性.我们将要证明

$$\int_0^R rJ_n\left(\frac{\mu_m^{(n)}}{R}r\right)J_n\left(\frac{\mu_k^{(n)}}{R}r\right)\mathrm{d}r$$

$$=\begin{cases}0, & \text{当 } m\neq k,\\ \dfrac{R^2}{2}J_{n-1}^2(\mu_m^{(n)})=\dfrac{R^2}{2}J_{n+1}^2(\mu_m^{(n)}), & \text{当 } m=k.\end{cases}\tag{5.40}$$

这种正交性就是 § 2.6 中所指出的带权函数的正交性(这里权函数是 r).由于贝塞尔函数系 $\left\{J_n\left(\frac{\mu_m^{(n)}}{R}r\right):m=1,2,\cdots\right\}$ 是特征值问题(5.34),(5.35),(5.36)的特征函数系,所以它的正交性由 § 2.6 中的**施图姆-刘维尔**理论可以直接推出.不过因为在那里我们并没有就一般情况证明这个结论,因此,我们在这里把贝塞尔函数系的正交性详细证明一下,而且这个证明方法是富有启发性的,完全可以用类似的步骤来证明 § 2.6 中的结论 3.下一章将要讲到的勒让德多项式的正交性,也是**施图姆-刘维尔**理论的另一个具体例子.

下面我们就来证(5.40).为了书写方便,令

$$F_1(r)=J_n\left(\frac{\mu_m^{(n)}}{R}r\right),$$

$$F_2(r)=J_n(\alpha r)\qquad(\alpha\text{ 为任意参数}),$$

按定义,$F_1(r)$,$F_2(r)$分别满足

$$\frac{\mathrm{d}}{\mathrm{d}r}\left[r\frac{\mathrm{d}F_1(r)}{\mathrm{d}r}\right]+\left[\left(\frac{\mu_m^{(n)}}{R}\right)^2r-\frac{n^2}{r}\right]F_1(r)=0,$$

$$\frac{\mathrm{d}}{\mathrm{d}r}\left[r\frac{\mathrm{d}F_2(r)}{\mathrm{d}r}\right]+\left(\alpha^2r-\frac{n^2}{r}\right)F_2(r)=0.$$

以 $F_2(r)$乘第一个方程减去以 $F_1(r)$乘第二个方程,然后对 r 从 0 到 R 积分得

$$\left[\left(\frac{\mu_m^{(n)}}{R}\right)^2-\alpha^2\right]\int_0^R rF_1(r)F_2(r)\mathrm{d}r+\int_0^R F_2(r)\frac{\mathrm{d}}{\mathrm{d}r}\left[r\frac{\mathrm{d}F_1(r)}{\mathrm{d}r}\right]\mathrm{d}r$$

$$-\int_0^R F_1(r)\frac{\mathrm{d}}{\mathrm{d}r}\left[r\frac{\mathrm{d}F_2(r)}{\mathrm{d}r}\right]\mathrm{d}r=0,$$

即

$$\left[\left(\frac{\mu_m^{(n)}}{R}\right)^2-\alpha^2\right]\int_0^R rF_1(r)F_2(r)\mathrm{d}r$$
$$+\{r[F_2(r)F_1'(r)-F_1(r)F_2'(r)]\}_0^R=0.$$

由此可得

$$\int_0^R rF_1(r)F_2(r)\mathrm{d}r=-\frac{R[F_2(R)F_1'(R)-F_1(R)F_2'(R)]}{\left(\frac{\mu_m^{(n)}}{R}\right)^2-\alpha^2},$$

因 $F_1(R)=J_n(\mu_m^{(n)})=0$,故上式可写成

$$\int_0^R rJ_n\left(\frac{\mu_m^{(n)}}{R}r\right)J_n(\alpha r)\mathrm{d}r$$
$$=-\frac{RF_2(R)F_1'(R)}{\left(\frac{\mu_m^{(n)}}{R}\right)^2-\alpha^2}=-\frac{\mu_m^{(n)}J_n(\alpha R)J_n'(\mu_m^{(n)})}{\left(\frac{\mu_m^{(n)}}{R}\right)^2-\alpha^2}. \tag{5.41}$$

若取 $\alpha=\frac{\mu_k^{(n)}}{R},k\neq m$,则

$$J_n(\alpha R)=J_n(\mu_k^{(n)})=0,$$

从而(5.41)的右端为零,即(5.40)中第一个式子已得证.

为了证明(5.40)中第二个式子,在(5.41)两端令 $\alpha\to\frac{\mu_m^{(n)}}{R}$,此时(5.41)右端的极限是"$\frac{0}{0}$"形式的不定型的极限,利用**洛必达法**则计算这个极限得

$$\int_0^R rJ_n^2\left(\frac{\mu_m^{(n)}}{R}r\right)\mathrm{d}r=\lim_{\alpha\to\frac{\mu_m^{(n)}}{R}}\frac{-\mu_m^{(n)}J_n'(\mu_m^{(n)})J_n'(\alpha R)\cdot R}{-2\alpha}$$
$$=\frac{R^2}{2}[J_n'(\mu_m^{(n)})]^2.$$

由递推公式

$$xJ_n'(x)+nJ_n(x)=xJ_{n-1}(x),\quad xJ_n'(x)-nJ_n(x)=-xJ_{n+1}(x),$$

及 $J_n(\mu_m^{(n)})=0$ 可知

$$J_n'(\mu_m^{(n)})=J_{n-1}(\mu_m^{(n)})=-J_{n+1}(\mu_m^{(n)}),$$

从而

$$\int_0^R rJ_n^2\left(\frac{\mu_m^{(n)}}{R}r\right)\mathrm{d}r=\frac{R^2}{2}J_{n-1}^2(\mu_m^{(n)})=\frac{R^2}{2}J_{n+1}^2(\mu_m^{(n)}),$$

这就是(5.40)中的第二个式子.通常我们把定积分

$$\int_0^R rJ_n^2\left(\frac{\mu_m^{(n)}}{R}r\right)\mathrm{d}r$$

的算术平方根称为贝塞尔函数 $J_n\left(\frac{\mu_m^{(n)}}{R}r\right)$ 的**模值**.

利用§2.6中关于特征函数系的完全(备)性可知,任意在$[0,R]$上具有一阶连续导数及分段连续的二阶导数的函数$f(r)$,只要它在$r=0$处有限,在$r=R$处等于零①,则它必能展开成如下形式的绝对且一致收敛的级数

$$f(r)=\sum_{m=1}^{\infty}A_mJ_n\left(\frac{\mu_m^{(n)}}{R}r\right).\tag{5.42}$$

为了确定这个展开式的系数 A_m,我们在(5.42)的两端同乘$rJ_n\left(\frac{\mu_k^{(n)}}{R}r\right)$,并对 r 在$[0,R]$上积分,由正交关系式(5.40)得

$$\int_0^R rf(r)J_n\left(\frac{\mu_k^{(n)}}{R}r\right)\mathrm{d}r=A_k\int_0^R rJ_n^2\left(\frac{\mu_k^{(n)}}{R}r\right)\mathrm{d}r,$$

即

$$A_k=\frac{1}{\frac{R^2}{2}J_{n-1}^2(\mu_k^{(n)})}\int_0^R rf(r)J_n\left(\frac{\mu_k^{(n)}}{R}r\right)\mathrm{d}r.\tag{5.43}$$

下一节将通过例子说明贝塞尔函数在求解定解问题时的用法.

§5.6 贝塞尔函数应用举例

下面我们举两个例子,说明用贝塞尔函数求解定解问题的全过程.

例1 设有半径为1的薄均匀圆盘,边界上温度为零摄氏度,初始时刻圆盘内温度分布为$1-r^2$,其中 r 是圆盘内任一点的极半径,求圆内温度的分布规律.

解 由于是在圆域内求解问题,故采用极坐标系较为方便,并考虑到定解

① 对其他类型的边界条件,要求$f(r)$满足与特征函数相同的条件.

条件与 θ 无关,所以温度 u 只能是 r,t 的函数,于是根据问题的要求,即可归结为求解下列定解问题:

$$\begin{cases}\dfrac{\partial u}{\partial t}=a^2\left(\dfrac{\partial^2 u}{\partial r^2}+\dfrac{1}{r}\dfrac{\partial u}{\partial r}\right),\quad 0<r<1,t>0, & (5.44)\\ u\Big|_{r=1}=0,\quad t>0, & (5.45)\\ u\Big|_{t=0}=1-r^2,\quad 0\leqslant r\leqslant 1. & (5.46)\end{cases}$$

此外,由物理意义,还有条件 $|u|<+\infty$,且当 $t\to+\infty$ 时,$u\to 0$.令

$$u(r,t)=F(r)T(t),$$

代入方程(5.44)得

$$FT'=a^2\left(F''+\frac{1}{r}F'\right)T,$$

或

$$\frac{T'}{a^2T}=\frac{F''+\dfrac{1}{r}F'}{F}=-\lambda,$$

由此得

$$r^2F''+rF'+\lambda r^2F=0, \tag{5.47}$$

$$T'+a^2\lambda T=0. \tag{5.48}$$

方程(5.48)的解为

$$T(t)=Ce^{-a^2\lambda t},$$

因为 $t\to+\infty$ 时,$u\to 0$,所以 λ 只能大于零,令 $\lambda=\beta^2$,则

$$T(t)=Ce^{-a^2\beta^2 t}.$$

此时方程(5.47)的通解为

$$F(r)=C_1J_0(\beta r)+C_2Y_0(\beta r).$$

由 $u(r,t)$ 只能取有限值,可知 $C_2=0$,再由(5.45)得 $J_0(\beta)=0$,即 β 是 $J_0(x)$ 的零点.以 $\mu_n^{(0)}$ 表示 $J_0(x)$ 的正零点,则

$$\beta=\mu_n^{(0)}\quad(n=1,2,3,\cdots),$$

综合以上结果可得

$$F_n(r)=J_0(\mu_n^{(0)}r),$$

$$T_n(t)=C_ne^{-a^2(\mu_n^{(0)})^2 t}.$$

从而

$$u_n(r,t)=C_n e^{-a^2(\mu_n^{(0)})^2 t}J_0(\mu_n^{(0)}r).$$

利用叠加原理,可得原问题的解为

$$u(r,t)=\sum_{n=1}^{\infty}C_n e^{-a^2(\mu_n^{(0)})^2 t}J_0(\mu_n^{(0)}r).$$

由条件(5.46)得

$$1-r^2=\sum_{n=1}^{\infty}C_nJ_0(\mu_n^{(0)}r),$$

从而

$$\begin{aligned}C_n&=\frac{2}{[J_0'(\mu_n^{(0)})]^2}\int_0^1(1-r^2)rJ_0(\mu_n^{(0)}r)\,dr\\&=\frac{2}{J_1^2(\mu_n^{(0)})}\left[\int_0^1 rJ_0(\mu_n^{(0)}r)\,dr-\int_0^1 r^3J_0(\mu_n^{(0)}r)\,dr\right].\end{aligned}$$

因

$$d[(\mu_n^{(0)}r)J_1(\mu_n^{(0)}r)]=(\mu_n^{(0)}r)[J_0(\mu_n^{(0)}r)d(\mu_n^{(0)}r)],$$

即

$$d\left[\frac{rJ_1(\mu_n^{(0)}r)}{\mu_n^{(0)}}\right]=rJ_0(\mu_n^{(0)}r)\,dr,$$

故得

$$\int_0^1 rJ_0(\mu_n^{(0)}r)\,dr=\left.\frac{rJ_1(\mu_n^{(0)}r)}{\mu_n^{(0)}}\right|_0^1=\frac{J_1(\mu_n^{(0)})}{\mu_n^{(0)}}.$$

另外

$$\begin{aligned}&\int_0^1 r^3J_0(\mu_n^{(0)}r)\,dr\\&=\int_0^1 r^2 d\left[\frac{rJ_1(\mu_n^{(0)}r)}{\mu_n^{(0)}}\right]\\&=\left.\frac{r^3J_1(\mu_n^{(0)}r)}{\mu_n^{(0)}}\right|_0^1-\frac{2}{\mu_n^{(0)}}\int_0^1 r^2J_1(\mu_n^{(0)}r)\,dr\\&=\frac{J_1(\mu_n^{(0)})}{\mu_n^{(0)}}-\left.\frac{2}{(\mu_n^{(0)})^2}r^2J_2(\mu_n^{(0)}r)\right|_0^1\\&=\frac{J_1(\mu_n^{(0)})}{\mu_n^{(0)}}-\frac{2J_2(\mu_n^{(0)})}{(\mu_n^{(0)})^2},\end{aligned}$$

从而

$$C_n=\frac{4J_2(\mu_n^{(0)})}{(\mu_n^{(0)})^2J_1^2(\mu_n^{(0)})}.$$

所以,所求定解问题的解为

$$u(r,t)=\sum_{n=1}^{\infty}\frac{4J_2(\mu_n^{(0)})}{(\mu_n^{(0)})^2J_1^2(\mu_n^{(0)})}J_0(\mu_n^{(0)}r)\mathrm{e}^{-a^2(\mu_n^{(0)})^2t},\tag{5.49}$$

其中 $\mu_n^{(0)}$ 是 $J_0(r)$ 的正零点.

例 2　求下列定解问题:

$$\begin{cases}\dfrac{\partial^2u}{\partial t^2}=a^2\left(\dfrac{\partial^2u}{\partial r^2}+\dfrac{1}{r}\dfrac{\partial u}{\partial r}\right),\ 0<r<R,t>0, & (5.50)\\ \left.\dfrac{\partial u}{\partial r}\right|_{r=R}=0,\ \left|u\big|_{r=0}\right|<+\infty,\ t>0, & (5.51)\\ u\big|_{t=0}=0,\left.\dfrac{\partial u}{\partial t}\right|_{t=0}=1-\dfrac{r^2}{R^2},\ 0\leqslant r\leqslant R & (5.52)\end{cases}$$

的解.

解　用分离变量法求解,令 $u(r,t)=F(r)T(t)$,代入(5.50)并变量分离得

$$\frac{T''}{a^2T}=\frac{F''+\frac{1}{r}F'}{F}=-\lambda\ (\lambda>0),$$

由此得到两个方程:

$$r^2F''+rF'+\lambda r^2F=0,\tag{5.53}$$

$$T''+a^2\lambda T=0.\tag{5.54}$$

由(5.51)得

$$F'(R)=0,\ |F(0)|<+\infty.\tag{5.55}$$

(5.53)是零阶贝塞尔方程,其通解为

$$F(r)=C_1J_0(\sqrt{\lambda}r)+C_2Y_0(\sqrt{\lambda}r),$$

利用(5.55)中 $|F(0)|<+\infty$ 知 $C_2=0$.再利用(5.55)中 $F'(R)=0$ 得

$$F'(R)=C_1\sqrt{\lambda}J_0'(\sqrt{\lambda}R)=C_1\sqrt{\lambda}J_1(\sqrt{\lambda}R)=0,$$

即$\sqrt{\lambda}R$ 是 $J_1(x)$ 的零点,$J_1(x)$ 的零点除了 $x=0$ 外还有无穷多个正零点,以 $\mu_1^{(1)},\mu_2^{(1)},\cdots,\mu_m^{(1)},\cdots$表示 $J_1(x)$ 的所有正零点,故

$$\sqrt{\lambda}R=0,\text{或}\sqrt{\lambda}R=\mu_n^{(1)}(n=1,2,\cdots)$$

由此得特征值

$$\lambda_0=0,\lambda_n=\left(\frac{\mu_n^{(1)}}{R}\right)^2 (n=1,2,\cdots) \tag{5.56}$$

相应的特征函数为

$$J_0(0)=1,\quad J_0\left(\frac{\mu_n^{(1)}}{R}r\right)\ (n=1,2,\cdots).$$

当 $\lambda_0=0$ 时,方程(5.54)的解为

$$T_0(t)=C_0+D_0t,$$

故此时(5.50),(5.51)有一个特解

$$u_0(r,t)=C_0+D_0t,$$

其中 C_0,D_0 是待定常数.

当 $\lambda_n=\left(\frac{\mu_n^{(1)}}{R}\right)^2 (n=1,2,\cdots)$ 时,由方程(5.53)及(5.54)得

$$F_n(r)=J_0\left(\frac{\mu_n^{(1)}}{R}r\right),$$

$$T_n(t)=C_n\cos\frac{a\mu_n^{(1)}}{R}t+D_n\sin\frac{a\mu_n^{(1)}}{R}t,$$

即(5.50),(5.51)有特解

$$u_n(r,t)=\left(C_n\cos\frac{a\mu_n^{(1)}}{R}t+D_n\sin\frac{a\mu_n^{(1)}}{R}t\right)J_0\left(\frac{\mu_n^{(1)}}{R}r\right),$$

其中 C_n,D_n 是待定常数,$n=1,2,\cdots$.

利用叠加原理可得原定解问题的解为

$$u(r,t)=C_0+D_0t+\sum_{n=1}^{\infty}\left(C_n\cos\frac{a\mu_n^{(1)}}{R}t+D_n\sin\frac{a\mu_n^{(1)}}{R}t\right)J_0\left(\frac{\mu_n^{(1)}}{R}r\right),$$

代入条件(5.52)得

$$C_0+\sum_{n=1}^{\infty}C_nJ_0\left(\frac{\mu_n^{(1)}}{R}r\right)=0, \tag{5.57}$$

$$D_0+\frac{a}{R}\sum_{n=1}^{\infty}D_n\mu_n^{(1)}J_0\left(\frac{\mu_n^{(1)}}{R}r\right)=1-\frac{r^2}{R^2}. \tag{5.58}$$

由(5.57)得 $C_n=0\ (n=0,1,2,\cdots)$,在(5.58)两端同乘 r 并对 r 在 $[0,R]$ 上积分得

$$D_0=\frac{1}{\int_0^R r\mathrm{d}r}\int_0^R\left(1-\frac{r^2}{R^2}\right)r\mathrm{d}r=\frac{1}{2},$$

由(5.58)并利用下面的结果(见习题五第 15 题):如果 $\mu_n^{(1)}$ 是$J_1(x)$的正零点,则

$$\int_0^R rJ_0^2\left(\frac{\mu_n^{(1)}}{R}r\right)\mathrm{d}r=\frac{R^2}{2}J_0(\mu_n^{(1)})J_1'(\mu_n^{(1)})=\frac{R^2}{2}J_0^2(\mu_n^{(1)}),$$

得到

$$\begin{aligned}D_n&=\frac{2}{a\mu_n^{(1)}RJ_0^2(\mu_n^{(1)})}\int_0^R\left(1-\frac{r^2}{R^2}\right)rJ_0\left(\frac{\mu_n^{(1)}}{R}r\right)\mathrm{d}r\\&=\frac{4RJ_2(\mu_n^{(1)})}{a(\mu_n^{(1)})^3J_0^2(\mu_n^{(1)})}=-\frac{4R}{a(\mu_n^{(1)})^3J_0(\mu_n^{(1)})},\end{aligned}$$

所以最后得到定解问题的解为

$$u(r,t)=\frac{t}{2}-\frac{4R}{a}\sum_{n=1}^{\infty}\frac{1}{(\mu_n^{(1)})^3J_0(\mu_n^{(1)})}J_0\left(\frac{\mu_n^{(1)}}{R}r\right)\sin\frac{a\mu_n^{(1)}}{R}t.\qquad(5.59)$$

*§5.7　贝塞尔函数的其他类型

由于解决某些工程问题的需要,本节引入另外三种形式的贝塞尔函数.

5.7.1　第三类贝塞尔函数

第三类贝塞尔函数又名**汉克尔**(Hankel)**函数**,它是由下列公式定义的:

$$H_n^{(1)}(x)=J_n(x)+\mathrm{i}Y_n(x),$$

$$H_n^{(2)}(x)=J_n(x)-\mathrm{i}Y_n(x).$$

其中 $\mathrm{i}=\sqrt{-1}$,由于汉克尔函数是 $J_n(x)$ 与 $Y_n(x)$ 的线性组合,所以,同样也具有与第一类贝塞尔函数相同的递推公式:

$$\left.\begin{aligned}&\frac{\mathrm{d}}{\mathrm{d}x}[x^nH_n^{(i)}(x)]=x^nH_{n-1}^{(i)}(x),\\&\frac{\mathrm{d}}{\mathrm{d}x}[x^{-n}H_n^{(i)}(x)]=-x^{-n}H_{n+1}^{(i)}(x),\\&H_{n-1}^{(i)}(x)+H_{n+1}^{(i)}(x)=\frac{2n}{x}H_n^{(i)}(x),\\&H_{n-1}^{(i)}(x)-H_{n+1}^{(i)}(x)=2\frac{\mathrm{d}}{\mathrm{d}x}H_n^{(i)}(x)\end{aligned}\right.\qquad(i=1,2).$$

在下一节将看到这种函数当 x 很大时有比较简单的渐近公式.

5.7.2 虚宗量的贝塞尔函数

当我们在圆柱形域内求解定解问题,如果圆柱上下两底的边界条件是齐次的,侧面的边界条件是非齐次时,就会遇到形如

$$y''+\frac{1}{x}y'-\left(1+\frac{n^2}{x^2}\right)y=0 \tag{5.60}$$

的方程,它和贝塞尔方程只有一项的符号有差别,若令 $x=-\mathrm{i}t$ 就可将这个方程化成贝塞尔方程,因为

$$x=-\mathrm{i}t,\ \mathrm{d}x=-\mathrm{i}\mathrm{d}t,$$

$$\frac{\mathrm{d}y}{\mathrm{d}x}=\frac{-1}{\mathrm{i}}\frac{\mathrm{d}y}{\mathrm{d}t},\ \frac{\mathrm{d}^2y}{\mathrm{d}x^2}=-\frac{\mathrm{d}^2y}{\mathrm{d}t^2},$$

代入(5.60)得到

$$\frac{\mathrm{d}^2y}{\mathrm{d}t^2}+\frac{1}{t}\frac{\mathrm{d}y}{\mathrm{d}t}+\left(1-\frac{n^2}{t^2}\right)y=0.$$

因此方程(5.60)的通解为

$$y=AJ_n(\mathrm{i}x)+BY_n(\mathrm{i}x),$$

这里

$$J_n(\mathrm{i}x)=\mathrm{i}^n\sum_{m=0}^{\infty}\frac{x^{n+2m}}{2^{n+2m}m!\ \Gamma(n+m+1)}.$$

将上式乘 i^{-n} 后,我们就定义它为**第一类虚宗量的贝塞尔函数**,或称**第一类变形的贝塞尔函数**,并记作

$$I_n(x)=\mathrm{i}^{-n}J_n(\mathrm{i}x)=\sum_{m=0}^{\infty}\frac{x^{n+2m}}{2^{n+2m}m!\ \Gamma(n+m+1)}. \tag{5.61}$$

特别地,

$$I_0(x)=1+\frac{x^2}{2^2}+\frac{x^4}{2^4(2!)^2}+\frac{x^6}{2^6(3!)^2}+\cdots.$$

关于**第二类虚宗量贝塞尔函数** $K_n(x)$ 定义如下:

当 n 是非整数时

$$K_n(x)=\frac{\frac{1}{2}\pi[I_{-n}(x)-I_n(x)]}{\sin n\pi},$$

当 n 为整数时

$$K_n(x)=\lim_{\alpha\to n}\frac{\frac{1}{2}\pi[I_{-\alpha}(x)-I_\alpha(x)]}{\sin\alpha\pi}. \tag{5.62}$$

所以方程(5.60)的通解又可写为

$$y=AI_n(x)+BK_n(x),$$

其中 A,B 为任意常数.

$I_n(x)$ 与 $K_n(x)$ 不存在实的零点,所以它们的图形不是振荡型曲线,这一点与 $J_n(x)$ 及 $Y_n(x)$ 不同.

5.7.3 开尔文函数(或称汤姆孙函数)

n 阶第一类**开尔文**(Kelvin)**函数**有两种形式,它们分别被定义为 $J_n(x\sqrt{-\mathrm{i}})$ 的实部与虚部,记作 $\mathrm{ber}_n x$ 和 $\mathrm{bei}_n x$.在应用这种函数时,主要是用零阶和一阶的.由于

$$\begin{aligned}J_0(x\sqrt{-\mathrm{i}})&=J_0(x\mathrm{i}\sqrt{\mathrm{i}})\\&=\sum_{m=0}^{\infty}(-1)^m\frac{1}{(m!)^2}\left(\frac{\mathrm{i}\sqrt{\mathrm{i}}x}{2}\right)^{2m}=\sum_{m=0}^{\infty}\frac{\mathrm{i}^m\left(\frac{x}{2}\right)^{2m}}{(m!)^2}\\&=\sum_{k=0}^{\infty}\frac{\mathrm{i}^{2k}\left(\frac{x}{2}\right)^{4k}}{[(2k)!]^2}+\sum_{k=0}^{\infty}\frac{\mathrm{i}^{2k+1}\left(\frac{x}{2}\right)^{4k+2}}{[(2k+1)!]^2}\\&=\sum_{k=0}^{\infty}\frac{(-1)^k\left(\frac{x}{2}\right)^{4k}}{[(2k)!]^2}+\mathrm{i}\sum_{k=0}^{\infty}\frac{(-1)^k\left(\frac{x}{2}\right)^{4k+2}}{[(2k+1)!]^2},\end{aligned}$$

所以 $\mathrm{ber}_0 x$ 和 $\mathrm{bei}_0 x$ 分别为

$$\mathrm{ber}_0(x)=\mathrm{Re}[J_0(x\sqrt{-\mathrm{i}})]=\sum_{k=0}^{\infty}\frac{(-1)^k\left(\frac{x}{2}\right)^{4k}}{[(2k)!]^2}, \tag{5.63}$$

$$\mathrm{bei}_0(x)=\mathrm{Im}[J_0(x\sqrt{-\mathrm{i}})]=\sum_{k=0}^{\infty}\frac{(-1)^k\left(\frac{x}{2}\right)^{4k+2}}{[(2k+1)!]^2}. \tag{5.64}$$

用类似的方法可以得到一阶开尔文函数:

$$\mathrm{ber}_1(x)=-\frac{1}{\sqrt{2}}\left[\frac{x}{2}+\frac{\left(\frac{x}{2}\right)^3}{1!\ 2!}-\frac{\left(\frac{x}{2}\right)^5}{2!\ 3!}-\frac{\left(\frac{x}{2}\right)^7}{3!\ 4!}+\cdots\right], \tag{5.65}$$

$$\mathrm{bei}_1(x)=-\frac{1}{\sqrt{2}}\left[-\frac{x}{2}+\frac{\left(\frac{x}{2}\right)^3}{1!\ 2!}+\frac{\left(\frac{x}{2}\right)^5}{2!\ 3!}-\frac{\left(\frac{x}{2}\right)^7}{3!\ 4!}-\cdots\right].\tag{5.66}$$

*§ 5.8 贝塞尔函数的渐近公式

在应用贝塞尔函数解决工程技术问题时，常常需要求出这些函数当自变量 x 取很大值时的函数值，如果按照级数展开式来计算这些特定值，就要求计算级数很多项的和，这样做非常麻烦，因此想到要用另外的函数来代替收敛很慢的贝塞尔函数的级数表达式，这个函数既要能逼近贝塞尔函数，又要能节约计算的时间.

为寻找一些便于计算的公式，引入所谓贝塞尔函数的**渐近公式**，在这里我们不打算讨论这些公式是如何引出的，因为这些公式的引出是比较复杂的.下面只举出在应用中最常见的渐近公式.

当 x 的值很大时，

$$\begin{aligned}J_n(x)\approx\sqrt{\frac{2}{\pi x}}\Big[&\zeta_n(x)\cos\left(x-\frac{1}{4}\pi-\frac{1}{2}n\pi\right)\\&-\xi_n(x)\sin\left(x-\frac{1}{4}\pi-\frac{1}{2}n\pi\right)\Big],\end{aligned}\tag{5.67}$$

$$\begin{aligned}Y_n(x)\approx\sqrt{\frac{2}{\pi x}}\Big[&\zeta_n(x)\sin\left(x-\frac{1}{4}\pi-\frac{1}{2}n\pi\right)\\&+\xi_n(x)\cos\left(x-\frac{1}{4}\pi-\frac{1}{2}n\pi\right)\Big],\end{aligned}\tag{5.68}$$

$$H_n^{(1)}(x)\approx\sqrt{\frac{2}{\pi x}}\mathrm{e}^{\mathrm{i}\left(x-\frac{\pi}{4}-\frac{1}{2}n\pi\right)}\left[\zeta_n(x)+\mathrm{i}\xi_n(x)\right],\tag{5.69}$$

$$H_n^{(2)}(x)\approx\sqrt{\frac{2}{\pi x}}\mathrm{e}^{-\mathrm{i}\left(x-\frac{\pi}{4}-\frac{1}{2}n\pi\right)}\left[\zeta_n(x)-\mathrm{i}\xi_n(x)\right],\tag{5.70}$$

其中

$$\begin{aligned}\zeta_n(x)=1&-\frac{(4n^2-1^2)(4n^2-3^2)}{2!\ (8x)^2}\\&+\frac{(4n^2-1^2)(4n^2-3^2)(4n^2-5^2)(4n^2-7^2)}{4!\ (8x)^4}-\cdots,\end{aligned}$$

$$\xi_n(x)=\frac{4n^2-1^2}{1!\ (8x)}-\frac{(4n^2-1^2)(4n^2-3^2)(4n^2-5^2)}{3!\ (8x)^3}+\cdots.$$

只要 x 的值很大,用这些渐近展开式右端的前面几项来计算左端函数的近似值,就能达到较满意的精确度.例如,我们常取

$$\begin{aligned}
J_n(x)&\approx\sqrt{\frac{2}{\pi x}}\cos\left(x-\frac{1}{4}\pi-\frac{n}{2}\pi\right),\\
Y_n(x)&\approx\sqrt{\frac{2}{\pi x}}\sin\left(x-\frac{1}{4}\pi-\frac{n}{2}\pi\right),\\
H_n^{(1)}(x)&\approx\sqrt{\frac{2}{\pi x}}\mathrm{e}^{\mathrm{i}\left(x-\frac{1}{4}\pi-\frac{n}{2}\pi\right)},\\
H_n^{(2)}(x)&\approx\sqrt{\frac{2}{\pi x}}\mathrm{e}^{-\mathrm{i}\left(x-\frac{1}{4}\pi-\frac{n}{2}\pi\right)}
\end{aligned}\tag{5.71}$$

来作近似计算.

习　题　五

1. 当 n 为正整数时,讨论 $J_n(x)$ 的收敛范围.

2. 写出 $J_0(x)$,$J_1(x)$,$J_n(x)$(n 是正整数)的级数表示式的前 5 项.

3. 证明 $J_{2n-1}(0)=0$,其中 $n=1,2,3,\cdots$.

4. 求$\frac{\mathrm{d}}{\mathrm{d}x}J_0(\alpha x)$.

5. 求$\frac{\mathrm{d}}{\mathrm{d}x}[xJ_1(\alpha x)]$.

6. 计算下列积分:

(1) $\int xJ_2(x)\,\mathrm{d}x$;

(2) $\int x^{n+1}J_n(\alpha x)\,\mathrm{d}x$.

7. 证明 $y=J_n(\alpha x)$ 为方程

$$x^2y''+xy'+(\alpha^2x^2-n^2)y=0$$

的解.

8. 证明:

$$J_{\frac{3}{2}}(x)=\sqrt{\frac{2}{\pi x}}\left[\frac{1}{x}\cos\left(x-\frac{\pi}{2}\right)+\sin\left(x-\frac{\pi}{2}\right)\right],$$

$$J_{\frac{5}{2}}(x)-\sqrt{\frac{2}{\pi x}}\left[\left(1-\frac{3}{x^{2}}\right)\sin(x-\pi)+\frac{3}{x}\cos(x-\pi)\right].$$

9. 试证 $y=x^{\frac{1}{2}}J_{\frac{3}{2}}(x)$ 是方程

$$x^{2}y''+(x^{2}-2)y=0$$

的一个解.

10. 试证 $y=xJ_{n}(x)$ 是方程

$$x^{2}y''-xy'+(1+x^{2}-n^{2})y=0$$

的一个解.

11. 设 λ_{i} $(i=1,2,3,\cdots)$ 是方程 $J_{1}(x)=0$ 的正根,将函数

$$f(x)=x\ (0<x<1)$$

展开成贝塞尔函数 $J_{1}(\lambda_{i}x)$ 的级数.

12. 设 α_{i} $(i=1,2,3,\cdots)$ 是 $J_{0}(x)=0$ 的正根,将函数 $f(x)=x^{2}$ $(0<x<1)$ 展开成贝塞尔函数 $J_{0}(\alpha_{i}x)$ 的级数.

13. 设 α_{i} $(i=1,2,3,\cdots)$ 是方程 $J_{0}(2x)=0$ 的正根,将函数

$$f(x)=\begin{cases}1, & 0<x<1,\\ \dfrac{1}{2}, & x=1,\\ 0, & 1<x<2\end{cases}$$

展开成贝塞尔函数 $J_{0}(\alpha_{i}x)$ 的级数.

14. 把定义在 $[0,a]$ 上的函数 $f(x)$ 展开成贝塞尔函数 $J_{0}\left(\dfrac{\alpha_{i}x}{a}\right)$ 的级数,其中 α_{i} 是 $J_{0}(x)$ 的正零点.

15. 若 λ_{i} $(i=1,2,3,\cdots)$ 是 $J_{1}(x)$ 的正零点,证明

$$\int_{0}^{R}xJ_{0}\left(\frac{\lambda_{i}}{R}x\right)J_{0}\left(\frac{\lambda_{j}}{R}x\right)\mathrm{d}x=\begin{cases}0, & i\neq j,\\ \dfrac{R^{2}}{2}J_{0}^{2}(\lambda_{i}), & i=j.\end{cases}$$

16. 利用递推公式证明:

(1) $J_{2}(x)=J_{0}''(x)-\dfrac{1}{x}J_{0}'(x)$;

(2) $J_{3}(x)+3J_{0}'(x)+4J_{0}'''(x)=0$.

17. 试证：

$$\int x^n J_0(x)\,\mathrm{d}x = x^n J_1(x) + (n-1)x^{n-1}J_0(x) - (n-1)^2\int x^{n-2}J_0(x)\,\mathrm{d}x.$$

18. 试解下列圆柱区域的边值问题：在圆柱内 $\Delta u=0$，在圆柱侧面 $u\big|_{\rho=a}=0$，在下底 $u\big|_{z=0}=0$，在上底 $u\big|_{z=h}=A$.

19. 解下列定解问题：

$$\begin{cases}\dfrac{\partial^2 u}{\partial t^2}=a^2\left(\dfrac{\partial^2 u}{\partial \rho^2}+\dfrac{1}{\rho}\dfrac{\partial u}{\partial \rho}\right), & t>0,0<\rho<R,\\ u\Big|_{t=0}=1-\dfrac{\rho^2}{R^2},\ \dfrac{\partial u}{\partial t}\Big|_{t=0}=0, & 0\leqslant\rho\leqslant R,\\ |u|\Big|_{\rho=0}<+\infty\ ,u\Big|_{\rho=R}=0, & t>0.\end{cases}$$

若上述方程换成非齐次的，即

$$\frac{\partial^2 u}{\partial \rho^2}+\frac{1}{\rho}\frac{\partial u}{\partial \rho}-\frac{1}{a^2}\frac{\partial^2 u}{\partial t^2}=-B\ \ (B\ 为常数),$$

而所有定解条件均为零，试求其解.

20. 证明整数阶贝塞尔函数的母函数为

$$W(x,t)=\mathrm{e}^{\frac{x}{2}\left(t-\frac{1}{t}\right)}\ ,$$

即

$$W(x,t)=\sum_{n=-\infty}^{\infty}J_n(x)t^n.$$

[提示：分别将 $\mathrm{e}^{\frac{x}{2}t}$ 与 $\mathrm{e}^{-\frac{x}{2t}}$ 展成 t 的幂级数.]

第六章　勒让德多项式

在这一章,我们将通过在球坐标系中对拉普拉斯方程进行分离变量,引出§2.6中曾指出过的勒让德方程,并讨论这个方程的解法及解的有关性质.勒让德方程在区间[-1,1]上的有界解构成了另一类正交函数系——勒让德多项式.

§6.1　勒让德方程的引出

现在我们对球坐标系中的拉普拉斯方程进行分离变量,在球坐标系中拉普拉斯方程为

$$\frac{1}{r^2}\frac{\partial}{\partial r}\left(r^2\frac{\partial u}{\partial r}\right)+\frac{1}{r^2\sin\theta}\frac{\partial}{\partial\theta}\left(\sin\theta\frac{\partial u}{\partial\theta}\right)+\frac{1}{r^2\sin^2\theta}\frac{\partial^2 u}{\partial\varphi^2}=0. \tag{6.1}$$

令

$$u(r,\theta,\varphi)=R(r)\Theta(\theta)\Phi(\varphi),$$

代入(6.1)得

$$\Theta\Phi\frac{1}{r^2}\frac{\mathrm{d}}{\mathrm{d}r}\left(r^2\frac{\mathrm{d}R}{\mathrm{d}r}\right)+R\Phi\frac{1}{r^2\sin\theta}\frac{\mathrm{d}}{\mathrm{d}\theta}\left(\sin\theta\frac{\mathrm{d}\Theta}{\mathrm{d}\theta}\right)+R\Theta\frac{1}{r^2\sin^2\theta}\frac{\mathrm{d}^2\Phi}{\mathrm{d}\varphi^2}=0,$$

以$\dfrac{r^2}{R\Phi\Theta}$乘上式各项得

$$\frac{1}{R}\frac{\mathrm{d}}{\mathrm{d}r}\left(r^2\frac{\mathrm{d}R}{\mathrm{d}r}\right)+\frac{1}{\Theta\sin\theta}\frac{\mathrm{d}}{\mathrm{d}\theta}\left(\sin\theta\frac{\mathrm{d}\Theta}{\mathrm{d}\theta}\right)+\frac{1}{\Phi\sin^2\theta}\frac{\mathrm{d}^2\Phi}{\mathrm{d}\varphi^2}=0,$$

或

$$\frac{1}{R}\frac{\mathrm{d}}{\mathrm{d}r}\left(r^2\frac{\mathrm{d}R}{\mathrm{d}r}\right)=-\frac{1}{\Theta\sin\theta}\frac{\mathrm{d}}{\mathrm{d}\theta}\left(\sin\theta\frac{\mathrm{d}\Theta}{\mathrm{d}\theta}\right)-\frac{1}{\Phi\sin^2\theta}\frac{\mathrm{d}^2\Phi}{\mathrm{d}\varphi^2},$$

上式左端只与r有关,右端只与θ,φ有关,要它们相等只有当它们都是常数时才有可能.为了以后的需要,我们把这个常数写成$n(n+1)$的形式(这是可以做到的,因为任何一个实数总可以写成这种形式,这里的n可能为实数,也有可能为复数),则得

$$\frac{1}{R}\frac{\mathrm{d}}{\mathrm{d}r}\left(r^2\frac{\mathrm{d}R}{\mathrm{d}r}\right)=n(n+1), \tag{6.2}$$

$$\frac{1}{\Theta\sin\theta}\frac{\mathrm{d}}{\mathrm{d}\theta}\left(\sin\theta\frac{\mathrm{d}\Theta}{\mathrm{d}\theta}\right)+\frac{1}{\Phi\sin^2\theta}\frac{\mathrm{d}^2\Phi}{\mathrm{d}\varphi^2}=-n(n+1). \tag{6.3}$$

将方程(6.2)左端的导数计算出来,即有

$$r^2\frac{\mathrm{d}^2R}{\mathrm{d}r^2}+2r\frac{\mathrm{d}R}{\mathrm{d}r}-n(n+1)R=0.$$

这是一个**欧拉**方程,它的通解为

$$R(r)=A_1r^n+A_2r^{-(n+1)},$$

其中 A_1,A_2 为任意常数.

以 $\sin^2\theta$ 乘方程(6.3)的两端得

$$\frac{1}{\Theta}\sin\theta\frac{\mathrm{d}}{\mathrm{d}\theta}\left(\sin\theta\frac{\mathrm{d}\Theta}{\mathrm{d}\theta}\right)+n(n+1)\sin^2\theta+\frac{1}{\Phi}\frac{\mathrm{d}^2\Phi}{\mathrm{d}\varphi^2}=0,$$

即

$$\frac{1}{\Theta}\sin\theta\frac{\mathrm{d}}{\mathrm{d}\theta}\left(\sin\theta\frac{\mathrm{d}\Theta}{\mathrm{d}\theta}\right)+n(n+1)\sin^2\theta=-\frac{1}{\Phi}\frac{\mathrm{d}^2\Phi}{\mathrm{d}\varphi^2}.$$

此式的左端只与 θ 有关,而右端只与 φ 有关,因此只有当它们均为常数时才有可能相等.和在§5.1中对方程(5.9)的讨论一样,可知这个常数必须等于 m^2 $(m=0,1,2,\cdots)$,从而得

$$\frac{1}{\Theta}\sin\theta\frac{\mathrm{d}}{\mathrm{d}\theta}\left(\sin\theta\frac{\mathrm{d}\Theta}{\mathrm{d}\theta}\right)+n(n+1)\sin^2\theta=m^2, \tag{6.4}$$

$$\frac{1}{\Phi}\frac{\mathrm{d}^2\Phi}{\mathrm{d}\varphi^2}=-m^2. \tag{6.5}$$

由方程(6.5)得

$$\Phi(\varphi)=B_1\cos m\varphi+B_2\sin m\varphi.$$

至于 $\Theta(\theta)$ 所满足的微分方程可写为

$$\frac{1}{\sin\theta}\frac{\mathrm{d}}{\mathrm{d}\theta}\left(\sin\theta\frac{\mathrm{d}\Theta}{\mathrm{d}\theta}\right)-\frac{m^2}{\sin^2\theta}\Theta+n(n+1)\Theta=0.$$

把上式第一项中的导数计算出来,并化简得

$$\frac{\mathrm{d}^2\Theta}{\mathrm{d}\theta^2}+\cot\theta\frac{\mathrm{d}\Theta}{\mathrm{d}\theta}+\left[n(n+1)-\frac{m^2}{\sin^2\theta}\right]\Theta=0, \tag{6.6}$$

这个方程称为**连带的勒让德方程**.

如果引用 $x=\cos\theta$ 为自变量 $(-1\leqslant x\leqslant 1)$,并将 $\Theta(\theta)$ 改记成 $P(x)$,则(6.6)变成

$$(1-x^2)\frac{d^2P}{dx^2}-2x\frac{dP}{dx}+\left[n(n+1)-\frac{m^2}{1-x^2}\right]P=0. \tag{6.7}$$

若 $u(r,\theta,\varphi)$ 与 φ 无关,则从(6.5)可知 $m=0$,这时(6.7)简化成

$$(1-x^2)\frac{d^2P}{dx^2}-2x\frac{dP}{dx}+n(n+1)P=0, \tag{6.8}$$

方程(6.8)就是§2.6中所述的**勒让德方程**.一些定解问题的解决也归结为求勒让德方程的特征值与特征函数,这个方程的解将在下面讨论.

§6.2 勒让德方程的求解

把(6.8)中的未知函数仍记成 y,则勒让德方程为

$$(1-x^2)\frac{d^2y}{dx^2}-2x\frac{dy}{dx}+n(n+1)y=0, \tag{6.9}$$

其中 n 为任意实数(由于在实际应用中 n 为整数时的情况最为重要,所以我们这里不考虑 n 为复数的情况).

如同求贝塞尔方程的解一样,设(6.9)的解为

$$\begin{aligned} y &= x^c(a_0+a_1x+a_2x^2+\cdots+a_nx^n+\cdots) \\ &= \sum_{k=0}^{\infty} a_kx^{k+c}, a_0 \neq 0. \end{aligned} \tag{6.10}$$

求上式的导数,并与(6.10)一起代入(6.9)得

$$-\sum_{k=0}^{\infty}[(k+c)(k+c+1)-n(n+1)]a_kx^{k+c} + \sum_{k=0}^{\infty}(k+c)(k+c-1)a_kx^{k+c-2}=0.$$

经过适当的整理可得

$$\begin{aligned} &c(c-1)a_0x^{c-2}+c(c+1)a_1x^{c-1}+\sum_{k=0}^{\infty}\{(k+c+2)(k+c+1)a_{k+2} \\ &-[(k+c)(k+c+1)-n(n+1)]a_k\}x^{k+c}=0, \end{aligned} \tag{6.11}$$

这是 x 的恒等式,所以 x 的各次幂的系数必全为零,即

$$c(c-1)a_0=0, \tag{6.12}$$

$$c(c+1)a_1=0, \tag{6.13}$$

$$(k+c+2)(k+c+1)a_{k+2}-[(k+c)(k+c+1)-n(n+1)]a_k=0,$$

$$k=0,1,2,\cdots. \tag{6.14}$$

由(6.12)得 $c=0$ 或 $c=1$,由(6.13)得 $c=0$ 或 $c=-1$（设 $a_1\neq 0$）,由(6.14)便得到系数 a_k 之间的递推关系

$$a_{k+2}=\frac{(k+c)(k+c+1)-n(n+1)}{(k+c+1)(k+c+2)}a_k \quad (k=0,1,2,\cdots),$$

取 $c=0$,得

$$a_{k+2}=\frac{(k-n)(k+n+1)}{(k+2)(k+1)}a_k \quad (k=0,1,2,\cdots), \tag{6.15}$$

这时 a_0,a_1 都是任意常数.在上面递推公式中令 $k=0,2,\cdots,2i,\cdots$,分别得

$$a_2=\frac{-n(n+1)}{2!}a_0,$$

$$a_4=(-1)^2\frac{n(n-2)(n+1)(n+3)}{4!}a_0,$$

…………

$$a_{2i}=(-1)^i\frac{n(n-2)\cdots(n-2i+2)(n+1)(n+3)\cdots(n+2i-1)}{(2i)!}a_0,$$

…………

在(6.15)中令 $k=1,3,\cdots,2i-1,\cdots$分别得

$$a_3=-\frac{(n-1)(n+2)}{3!}a_1,$$

$$a_5=(-1)^2\frac{(n-1)(n-3)(n+2)(n+4)}{5!}a_1,$$

…………

$$a_{2i+1}=(-1)^i\frac{(n-1)(n-3)\cdots(n-2i+1)(n+2)(n+4)\cdots(n+2i)}{(2i+1)!}a_1.$$

将这些值代入级数(6.10),便得

$$y=a_0\left[1-\frac{n(n+1)}{2!}x^2+\frac{n(n-2)(n+1)(n+3)}{4!}x^4+\cdots\right]$$
$$+a_1\left[x-\frac{(n-1)(n+2)}{3!}x^3+\frac{(n-1)(n-3)(n+2)(n+4)}{5!}x^5+\cdots\right]. \tag{6.16}$$

由于 a_0,a_1 的任意性,所以函数

$$y_1=a_0\left[1-\frac{n(n+1)}{2!}x^2+\frac{n(n-2)(n+1)(n+3)}{4!}x^4+\cdots\right], \tag{6.17}$$

$$y_2=a_1\left[x-\frac{(n-1)(n+2)}{3!}x^3+\frac{(n-1)(n-3)(n+2)(n+4)}{5!}x^5+\cdots\right] \qquad (6.18)$$

分别都是方程(6.9)的解,显然在 $a_0\neq 0, a_1\neq 0$ 的情况下,它们是线性无关的.

如果开始时取 $c=1$,重复前面的做法,所得的级数解就是 y_2.同样,如果取 $c=-1$,所得级数就是 y_1,这里不再赘述,读者可自己验算.

从系数的递推公式(6.15)容易证明这两个级数的收敛半径都为 1,故在 $(-1,1)$ 内(6.16)式即为方程(6.9)的通解.

§6.3 勒让德多项式

上面我们求出了方程(6.9)的解,并且从(6.17)与(6.18)可以看出,当 n 不是整数时,y_1 与 y_2 都是无穷级数,在 $|x|<1$ 内它们都绝对收敛,可以证明在 $x=\pm 1$ 时发散①,且此时勒让德方程的解不可能在 $x=1$ 和 $x=-1$ 处为有限.

当 n 是整数时,则 y_1 或者 y_2 便成为多项式,例如 n 是正偶数(或负奇数)时 y_1 是 n 次(或 $-n-1$ 次)多项式,而当 n 是正奇数(或负偶数)时,y_2 是 n 次(或 $-n-1$ 次)多项式.在实际运用中,这种特殊情况常常出现,现在我们就来给出这个多项式的表达式.

将(6.15)式改写成如下形式:

$$a_k=-\frac{(k+2)(k+1)}{(n-k)(k+n+1)}a_{k+2} \quad (k\leqslant n-2),$$

于是可以通过多项式的最高次项系数 a_n 来表示其他各次项的系数:

$$a_{n-2}=-\frac{n(n-1)}{2(2n-1)}a_n,$$

$$a_{n-4}=-\frac{(n-2)(n-3)}{4(2n-3)}a_{n-2}=\frac{n(n-1)(n-2)(n-3)}{2\cdot 4(2n-1)(2n-3)}a_n,$$

$$\begin{aligned}a_{n-6}&=-\frac{(n-4)(n-5)}{6(2n-5)}a_{n-4}\\&=-\frac{n(n-1)(n-2)(n-3)(n-4)(n-5)}{2\cdot 4\cdot 6(2n-1)(2n-3)(2n-5)}a_n,\end{aligned}$$

$$\cdots\cdots\cdots\cdots$$

为了使这些表达式能够写成比较简洁的形式,并且使所得的多项式在 $x=1$ 处

① 参阅《学习指南》2.6.1.

的取值等于 1（见习题六中第 1 题），我们取 a_n 为

$$a_n=\frac{(2n)!}{2^n(n!)^2}=\frac{1\cdot 3\cdot 5\cdot\cdots\cdot(2n-1)}{n!}\quad(n=1,2,\cdots).$$

从而相应地有

$$\begin{aligned}a_{n-2}&=-\frac{n(n-1)}{2(2n-1)}\cdot\frac{(2n)!}{2^n(n!)^2}\\&=-\frac{n(n-1)2n(2n-1)(2n-2)!}{2(2n-1)2^n n(n-1)!\ n(n-1)(n-2)!}\\&=-\frac{(2n-2)!}{2^n(n-1)!\ (n-2)!},\end{aligned}$$

$$\begin{aligned}a_{n-4}&=-\frac{(n-2)(n-3)}{4(2n-3)}\left[-\frac{(2n-2)!}{2^n(n-1)!\ (n-2)!}\right]\\&=\frac{(n-2)(n-3)(2n-2)(2n-3)(2n-4)!}{4\cdot 2^n(2n-3)(n-1)(n-2)!\ (n-2)(n-3)(n-4)!}\\&=\frac{(2n-4)!}{2^n 2!\ (n-2)!\ (n-4)!},\end{aligned}$$

$$a_{n-6}=-\frac{(2n-6)!}{2^n 3!\ (n-3)!\ (n-6)!},$$

一般说来，当 $n-2m\geqslant 0$ 时，我们有

$$a_{n-2m}=(-1)^m\frac{(2n-2m)!}{2^n m!\ (n-m)!\ (n-2m)!}.$$

如果 n 是正偶数，将这些系数代入(6.17)式得到

$$\begin{aligned}y_1&=\frac{(2n)!}{2^n(n!)^2}x^n-\frac{(2n-2)!}{2^n(n-1)!\ (n-2)!}x^{n-2}+\cdots\\&=\sum_{m=0}^{\frac{n}{2}}(-1)^m\frac{(2n-2m)!}{2^n m!\ (n-m)!\ (n-2m)!}x^{n-2m},\end{aligned}$$

如果 n 是正奇数，将上面的 a_{n-2m} 表达式代入(6.18)式得到

$$y_2=\sum_{m=0}^{\frac{n-1}{2}}(-1)^m\frac{(2n-2m)!}{2^n m!\ (n-m)!\ (n-2m)!}x^{n-2m}.$$

把这两个多项式写成统一的形式，得

$$P_n(x)=\sum_{m=0}^{M}(-1)^m\frac{(2n-2m)!}{2^n m!\ (n-m)!\ (n-2m)!}x^{n-2m},\tag{6.19}$$

其中

$$M=\begin{cases}\dfrac{n}{2}, & \text{当 } n \text{ 为偶数时},\\[2ex] \dfrac{n-1}{2}, & \text{当 } n \text{ 为奇数时}.\end{cases}$$

这个多项式称为 n **次的勒让德多项式**(或称为第一类勒让德函数).

特别是,当 $n=0,1,2,3,4$ 时,分别有

$P_0(x)=1$,

$P_1(x)=x$,

$P_2(x)=\dfrac{1}{2}(3x^2-1)$,

$P_3(x)=\dfrac{1}{2}(5x^3-3x)$,

$P_4(x)=\dfrac{1}{8}(35x^4-30x^2+3)$,

它们在区间[0,1]上的图形如图 6-1 所示.

为了后面应用起来方便,我们可将 $P_n(x)$ 写成

$$P_n(x)=\frac{1}{2^n n!}\frac{\mathrm{d}^n}{\mathrm{d}x^n}(x^2-1)^n \qquad (6.20)$$

的形式,(6.20)式称为勒让德多项式的**罗德里格斯**(Rodrigues)**表达式**.要验证这个公式,只需要利用二项式定理将 $(x^2-1)^n$ 展开,然后逐项求 n 阶导数,读者自己验证一下.若有困难,请扫这里的二维码.

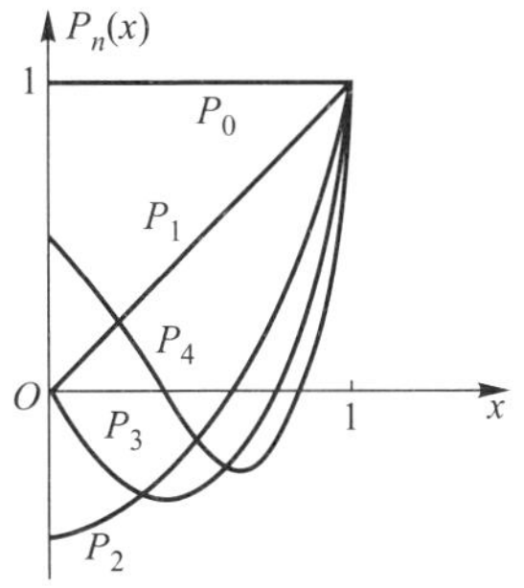

图 6-1

综合上述,可得如下结论:

当 n 不是整数时,方程(6.9)的通解为 $y=y_1+y_2$,其中 y_1,y_2 分别由(6.17)和(6.18)确定,而且它们在闭区间[-1,1]上是无界的,所以此时方程(6.9)在[-1,1]上无有界的解.

当 n 为整数时,在 a_n 适当选定之后,y_1 与 y_2 中有一个是勒让德多项式 $P_n(x)$,另一个仍是无穷级数,记作 $Q_n(x)$,此时方程(6.9)的通解为

$$y=C_1P_n(x)+C_2Q_n(x),$$

其中 $Q_n(x)$ 称为**第二类勒让德函数**,它在闭区间[-1,1]上仍是无界的.

§6.4 函数展开成勒让德多项式的级数

在应用勒让德多项式解决数学物理方程的定解问题时,需要将给定在区间$(-1,1)$内的函数按勒让德多项式展开为无穷级数.为此,首先要证明不同阶数的所有勒让德多项式的全体构成一个正交函数系(勒让德多项式$\{P_n(x):n=0,1,\cdots\}$的正交性也可以直接从§2.6中的结论3推知,读者想想是何道理?),然后再讨论把定义在$(-1,1)$内的函数展开成勒让德多项式的无穷级数的方法.

6.4.1 勒让德多项式的正交性

现在我们来讨论勒让德多项式的正交性,即要证明

$$\int_{-1}^{1} P_m(x)P_n(x)\,\mathrm{d}x=\begin{cases}0, & m\neq n,\\ \dfrac{2}{2n+1}, & m=n.\end{cases} \tag{6.21}$$

为了证明(6.21),我们先证明下列简单的等式:

$$\int_{-1}^{1} x^k P_n(x)\,\mathrm{d}x=0, \tag{6.22}$$

其中k为小于n的正整数.

利用分部积分法,得

$$\begin{aligned}\int_{-1}^{1} x^k P_n(x)\,\mathrm{d}x &= \int_{-1}^{1}\frac{1}{2^n n!}x^k\frac{\mathrm{d}^n}{\mathrm{d}x^n}(x^2-1)^n\mathrm{d}x\\ &=\frac{x^k}{2^n n!}\frac{\mathrm{d}^{n-1}}{\mathrm{d}x^{n-1}}(x^2-1)^n\bigg|_{-1}^{1}\\ &\quad-\frac{k}{2^n n!}\int_{-1}^{1}x^{k-1}\frac{\mathrm{d}^{n-1}}{\mathrm{d}x^{n-1}}(x^2-1)^n\mathrm{d}x.\end{aligned}$$

利用求高阶导数的**莱布尼茨**(Leibniz)公式①将$\dfrac{\mathrm{d}^{n-1}}{\mathrm{d}x^{n-1}}(x^2-1)^n$展开,因为其中每一项都含有$x-1$,$x+1$这两个因子,所以上式第一项等于零.第二项的积分继续使用分部积分法,经过k次之后得

① $[u(x)\cdot v(x)]^{(n)}=\sum\limits_{k=0}^{n}\mathrm{C}_n^k u^{(n-k)}(x)v^{(k)}(x).$

$$\int_{-1}^{1} x^k P_n(x)\,\mathrm{d}x = (-1)^k \frac{k!}{2^n n!}\int_{-1}^{1} \frac{\mathrm{d}^{n-k}}{\mathrm{d}x^{n-k}}(x^2-1)^n \mathrm{d}x$$

$$=(-1)^k \frac{k!}{2^n n!}\frac{\mathrm{d}^{n-(k+1)}}{\mathrm{d}x^{n-(k+1)}}(x^2-1)^n\bigg|_{-1}^{1}=0.$$

在(6.21)中，当 $m\neq n$ 时，不论 $m<n$ 或 $m>n$，总可以把它化成有限个形如(6.22)左端积分之和，故有

$$\int_{-1}^{1} P_m(x)P_n(x)\,\mathrm{d}x = 0.$$

当 $m=n$ 时，还是反复使用分部积分法，即

$$\int_{-1}^{1} P_n^2(x)\,\mathrm{d}x = \frac{1}{2^{2n}(n!)^2}\int_{-1}^{1}\frac{\mathrm{d}^n}{\mathrm{d}x^n}(x^2-1)^n\frac{\mathrm{d}^n}{\mathrm{d}x^n}(x^2-1)^n\mathrm{d}x$$

$$=\frac{1}{2^{2n}(n!)^2}\left\{\left[\frac{\mathrm{d}^{n-1}}{\mathrm{d}x^{n-1}}(x^2-1)^n\frac{\mathrm{d}^n}{\mathrm{d}x^n}(x^2-1)^n\right]_{-1}^{1}\right.$$

$$\left.-\int_{-1}^{1}\frac{\mathrm{d}^{n+1}}{\mathrm{d}x^{n+1}}(x^2-1)^n\frac{\mathrm{d}^{n-1}}{\mathrm{d}x^{n-1}}(x^2-1)^n\mathrm{d}x\right\}$$

$$=-\frac{1}{2^{2n}(n!)^2}\int_{-1}^{1}\frac{\mathrm{d}^{n+1}}{\mathrm{d}x^{n+1}}(x^2-1)^n\frac{\mathrm{d}^{n-1}}{\mathrm{d}x^{n-1}}(x^2-1)^n\mathrm{d}x.$$

经过 n 次这样运算之后，得

$$\int_{-1}^{1} P_n^2(x)\,\mathrm{d}x$$

$$=(-1)^n\frac{1}{2^{2n}(n!)^2}\int_{-1}^{1}\left[\frac{\mathrm{d}^{2n}}{\mathrm{d}x^{2n}}(x^2-1)^n\right](x^2-1)^n\mathrm{d}x$$

$$=(-1)^n\frac{1}{2^{2n}(n!)^2}\int_{-1}^{1}\left[\frac{\mathrm{d}^{2n}}{\mathrm{d}x^{2n}}x^{2n}\right](x^2-1)^n\mathrm{d}x$$

$$=(-1)^n\frac{(2n)!}{2^{2n}(n!)^2}\int_{-1}^{1}(x^2-1)^n\mathrm{d}x.$$

作代换 $x=\cos\varphi$，则 $(x^2-1)^n=(-1)^n\sin^{2n}\varphi$，$\mathrm{d}x=-\sin\varphi\,\mathrm{d}\varphi$，因而

$$\int_{-1}^{1} P_n^2(x)\,\mathrm{d}x = \frac{(2n)!}{2^{2n}(n!)^2}\int_0^{\pi}\sin^{2n+1}\varphi\,\mathrm{d}\varphi$$

$$=\frac{2(2n)!}{2^{2n}(n!)^2}\int_0^{\frac{\pi}{2}}\sin^{2n+1}\varphi\,\mathrm{d}\varphi$$

$$=\frac{2(2n)!}{2^{2n}(n!)^2}\frac{2n(2n-2)\cdot\cdots4\cdot2}{(2n+1)(2n-1)\cdot\cdots5\cdot3}$$

$$=\frac{2(2n)!}{2^{2n}(n!)^2}\frac{2^n n!}{(2n+1)(2n-1)\cdot\cdots 5\cdot 3}$$

$$=\frac{2(2n)!}{(2n+1)!}=\frac{2}{2n+1}.$$

至此,正交关系式(6.21)完全得到了证明.和贝塞尔函数一样,通常我们也把定积分 $\int_{-1}^{1}P_n^2(x)\mathrm{d}x$ 的算术平方根称为勒让德多项式的**模值**.

6.4.2 函数展开成勒让德多项式的级数

有了(6.21)式,我们就可以讨论函数按勒让德多项式展开的问题了.设函数 $f(x)$ 满足§2.6所述按特征函数展开的条件,则 $f(x)$ 可以表示为

$$f(x)=\sum_{n=0}^{\infty}C_nP_n(x),\ -1<x<1,\tag{6.23}$$

为了求出系数 C_n,在(6.23)式两端同乘 $P_n(x)$ 并在区间(-1,1)内积分,得

$$\int_{-1}^{1}f(x)P_n(x)\mathrm{d}x=\sum_{k=0}^{\infty}C_k\int_{-1}^{1}P_k(x)P_n(x)\mathrm{d}x=C_n\frac{2}{2n+1},$$

所以

$$C_n=\frac{2n+1}{2}\int_{-1}^{1}f(x)P_n(x)\mathrm{d}x\quad(n=0,1,2,\cdots).\tag{6.24}$$

把 C_n 代入(6.23)式,便得 $f(x)$ 的展开式.

如果在(6.23)与(6.24)中令 $x=\cos\theta$,则这两个式子可写成

$$f(\cos\theta)=\sum_{n=0}^{\infty}C_nP_n(\cos\theta),\ 0<\theta<\pi,$$

$$C_n=\frac{2n+1}{2}\int_0^{\pi}f(\cos\theta)P_n(\cos\theta)\sin\theta\mathrm{d}\theta.$$

例 1 将 $f(x)=|x|$ 在区间(-1,1)内展成勒让德多项式的级数①.

解 因 $f(x)=|x|$ 在(-1,1)内是偶函数,而 $P_{2n+1}(x)$ 是 x 的奇函数,故 $C_{2n+1}=0\ (n=0,1,2,\cdots)$.下面来计算 $C_{2n}\ (n=0,1,2,\cdots)$.

$$C_0=\frac{1}{2}\int_{-1}^{1}f(x)\mathrm{d}x=\frac{1}{2}\int_{-1}^{0}(-x)\mathrm{d}x+\frac{1}{2}\int_0^1x\mathrm{d}x=\frac{1}{2},$$

---

① 注意,这里由于 $f(x)=|x|$ 不满足§2.6中所述的关于按特征函数系展开的条件,所以得到的展开式是否绝对且一致收敛于 $f(x)$,不能从§2.6得出,需要另行讨论,在没有作这种论证时,所进行的展开都只是形式上的.

$$
\begin{aligned}
C_{2n} &= \frac{4n+1}{2}\int_{-1}^{1} f(x)P_{2n}(x)\,\mathrm{d}x \\
&= \frac{4n+1}{2}\int_{-1}^{0}(-x)P_{2n}(x)\,\mathrm{d}x + \frac{4n+1}{2}\int_{0}^{1} xP_{2n}(x)\,\mathrm{d}x \\
&= \frac{4n+1}{2}\int_{-1}^{0}(-x)\frac{1}{2^{2n}(2n)!}\frac{\mathrm{d}^{2n}}{\mathrm{d}x^{2n}}(x^2-1)^{2n}\,\mathrm{d}x \\
&\quad + \frac{4n+1}{2}\int_{0}^{1} x\frac{1}{2^{2n}(2n)!}\frac{\mathrm{d}^{2n}}{\mathrm{d}x^{2n}}(x^2-1)^{2n}\,\mathrm{d}x \\
&= \frac{4n+1}{2^{2n+1}(2n)!}\left[-x\frac{\mathrm{d}^{2n-1}}{\mathrm{d}x^{2n-1}}(x^2-1)^{2n}\Big|_{-1}^{0} + \int_{-1}^{0}\frac{\mathrm{d}^{2n-1}}{\mathrm{d}x^{2n-1}}(x^2-1)^{2n}\,\mathrm{d}x\right] \\
&\quad + \frac{4n+1}{2^{2n+1}(2n)!}\left[x\frac{\mathrm{d}^{2n-1}}{\mathrm{d}x^{2n-1}}(x^2-1)^{2n}\Big|_{0}^{1} - \int_{0}^{1}\frac{\mathrm{d}^{2n-1}}{\mathrm{d}x^{2n-1}}(x^2-1)^{2n}\,\mathrm{d}x\right] \\
&= \frac{4n+1}{2^{2n+1}(2n)!}\left[\frac{\mathrm{d}^{2n-2}}{\mathrm{d}x^{2n-2}}(x^2-1)^{2n}\Big|_{-1}^{0} - \frac{\mathrm{d}^{2n-2}}{\mathrm{d}x^{2n-2}}(x^2-1)^{2n}\Big|_{0}^{1}\right] \\
&= \frac{4n+1}{2^{2n}(2n)!}\frac{\mathrm{d}^{2n-2}}{\mathrm{d}x^{2n-2}}(x^2-1)^{2n}\Big|_{x=0} \\
&= \frac{4n+1}{2^{2n}(2n)!}\frac{\mathrm{d}^{2n-2}}{\mathrm{d}x^{2n-2}}\left[\sum_{k=0}^{2n}\mathrm{C}_{2n}^{k}x^{2k}(-1)^{2n-k}\right]\Bigg|_{x=0} \\
&= (-1)^{n+1}\frac{4n+1}{2^{2n}(2n)!}\mathrm{C}_{2n}^{n-1}(2n-2)! \\
&= (-1)^{n+1}\frac{(4n+1)(2n-2)!}{2^{2n}(n-1)!\ (n+1)!}.
\end{aligned}
$$

从而

$$
|x| = \frac{1}{2} + \sum_{n=1}^{\infty}\frac{(-1)^{n+1}(4n+1)(2n-2)!}{2^{2n}(n-1)!\ (n+1)!}P_{2n}(x),
$$

$$-1<x<1.$$

例 2 求证勒让德多项式的递推公式:

$$
(n+1)P_{n+1}(x)-(2n+1)xP_n(x)+nP_{n-1}(x)=0. \tag{6.25}
$$

解 为了证明公式(6.25),我们将函数 $xP_n(x)$ 展成勒让德多项式的级数. 设

$$
xP_n(x) = \sum_{k=0}^{\infty} C_k P_k(x),
$$

其中

$$C_k=\frac{2k+1}{2}\int_{-1}^{1}xP_n(x)P_k(x)\,\mathrm{d}x.$$

由于 $xP_n(x)$ 是 $n+1$ 次多项式，所以它的展开式中不可能包含高于 $n+1$ 次的多项式，即当 $k>n+1$ 时，$C_k=0$. 同时，利用分部积分法，可得

$$\begin{aligned}C_k&=\frac{2k+1}{2}\int_{-1}^{1}xP_n(x)P_k(x)\,\mathrm{d}x\\&=\frac{2k+1}{2}\cdot\frac{1}{2^n n!}\int_{-1}^{1}xP_k(x)\frac{\mathrm{d}^n}{\mathrm{d}x^n}(x^2-1)^n\,\mathrm{d}x\\&=(-1)^n\frac{2k+1}{2^{n+1}n!}\int_{-1}^{1}(x^2-1)^n\frac{\mathrm{d}^n}{\mathrm{d}x^n}[xP_k(x)]\,\mathrm{d}x.\end{aligned}$$

当 $k<n-1$ 时，$\frac{\mathrm{d}^n}{\mathrm{d}x^n}[xP_k(x)]\equiv 0$，因此可知

$$C_{n-2}=C_{n-3}=\cdots=C_0=0.$$

此外，由(6.17)与(6.18)可见，$xP_n^2(x)$ 是 x 的奇函数，故有

$$C_n=\frac{2n+1}{2}\int_{-1}^{1}xP_n^2(x)\,\mathrm{d}x=0.$$

这样一来，$xP_n(x)$ 的展开式中只剩下两项，即

$$xP_n(x)=C_{n+1}P_{n+1}(x)+C_{n-1}P_{n-1}(x).\tag{6.26}$$

系数 C_{n+1} 与 C_{n-1} 固然也可以用上面的公式进行计算，不过这样做比较麻烦，下面我们用别的方法来确定.

由于 $P_n(x)$ 的最高次项的系数为 $\frac{(2n)!}{2^n(n!)^2}$，比较(6.26)两端最高次项的系数，得

$$\frac{(2n)!}{2^n(n!)^2}=C_{n+1}\frac{(2n+2)!}{2^{n+1}[(n+1)!]^2},$$

由此得到

$$C_{n+1}=\frac{n+1}{2n+1}.$$

在(6.26)中令 $x=1$，由于 $P_n(1)=1$，可得

$$1=C_{n+1}+C_{n-1},$$

即

$$C_{n-1}=1-C_{n+1}=1-\frac{n+1}{2n+1}=\frac{n}{2n+1}.$$

将 C_{n+1}，C_{n-1} 代入(6.26)中，得到

$$xP_n(x)=\frac{n+1}{2n+1}P_{n+1}(x)+\frac{n}{2n+1}P_{n-1}(x),$$

这就是所要证明的递推公式(6.25).这个公式告诉我们，当已知 $P_{n-1}(x)$ 与 $P_n(x)$ 时，即可由它们求出 $P_{n+1}(x)$，这对于计算勒让德多项式的函数值有重要的意义.

例 3 球形域内的电位分布.

在半径为 1 的球内求调和函数 u，使它在球面上满足

$$u\Big|_{r=1}=\cos^2\theta.$$

解 由于方程的自由项及定解条件中的已知函数均与变量 φ 无关，故可以推知，所求的调和函数只与 r,θ 两个变量有关，而与变量 φ 无关，因此，所提的问题可归结为下列定解问题：

$$\begin{cases}\dfrac{1}{r^2}\dfrac{\partial}{\partial r}\left(r^2\dfrac{\partial u}{\partial r}\right)+\dfrac{1}{r^2\sin\theta}\dfrac{\partial}{\partial\theta}\left(\sin\theta\dfrac{\partial u}{\partial\theta}\right)=0,\ 0<r<1,\ 0\leqslant\theta\leqslant\pi,\\ u\Big|_{r=1}=\cos^2\theta,\ 0\leqslant\theta\leqslant\pi.\end{cases}\tag{6.27}$$

用分离变量法来解，令 $u(r,\theta)=R(r)\Theta(\theta)$ 代入原方程，得

$$(r^2R''+2rR')\Theta+(\Theta''+\cot\theta\ \Theta')R=0$$

或

$$\frac{r^2R''+2rR'}{R}=-\frac{\Theta''+\cot\theta\ \Theta'}{\Theta}=\lambda.$$

从而得到

$$r^2R''+2rR'-\lambda R=0,\tag{6.28}$$

$$\Theta''(\theta)+\cot\theta\ \Theta'(\theta)+\lambda\Theta(\theta)=0.\tag{6.29}$$

将常数 λ 写成 $\lambda=n(n+1)$，则方程(6.29)就是(6.6)当 $m=0$ 的特例，所以它就是勒让德方程.由问题的物理意义，函数 $u(r,\theta)$ 应是有界的，从而 $\Theta(\theta)$ 也应有界，由§6.3 中的结论可知，只有当 n 为整数时，方程(6.29)在区间 $0\leqslant\theta\leqslant\pi$ 内才有有界解 $\Theta_n(\theta)=P_n(\cos\theta)$（$P_n(\cos\theta)$ $(n=0,1,\cdots)$ 就是方程(6.29)在自然边界条件 $|\Theta(0)|<+\infty$，$|\Theta(\pi)|<+\infty$ 下的特征函数系；或者说 $P_n(x)$ $(n=0,1,\cdots)$ 就是方程(6.9)在自然边界条件 $|y(\pm1)|<+\infty$ 下的特征函数系，因为 $k(x)=1-x^2$ 在 $x=\pm1$ 处为零，所以在这两点应加自然边界条件）.而方程(6.28)的通解为

$$R_n=C_1r^n+C_2r^{-(n+1)},$$

要使 u 有界,必须 R_n 也有界,故 $C_2=0$,即

$$R_n=C_n r^n.$$

用叠加原理得到原问题的解为

$$u(r,\theta)=\sum_{n=0}^{\infty}C_n r^n P_n(\cos\theta). \tag{6.30}$$

由(6.27)中的边界条件得

$$\cos^2\theta=\sum_{n=0}^{\infty}C_n P_n(\cos\theta). \tag{6.31}$$

若在(6.31)中以 x 代替 $\cos\theta$,则得

$$x^2=\sum_{n=0}^{\infty}C_n P_n(x).$$

由于

$$x^2\equiv\frac{1}{3}P_0(x)+\frac{2}{3}P_2(x),$$

比较这两式的右端可得

$$C_0=\frac{1}{3},\ C_2=\frac{2}{3},\ C_n=0\ \ (n\neq 0,2).$$

因此所求定解问题的解为

$$\begin{aligned}u(r,\theta)&=\frac{1}{3}+\frac{2}{3}P_2(\cos\theta)r^2\\&=\frac{1}{3}+\left(\cos^2\theta-\frac{1}{3}\right)r^2.\end{aligned}$$

(6.31)中的系数当然也可以用公式(6.24)来计算,读者自己可按这个公式计算一遍.

*§6.5 连带的勒让德多项式

在§6.1中我们已经指出过,若调和函数 u 与 φ 有关,则通过在球坐标系内对拉普拉斯方程进行分离变量便引出连带的勒让德方程(6.6)或(6.7),在(6.7)中将未知函数 P 换成 y 即得

$$(1-x^2)\frac{\mathrm{d}^2y}{\mathrm{d}x^2}-2x\frac{\mathrm{d}y}{\mathrm{d}x}+\left[n(n+1)-\frac{m^2}{1-x^2}\right]y=0, \tag{6.32}$$

其中 m 是正整数,现在我们来寻求这个方程的解.

在勒让德方程

$$(1-x^2)\frac{\mathrm{d}^2 v}{\mathrm{d}x^2}-2x\frac{\mathrm{d}v}{\mathrm{d}x}+n(n+1)v=0$$

的两端对 x 微分 m 次,便得

$$\frac{\mathrm{d}^m}{\mathrm{d}x^m}\left[(1-x^2)\frac{\mathrm{d}^2 v}{\mathrm{d}x^2}\right]-\frac{\mathrm{d}^m}{\mathrm{d}x^m}\left[2x\frac{\mathrm{d}v}{\mathrm{d}x}\right]+n(n+1)\frac{\mathrm{d}^m v}{\mathrm{d}x^m}=0. \tag{6.33}$$

但

$$\begin{aligned}&\frac{\mathrm{d}^m}{\mathrm{d}x^m}\left[(1-x^2)\frac{\mathrm{d}^2 v}{\mathrm{d}x^2}\right]\\&=(1-x^2)\frac{\mathrm{d}^{m+2}v}{\mathrm{d}x^{m+2}}-\frac{m}{1!}2x\frac{\mathrm{d}^{m+1}v}{\mathrm{d}x^{m+1}}-\frac{m(m-1)}{2!}\cdot 2\cdot\frac{\mathrm{d}^m v}{\mathrm{d}x^m},\\&\frac{\mathrm{d}^m}{\mathrm{d}x^m}\left[2x\frac{\mathrm{d}v}{\mathrm{d}x}\right]=2x\frac{\mathrm{d}^{m+1}v}{\mathrm{d}x^{m+1}}+\frac{m}{1!}\cdot 2\cdot\frac{\mathrm{d}^m v}{\mathrm{d}x^m},\end{aligned}$$

故(6.33)为

$$(1-x^2)\frac{\mathrm{d}^{m+2}v}{\mathrm{d}x^{m+2}}-(m+1)2x\frac{\mathrm{d}^{m+1}v}{\mathrm{d}x^{m+1}}+[n(n+1)-m(m+1)]\frac{\mathrm{d}^m v}{\mathrm{d}x^m}=0. \tag{6.34}$$

令 $u=\frac{\mathrm{d}^m v}{\mathrm{d}x^m}$,则(6.34)可化成

$$(1-x^2)\frac{\mathrm{d}^2 u}{\mathrm{d}x^2}-2x(m+1)\frac{\mathrm{d}u}{\mathrm{d}x}+[n(n+1)-m(m+1)]u=0. \tag{6.35}$$

若再引入新函数 $w=(1-x^2)^{\frac{m}{2}}u$,则有

$$\frac{\mathrm{d}u}{\mathrm{d}x}=mx(1-x^2)^{-\frac{m}{2}-1}w+(1-x^2)^{-\frac{m}{2}}\frac{\mathrm{d}w}{\mathrm{d}x},$$

$$\begin{aligned}\frac{\mathrm{d}^2 u}{\mathrm{d}x^2}=&m(1-x^2)^{-\frac{m}{2}-2}w[(1-x^2)+(m+2)x^2]\\&+2mx(1-x^2)^{-\frac{m}{2}-1}\frac{\mathrm{d}w}{\mathrm{d}x}+(1-x^2)^{-\frac{m}{2}}\frac{\mathrm{d}^2 w}{\mathrm{d}x^2}.\end{aligned}$$

代入(6.35)并化简得到

$$(1-x^2)\frac{\mathrm{d}^2 w}{\mathrm{d}x^2}-2x\frac{\mathrm{d}w}{\mathrm{d}x}+\left[n(n+1)-\frac{m^2}{1-x^2}\right]w=0,$$

这就说明,若 v 是勒让德方程(6.9)的解,则 $w=(1-x^2)^{\frac{m}{2}}\frac{\mathrm{d}^m v}{\mathrm{d}x^m}$ 必是连带的勒让德方程(6.32)的解.我们已经知道,当 n 为正整数时,方程(6.9)有一个在[-1,1]上的有界解

$$v=P_n(x),$$

从而，当 n 为正整数时，函数

$$w=(1-x^2)^{\frac{m}{2}}\frac{\mathrm{d}^m P_n(x)}{\mathrm{d}x^m} \tag{6.36}$$

是连带的勒让德方程(6.32)在$[-1,1]$上的有界解，这个解以$P_n^m(x)$表示，即

$$P_n^m(x)=(1-x^2)^{\frac{m}{2}}\frac{\mathrm{d}^m P_n(x)}{\mathrm{d}x^m}\quad(m\leqslant n,|x|\leqslant 1).$$

我们称它为 **n 次 m 阶的连带勒让德多项式**.从施图姆-刘维尔理论可知，连带的勒让德多项式$\{P_n^m(x):n=0,1,2,\cdots\}$在区间$[-1,1]$上也构成正交完备系.经过计算还可以得到它的模值的平方为

$$\int_{-1}^{1}[P_n^m(x)]^2\mathrm{d}x=\frac{2}{2n+1}\frac{(n+m)!}{(n-m)!}. \tag{6.37}$$

利用(6.37)和$\{P_n^m(x):n=0,1,2,\cdots\}$的正交完全(备)性，我们就可以把一个在$[-1,1]$上满足按特征函数系展开条件的函数$f(x)$展成如下形式的级数

$$f(x)=\sum_{n=0}^{\infty}C_nP_n^m(x),$$

其中

$$C_n=\frac{(2n+1)(n-m)!}{2(n+m)!}\int_{-1}^{1}f(x)P_n^m(x)\mathrm{d}x.$$

若令 $x=\cos\theta$，则上面两式可写成

$$f(\cos\theta)=\sum_{n=0}^{\infty}C_nP_n^m(\cos\theta),$$

$$C_n=\frac{(2n+1)(n-m)!}{2(n+m)!}\int_{0}^{\pi}f(\cos\theta)P_n^m(\cos\theta)\sin\theta\mathrm{d}\theta.$$

从§6.1可以看出，当我们在球坐标系内求解不具有轴对称(即与 φ 有关)的边值问题

$$\begin{cases}\Delta u=0,\ r<R,0\leqslant\theta\leqslant\pi,0\leqslant\varphi\leqslant 2\pi,\\ u\big|_{r=R}=f(\theta,\varphi),\ 0\leqslant\theta\leqslant\pi,0\leqslant\varphi\leqslant 2\pi\end{cases}$$

时，要求将已知函数 $f(\theta,\varphi)$ 按照函数系$\{P_n^m(\cos\theta)\cos m\varphi,P_n^m(\cos\theta)\sin m\varphi:n=0,1,2,\cdots,m=0,1,\cdots,n\}$进行展开，即要将 $f(\theta,\varphi)$ 表示成

$$f(\theta,\varphi)=\sum_{n=0}^{\infty}\sum_{m=0}^{n}(A_n^m\cos m\varphi+B_n^m\sin m\varphi)P_n^m(\cos\theta). \tag{6.38}$$

为了计算这个展开式中的系数 A_n^m 与 B_n^m,我们只要注意到上述函数系有如下正交关系式①

$$\int_0^{\pi}\int_0^{2\pi} P_n^m(\cos\theta)P_k^l(\cos\theta)\sin\theta\begin{Bmatrix}\cos m\varphi\\ \sin m\varphi\end{Bmatrix}\begin{Bmatrix}\cos l\varphi\\ \sin l\varphi\end{Bmatrix}\,\mathrm{d}\theta\mathrm{d}\varphi$$

$$=\begin{cases}0, & m\neq l \text{ 或 } n\neq k,\\ \dfrac{2\pi\delta_m(n+m)!}{(2n+1)(n-m)!}, & m=l,n=k,\end{cases}\tag{6.39}$$

其中

$$\delta_m=\begin{cases}2, m=0,\\ 1, m\neq 0.\end{cases}$$

利用通常的方法与(6.39)可得

$$\begin{cases}A_n^m=\dfrac{(2n+1)(n-m)!}{2\pi\delta_m(n+m)!}\times\displaystyle\int_0^{\pi}\int_0^{2\pi} f(\theta,\varphi)P_n^m(\cos\theta)\cos m\varphi\sin\theta\mathrm{d}\theta\mathrm{d}\varphi,\\ B_n^m=\dfrac{(2n+1)(n-m)!}{2\pi(n+m)!}\times\displaystyle\int_0^{\pi}\int_0^{2\pi} f(\theta,\varphi)P_n^m(\cos\theta)\sin m\varphi\sin\theta\mathrm{d}\theta\mathrm{d}\varphi.\end{cases}\tag{6.40}$$

习 题 六

1. 证明:

$$P_n(1)=1, P_n(-1)=(-1)^n,$$

$$P_{2n-1}(0)=0,\ P_{2n}(0)=\frac{(-1)^n(2n)!}{2^{2n}(n!)^2}.$$

2. 证明:

(1) $x^2=\dfrac{2}{3}P_2(x)+\dfrac{1}{3}P_0(x)$;

(2) $x^3=\dfrac{2}{5}P_3(x)+\dfrac{3}{5}P_1(x)$.

3. 计算下列积分:

---

① 这里符号 $\begin{Bmatrix}\cos m\varphi\\ \sin m\varphi\end{Bmatrix}\begin{Bmatrix}\cos l\varphi\\ \sin l\varphi\end{Bmatrix}$ 是指可以分别在两个括号{ }中任取一个函数相乘,所以(6.39)左端的积分表达式代表了4个积分.

(1) $\int_0^1 xP_5(x)\,dx$;

(2) $\int_{-1}^1 [P_2(x)]^2\,dx$;

(3) $\int_{-1}^1 P_2(x)P_4(x)\,dx$.

4. 若 $f(x)=\begin{cases}0, & -1<x\leqslant 0,\\ x, & 0<x<1,\end{cases}$ 证明

$$f(x)=\frac{1}{4}P_0(x)+\frac{1}{2}P_1(x)+\frac{5}{16}P_2(x)-\frac{3}{32}P_4(x)+\cdots.$$

5. 证明：

$$P_n(x)=\frac{1}{2n+1}[P'_{n+1}(x)-P'_{n-1}(x)].$$

6. 证明：

$$P'_n(x)=(2n-1)P_{n-1}(x)+(2n-5)P_{n-3}(x)+(2n-9)P_{n-5}(x)+\cdots$$

7. 验证 $P_n(x)=\dfrac{1}{2^n n!}\dfrac{d^n}{dx^n}(x^2-1)^n$ 满足勒让德方程.

8. 在半径为 1 的球内求调和函数 u,使

$$u\Big|_{r=1}=3\cos 2\theta+1.$$

9. 在半径为 1 的球内求调和函数,已知在球面上

$$u\Big|_{r=1}=\begin{cases}A, & 0\leqslant\theta\leqslant\alpha,\\ 0, & \alpha<\theta\leqslant\pi.\end{cases}$$

10. 在半径为 1 的球的外部求调和函数,使

$$u\Big|_{r=1}=\cos^2\theta.$$

11. 证明勒让德多项式的母函数为 $\dfrac{1}{\sqrt{1+t^2-2tx}}$,即

$$\frac{1}{\sqrt{1+t^2-2tx}}=\sum_{n=0}^{\infty}P_n(x)t^n.$$

[提示:当 $|t|$ 很小时,可使 $|t^2-2tx|<1$,将 $\dfrac{1}{\sqrt{1+t^2-2tx}}$ 先按 (t^2-2tx) 展开成幂级数.]

12. 利用勒让德多项式的母函数,证明递推关系式

$$P_{n+1}(x)=\frac{2n+1}{n+1}xP_n(x)-\frac{n}{n+1}P_{n-1}(x).$$

第七章　数学物理方程的近似解法

数学物理方程的各种定解问题,只有当方程比较简单而区域又很规则时,才可能用前面所讲的一些解法求出其准确解.工程技术中所提出的定解问题,往往不是由于方程比较复杂就是由于区域不很规则,以致无法求出其准确解.这时,有效的做法就是求出近似解.只要近似程度满足实际需要,所提的定解问题就算获得了解决.而且严格说来,在推导数学物理方程与相应的定解条件时不免要作一些简化,由于方程及定解条件或多或少的近似性,所谓准确解其实也还是近似的.

求解数学物理方程常用的近似方法有差分法、变分法及有限元素法等.本章我们只打算对差分方法和变分方法作一简要的介绍,主要目的在于说明如何将一个微分方程化成差分方程或化成一个变分问题,并指出求解所得差分方程或变分问题的一般方法.

两种近似方法各有特点,差分方法不受方程类型的限制,变分方法只适用于求解平衡(稳态)问题,但它可以得到解的近似解析表达式.

§7.1　差 分 解 法

在这一节内,我们主要讲如何构造求解一个定解问题的差分格式以及多种差分格式的解法.

7.1.1　将微分方程化成差分方程

由微分学知道,函数的导数是函数的增量与自变量增量之比的极限,即

$$u'(x)=\lim_{\Delta x\to 0}\frac{u(x+\Delta x)-u(x)}{\Delta x}=\lim_{\Delta x\to 0}\frac{u(x)-u(x-\Delta x)}{\Delta x},$$

$$u''(x)=\lim_{\Delta x\to 0}\frac{u'(x+\Delta x)-u'(x)}{\Delta x}$$

$$=\lim_{\Delta x\to 0}\frac{1}{\Delta x}\left[\frac{u(x+\Delta x)-u(x)}{\Delta x}-\frac{u(x)-u(x-\Delta x)}{\Delta x}\right]$$

$$= \lim_{\Delta x \to 0} \frac{u(x+\Delta x)-2u(x)+u(x-\Delta x)}{(\Delta x)^2}.$$

当 $|\Delta x|$ 很小时，$u'(x)$ 可以近似地用差商

$$\frac{u(x+\Delta x)-u(x)}{\Delta x} \text{或} \frac{u(x)-u(x-\Delta x)}{\Delta x}$$

代替，$u''(x)$ 可近似地用二阶差商

$$\frac{u(x+\Delta x)-2u(x)+u(x-\Delta x)}{(\Delta x)^2}$$

代替.从而一个微分方程可近似地用一个差分方程来代替.例如，二维拉普拉斯方程

$$\frac{\partial^2 u}{\partial x^2}+\frac{\partial^2 u}{\partial y^2}=0,$$

可以用方程

$$\frac{u(x+\Delta x,y)-2u(x,y)+u(x-\Delta x,y)}{(\Delta x)^2} + \frac{u(x,y+\Delta y)-2u(x,y)+u(x,y-\Delta y)}{(\Delta y)^2}=0 \tag{7.1}$$

近似地代替.这种近似代替所产生的误差可作如下估计：

对于充分光滑的函数 $u=u(x,y)$，利用泰勒公式展开到四阶导数项，可得

$$\begin{aligned}
&u(x+\Delta x,y)-2u(x,y)+u(x-\Delta x,y)\\
&=\left[u(x,y)+\frac{\partial u(x,y)}{\partial x}\Delta x+\frac{1}{2!}\frac{\partial^2 u(x,y)}{\partial x^2}(\Delta x)^2\right.\\
&\quad\left.+\frac{1}{3!}\frac{\partial^3 u(x,y)}{\partial x^3}(\Delta x)^3+\frac{1}{4!}\frac{\partial^4 u(\xi,y)}{\partial x^4}(\Delta x)^4\right]\\
&\quad+\left[u(x,y)-\frac{\partial u(x,y)}{\partial x}\Delta x+\frac{1}{2!}\frac{\partial^2 u(x,y)}{\partial x^2}(\Delta x)^2\right.\\
&\quad\left.-\frac{1}{3!}\frac{\partial^3 u(x,y)}{\partial x^3}(\Delta x)^3+\frac{1}{4!}\frac{\partial^4 u(\eta,y)}{\partial x^4}(\Delta x)^4\right]-2u(x,y)\\
&=\frac{\partial^2 u(x,y)}{\partial x^2}(\Delta x)^2+\frac{1}{4!}\left[\frac{\partial^4 u(\xi,y)}{\partial x^4}+\frac{\partial^4 u(\eta,y)}{\partial x^4}\right](\Delta x)^4,
\end{aligned}$$

其中 $\xi=x+\theta_1\Delta x,\eta=x+\theta_2\Delta x(0<\theta_1,\theta_2<1)$.于是有

$$\frac{u(x+\Delta x,y)-2u(x,y)+u(x-\Delta x,y)}{(\Delta x)^2}$$

$$=\frac{\partial^2 u(x,y)}{\partial x^2}+O((\Delta x)^2)^{①},$$

同理有

$$\frac{u(x,y+\Delta y)-2u(x,y)+u(x,y-\Delta y)}{(\Delta y)^2}$$

$$=\frac{\partial^2 u(x,y)}{\partial y^2}+O((\Delta y)^2).$$

因此用(7.1)式近似代替二维拉普拉斯方程,其截断误差(这种误差是由于用泰勒级数的前有限项代替无穷项而造成的)为$(\Delta x)^2+(\Delta y)^2$的数量级.如果$\Delta x=\Delta y=h$,则截断误差为$h^2$数量级.

完全类似地,一维热传导方程

$$\frac{\partial u}{\partial t}=a^2\frac{\partial^2 u}{\partial x^2},$$

可以用方程

$$\frac{u(x,t+\Delta t)-u(x,t)}{\Delta t}$$

$$=a^2\frac{u(x+\Delta x,t)-2u(x,t)+u(x-\Delta x,t)}{(\Delta x)^2} \tag{7.2}$$

近似代替,其截断误差为$O(\Delta t)+O((\Delta x)^2)$.

一维波动方程

$$\frac{\partial^2 u}{\partial t^2}=a^2\frac{\partial^2 u}{\partial x^2},$$

可以用方程

$$\frac{u(x,t+\Delta t)-2(u,t)+u(x,t-\Delta t)}{(\Delta t)^2}$$

$$=a^2\frac{u(x+\Delta x,t)-2u(x,t)+u(x-\Delta x,t)}{(\Delta x)^2} \tag{7.3}$$

近似代替,其截断误差为$O((\Delta x)^2+(\Delta t)^2)$.

---

① 当$x\to 0$时,$O(x)$是与x同阶的无穷小量,即当$x\to 0$时,$\frac{O(x)}{x}\to C$,C为非零常数.

方程(7.1),(7.2),(7.3)都是差分方程,如何求解这些差分方程？下面将分别予以讨论.

7.1.2　拉普拉斯方程的差分格式

考虑拉普拉斯方程

$$\frac{\partial^2 u}{\partial x^2}+\frac{\partial^2 u}{\partial y^2}=0,\quad (x,y)\in\Omega \tag{7.4}$$

在边界条件

$$u\bigg|_{\Gamma}=f(x,y) \tag{7.5}$$

下的解,此处 Γ 是平面上有界区域 Ω 的边界.

为了用差分方法解这个定解问题,作平行于坐标轴的两族直线

$$x_i=x_0+ih,$$
$$y_j=y_0+jh.$$

这两族直线将区域 Ω 分割成许多小方格(如图 7-1 所示),这些小方格以后称为**网格**.小方格的边长 h 称为**步长**.以 Γ_h 表示由一些正方形网格的边所连成的封闭折线,如图 7-1 中粗线所示,选取 Γ_h 应尽可能与原边界 Γ 接近,Γ_h 所包围的所有网格的全体记作 Ω_h,显然 Ω_h 是一个与区域 Ω 近似的区域.点 (x_i,y_j) 称为网格的**结点**.

所谓差分解法就是以 Γ_h 代替 Γ,以 Ω_h 代替 Ω,然后在 Ω_h 内部(不包括边界 Γ_h 上的)所有结点上求出定解问题(7.4),(7.5)解的近似值.

要达到这个目的,必须做两件事,一是将原微分方程(7.4)化成差分方程,即建立解在 Ω_h 内任一结点 (x_i,y_j) 上近似值所满足的方程;二是将原定解问题中的边界条件(7.5)化成差分方程的边界条件,即由(7.5)确定出解在 Γ_h 上各结点处的近似值.下面我们分别来说明这两个问题,先说明 Γ_h 上边界条件的给法.

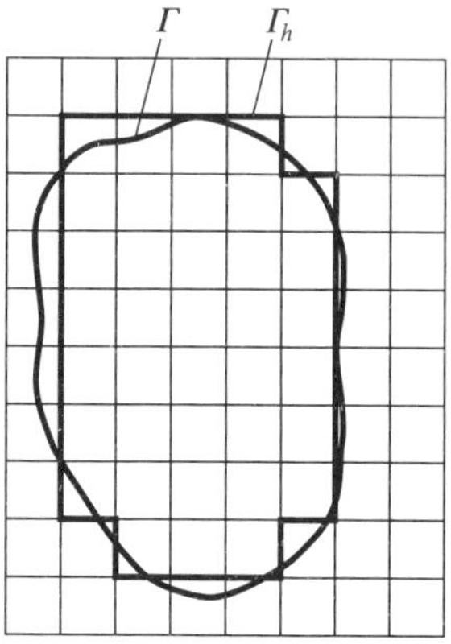

图 7-1

对于 Γ_h 上的任一结点 (x_i,y_j),我们在 Γ 上找一点 (x_i^*,y_j^*),使得 (x_i^*,y_j^*) 与 (x_i,y_j) 之间的距离为最短(如图 7-2 所示),由于 (x_i^*,y_j^*) 在 Γ 上,所以函数 $f(x,y)$ 在该点的值 $f(x_i^*,y_j^*)$ 为已

知，我们规定

$$u\Big|_{(x_i,y_j)\in\Gamma_h}=f(x_i^*,y_j^*),\tag{7.6}$$

这样在 Γ_h 的每一结点上就给出了解的近似值.

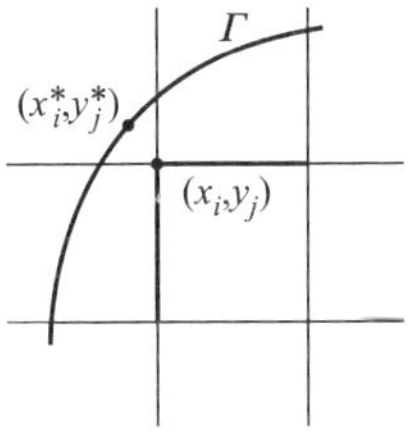

图 7-2

现在再来说明(7.4)所对应的差分方程的形式.在 Ω_h 的任一内结点 (x_i,y_j) 处，将下列两个二阶导数近似地取为

$$\frac{\partial^2 u}{\partial x^2}\Big|_{(x_i,y_j)}\approx\frac{u(x_i+h,y_j)-2u(x_i,y_j)+u(x_i-h,y_j)}{h^2},$$

$$\frac{\partial^2 u}{\partial y^2}\Big|_{(x_i,y_j)}\approx\frac{u(x_i,y_j+h)-2u(x_i,y_j)+u(x_i,y_j-h)}{h^2}.$$

于是方程(7.4)变为

$$U_{i+1,j}+U_{i,j+1}+U_{i-1,j}+U_{i,j-1}-4U_{i,j}=0,\tag{7.7}$$

其中 $U_{i,j}$ 表示解 $u(x,y)$ 在结点 (x_i,y_j) 处的近似值，$U_{i+1,j}$ 表示 $u(x,y)$ 在结点 (x_i+h,y_j) 处的近似值，以此类推.如果四个结点 (x_i+h,y_j)，(x_i-h,y_j)，(x_i,y_j+h)，(x_i,y_j-h) 中有点落在 Γ_h 上，则方程(7.7)中对应的 U 值就用边界条件(7.6)中的值代替.这样一来，就把求解拉普拉斯方程的狄利克雷问题转化成为解代数方程组(7.7)的问题.可以证明方程组(7.7)的解是存在而且唯一的.

当网格的边长 h 很小时，方程组(7.7)含有大量的未知数，直接求解的方法(如**高斯**(Gauss)**消去法**)往往受到计算机存储量的限制而难以采用，通常采用**迭代法**求解.

为了使用迭代法，我们将方程组(7.7)改写成如下的形式

$$U_{i,j}=\frac{U_{i+1,j}+U_{i,j+1}+U_{i-1,j}+U_{i,j-1}}{4},\tag{7.8}$$

(7.8)式表明，任一内结点 (x_i,y_j) 上解的值等于其周围四个相邻结点上解的值的算术平均值(见图 7-3).

最简单的迭代方式是**同步迭代法**.即首先任意给定在网格区域内结点 (x_i,y_j) 上的数值作为解的零次近似 $\{U_{i,j}^{(0)}\}$，把这组数值代入(7.8)的右端得到

$$U_{i,j}^{(1)}=\frac{1}{4}[U_{i+1,j}^{(0)}+U_{i,j+1}^{(0)}+U_{i-1,j}^{(0)}+U_{i,j-1}^{(0)}].$$

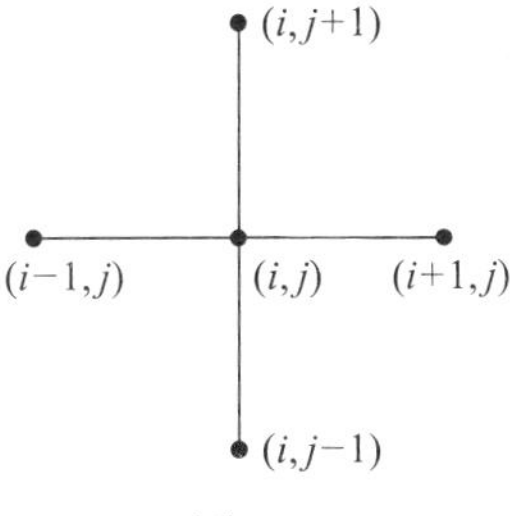

图 7-3

将 $U_{i,j}^{(1)}$ 作为解的一次近似，右端四个值当中若涉及

边界结点上的值,均用相应的已知值 $f(x_i^*, y_j^*)$ 代入.一般地讲,在已得到解的第 k 次近似 $\{U_{i,j}^{(k)}\}$ 后,由公式

$$U_{i,j}^{(k+1)}=\frac{1}{4}\left[U_{i+1,j}^{(k)}+U_{i,j+1}^{(k)}+U_{i-1,j}^{(k)}+U_{i,j-1}^{(k)}\right] \tag{7.9}$$

得到解的第 $k+1$ 次近似.这样就得到一个近似解的序列 $\{U_{i,j}^{(k)}\}$ $(k=0,1,2,\cdots)$.可以证明,不论零次近似 $\{U_{i,j}^{(0)}\}$ 如何选取,当 $k\to\infty$ 时,此序列必收敛于差分方程(7.8)的解.因此当 k 相当大时,$\{U_{i,j}^{(k)}\}$ 就给出所要求的近似值.通常,对充分大的 k,当相邻两次迭代解 $\{U_{i,j}^{(k-1)}\}$,$\{U_{i,j}^{(k)}\}$ 间的误差(例如,最大绝对误差 $\max\limits_{i,j}\left|U_{i,j}^{(k)}-U_{i,j}^{(k-1)}\right|$ 或算术平均误差 $\frac{1}{N}\sum\limits_{i,j}\left|U_{i,j}^{(k)}-U_{i,j}^{(k-1)}\right|$,其中 N 为结点总数)小于某个预先给定的适当小的控制数 $\varepsilon>0$ 时,就可结束迭代过程.

一般说来,同步迭代法的收敛速度是比较慢的.为了加快迭代程序的收敛速度,常常采用**异步迭代法**.所谓异步迭代法就是在计算第 $k+1$ 次近似值 $U_{i,j}^{(k+1)}$ 时,如果图 7-3 所示的四个相邻结点中有些结点处的第 $k+1$ 次近似值已经求得,就用这些值代替(7.9)右端原来的第 k 次近似值.在使用异步迭代法时,必须将网格区域的结点按一定的顺序进行排列,并逐个进行迭代.通常是按结点的自然顺序进行迭代,即在每一横排上从左到右依次进行迭代,等这一排所有结点全部做完了之后,再紧接着对上一排的所有结点用同一顺序进行迭代(图 7-4).显然,在求结点 (x_i,y_j) 处的第 $k+1$ 次近似值 $U_{i,j}^{(k+1)}$ 时,其周围四个相邻结点中有两个结点 (x_{i-1},y_j) 及 (x_i,y_{j-1}) 处的第 $k+1$ 次近似值已经求得,而在另外两个结点 (x_{i+1},y_j) 及 (x_i,y_{j+1}) 处还只有第 k 次近似值.因此异步迭代法的相应迭代公式为

$$U_{i,j}^{(k+1)}=\frac{1}{4}\left[U_{i+1,j}^{(k)}+U_{i,j+1}^{(k)}+U_{i-1,j}^{(k+1)}+U_{i,j-1}^{(k+1)}\right]. \tag{7.10}$$

与同步迭代法类似,当此式右端涉及边界结点上的值时,均用边界条件(7.6)中所给的已知值代入.

由于在异步迭代法中有一半是用了迭代的新值,所以可以预料异步迭代法的收敛速度比同步迭代法的收敛速度要快一倍左右.因此在求解拉普拉斯方程的定解问题时,异步迭代法是一个常被采用的方法.

例 求边界为 $x=0,x=4,y=0,y=3$,边界条件如图 7-5 所示的拉普拉斯方程的狄利克雷问题的近似解.

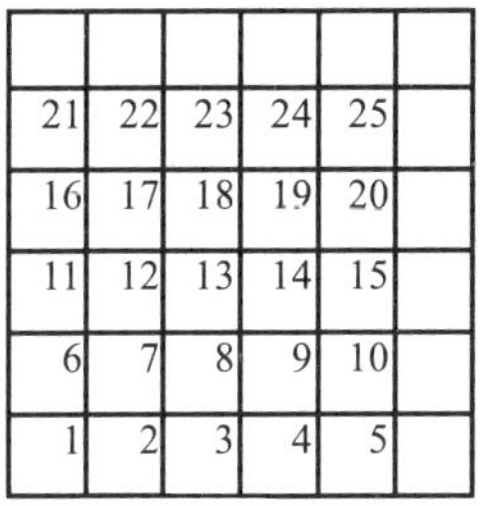

图 7-4

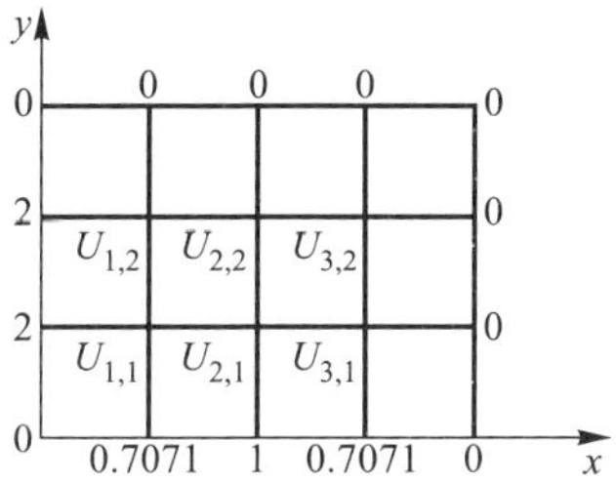

图 7-5

解 取 $h=1$，由于结点个数不多，零次近似可取为边界值的平均值，即

$$U_{i,j}^{(0)}=\frac{1}{14}(0\times 9+2\times 2+0.707\ 1\times 2+1)=0.458\ 2,$$

然后采用异步迭代公式

$$U_{i,j}^{(k+1)}=\frac{1}{4}\left[U_{i+1,j}^{(k)}+U_{i,j+1}^{(k)}+U_{i-1,j}^{(k+1)}+U_{i,j-1}^{(k+1)}\right]$$

进行计算.

$$U_{1,1}^{(1)}=\frac{1}{4}(2+0.458\ 2\times 2+0.707\ 1)=0.905\ 9,$$

$$U_{2,1}^{(1)}=\frac{1}{4}(0.905\ 9+0.458\ 2\times 2+1)=0.705\ 6,$$

$$U_{3,1}^{(1)}=\frac{1}{4}(0.705\ 6+0+0.458\ 2+0.707\ 1)=0.467\ 7,$$

$$U_{1,2}^{(1)}=\frac{1}{4}(2+0+0.905\ 9+0.458\ 2)=0.841\ 0,$$

$$U_{2,2}^{(1)}=\frac{1}{4}(0.841\ 0+0.458\ 2+0.705\ 6+0)=0.501\ 2,$$

$$U_{3,2}^{(1)}=\frac{1}{4}(0.501\ 2+0+0+0.467\ 7)=0.242\ 2.$$

这样一次次地迭代下去，一直算到 $U_{i,j}^{(16)}$，可以发现这些值与 $U_{i,j}^{(15)}$ 相比，小数点后面三位数字都相同，所以就可取 $U_{i,j}^{(16)}$ 作为原定解问题的近似解.

$$U_{1,1}^{(16)}=1.083\ 6,\ U_{2,1}^{(16)}=0.740\ 5,$$

$$U_{3,1}^{(16)}=0.416\ 8,\ U_{1,2}^{(16)}=0.866\ 7,$$

$$U_{2,2}^{(16)}=0.461\ 6,\ U_{3,2}^{(16)}=0.291\ 6.$$

上面我们仅就第一类边界条件讨论了拉普拉斯方程的解法.如果边界条件

不是第一类的而是第二类或第三类边界条件，怎样用差分方法来解呢？当然在网格内结点处前面所列的差分方程(7.8)仍适用，现在的问题是如何处理网格边界结点(即属于 Γ_h 的结点)上解的值.由于第二类或第三类边界条件中含有未知函数的法向导数，所以在用差分方法求解时，必须根据所给的边界条件在边界结点 $P(x_i,y_j)\in\Gamma_h$ 处列出相应的差分方程，和方程组(7.8)一起联立求解.

我们以第三类边界条件

$$\left(\frac{\partial u}{\partial n}+\sigma u\right)\bigg|_{\Gamma}=f(x,y) \tag{7.11}$$

为例，说明如何列出边界结点上的差分方程.其中 σ,f 是 Γ 上的已知函数，$\sigma\geqslant 0$(且至少在一部分边界上 $\sigma>0$)，$\frac{\partial u}{\partial n}$表示 u 的外法向导数.

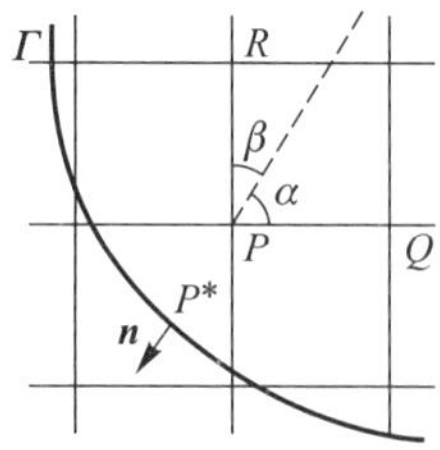

图 7-6

对 Γ_h 上任一结点 P，自 P 向边界 Γ 作法线，此法线与 Γ 相交于点 P^*(图7-6)，我们就以 P^* 处的外法向作为在点 P 的 $\boldsymbol{n}$，设如此规定的法向量 $\boldsymbol{n}$ 与两坐标轴的夹角分别为 α,β，则

$$\begin{aligned}\frac{\partial u}{\partial n}\bigg|_P&=\frac{\partial u}{\partial x}\cos(\alpha+\pi)+\frac{\partial u}{\partial y}\cos(\pi-\beta)\\&=-\frac{\partial u}{\partial x}\cos\alpha-\frac{\partial u}{\partial y}\sin\alpha.\end{aligned} \tag{7.12}$$

将偏导数$\frac{\partial u}{\partial x}$及$\frac{\partial u}{\partial y}$分别用差商$\frac{U(Q)-U(P)}{h}$及$\frac{U(R)-U(P)}{h}$来代替，并以 $f(P^*)$代替$f(P)$，以 $\sigma(P^*)$代替 $\sigma(P)$，则由(7.12)得$\frac{U(P)-U(Q)}{h}\cos\alpha+\frac{U(P)-U(R)}{h}\sin\alpha+\sigma(P^*)U(P)=f(P^*)$，或

$$U(P)=\frac{U(Q)\cos\alpha+U(R)\sin\alpha+hf(P^*)}{\cos\alpha+\sin\alpha+h\sigma(P^*)}, \tag{7.13}$$

其中 $U(P)$，$U(Q)$等分别表示解在 P,Q 等点处的近似值.方程(7.13)就是与边界条件(7.11)相对应的差分方程.

到此为止，我们已经解决了在正方形网格的情况下，怎样用差分方法求解拉普拉斯方程的定解问题.但是，读者应该明白，网格不一定非得用正方形的.为了使 Γ_h 更接近于边界曲线 Γ，我们可以用矩形网格、平行四边形网格、正六边形网格等,即使采用正方形网格,所得的差分方程也不一定只有(7.8)这一种形式,只要用不同的近似式代替 Δu,就会引出不同形式的差分方程.此外,差分方程的解法也有多种,上面所述的迭代法只不过是其中的一种方法.

7.1.3 热传导方程的差分格式

和拉普拉斯方程的情形类似,热传导方程也可以采用差分解法.下面我们以一维热传导方程的如下混合问题

$$\begin{cases} \dfrac{\partial u}{\partial t}=a^2\dfrac{\partial^2 u}{\partial x^2}, & 0<x<1,0<t<T, \\ u\Big|_{t=0}=f(x), & 0<x<1, \text{且 } f(0)=f(1)=0, \\ u\Big|_{x=0}=u\Big|_{x=1}=0, & 0<t\leqslant T \end{cases} \tag{7.14}$$

为例,介绍**显式的差分格式**.

作两族平行线

$$x=x_i=i\Delta x \quad (i=0,1,2,\cdots,N-1,N),$$

$$t=t_j=j\Delta t \quad \left(j=0,1,2,\cdots,\left[\frac{T}{\Delta t}\right]\right),$$

此处 $N\Delta x=1$,$\left[\dfrac{T}{\Delta t}\right]$ 表示$\dfrac{T}{\Delta t}$的整数部分.

在网格的内结点$(x_i,t_j)$$\left(i=1,2,\cdots,N-1;j=1,2,\cdots,\left[\dfrac{T}{\Delta t}\right]\right)$处分别用

$$\frac{u(x_i,t_j)-u(x_i,t_j-\Delta t)}{\Delta t},$$

$$\frac{u(x_i+\Delta x,t_j-\Delta t)-2u(x_i,t_j-\Delta t)+u(x_i-\Delta x,t_j-\Delta t)}{(\Delta x)^2}$$

代替导数

$$\frac{\partial u}{\partial t},\frac{\partial^2 u}{\partial x^2}.$$

于是(7.14)中的微分方程化成差分方程

$$\frac{U_{i,j}-U_{i,j-1}}{\Delta t}=a^2\frac{U_{i+1,j-1}-2U_{i,j-1}+U_{i-1,j-1}}{(\Delta x)^2}$$

$$\left(i=1,2,\cdots,N-1;j=1,2,\cdots,\left[\frac{T}{\Delta t}\right]\right), \tag{7.15}$$

其中 $U_{i,j}$表示解 $u(x,t)$在结点(x_i,t_j)的近似值.(7.14)中的初值条件与边界条

件各自化为在边界结点上的初值条件与边界条件

$$\begin{cases}U_{i,0}=f(x_i),\\ U_{0,j}=0,U_{N,j}=0.\end{cases}\tag{7.16}$$

这样一来，求解定解问题(7.14)就化为求方程组(7.15)在条件(7.16)下的解，记 $\omega=a^2\dfrac{\Delta t}{(\Delta x)^2}$，则(7.15)式可改写成

$$U_{i,j}=\omega(U_{i-1,j-1}+U_{i+1,j-1})+(1-2\omega)U_{i,j-1}.\tag{7.17}$$

它表明，第 j 排上任一内结点的值仅依赖于第 $j-1$ 排上相邻三个结点上的值(如图 7-7 所示).

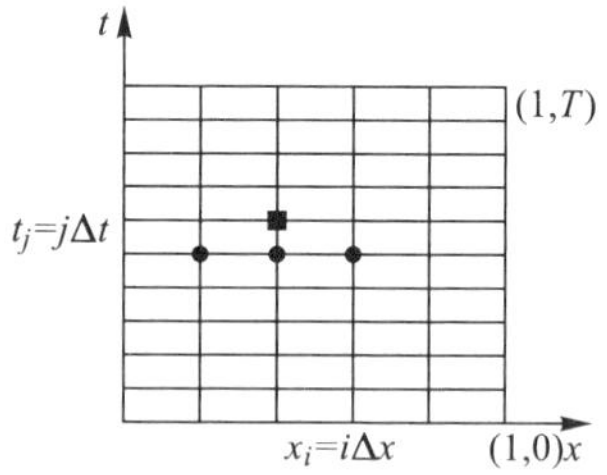

图 7-7

从(7.17)可以清楚地看出，它的解可以按 t 增加的方向逐排求出：利用初值条件和边界条件(7.16)可以求出第 0 排上的值 $U_{i,0}(i=0,1,2,\cdots,N)$，利用(7.17)式可以求出第 1 排上的值 $U_{i,1}(i=1,2,\cdots,N-1)$，然后由 $U_{i,1}(i=1,2,\cdots,N-1)$ 和边界条件 $U_{0,1}=U_{N,1}=0$，再利用(7.17)式在 $j=2$ 的情形计算出 $U_{i,2}(i=1,2,\cdots,N-1)$.如此逐步进行下去，可以求出所有内结点处的值 $U_{i,j}$.

可以证明，只要定解问题(7.14)的解 $u(x,t)$ 在区域 $R(0\leqslant x\leqslant 1,0\leqslant t\leqslant T)$ 中存在、连续，且具有有界的偏导数 $\dfrac{\partial^2 u}{\partial t^2},\dfrac{\partial^4 u}{\partial x^4}$，则当

$$\omega=a^2\frac{\Delta t}{(\Delta x)^2}\leqslant\frac{1}{2}$$

时，差分方程(7.17)是稳定的①，且它的解 U 收敛于原定解问题的解 u.

7.1.4 波动方程的差分格式

为了说明波动方程的差分格式，我们选弦振动方程的下列混合问题

$$\begin{cases}\dfrac{\partial^2 u}{\partial t^2}=a^2\dfrac{\partial^2 u}{\partial x^2}, & 0<x<1,0<t<T,\\ u\Big|_{t=0}=\varphi(x), & \\ \dfrac{\partial u}{\partial t}\Big|_{t=0}=\psi(x), & 0<x<1,\text{且 }\varphi(0)=\varphi(1)=0,\\ u\Big|_{x=0}=u\Big|_{x=1}=0, & 0<t\leqslant T\end{cases}\tag{7.18}$$

① 当差分方程的解由于舍入误差的影响所产生的偏差可以得到控制时，则此差分方程为稳定的.

为例.这样做是不失一般性的,因为其基本思想及方法都可应用于其他各种情况.

作两族平行线

$$x=x_i=i\Delta x \quad (i=0,1,2,\cdots,N;N\Delta x=1),$$

$$t=t_j=j\Delta t \quad \left(j=0,1,2,\cdots,\left[\frac{T}{\Delta t}\right]\right).$$

在内结点(x_i,t_j) $\left(i=1,2,\cdots,N-1;j=1,2,\cdots,\left[\frac{T}{\Delta t}\right]\right)$上分别用

$$\frac{u(x_i,t_j+\Delta t)-2u(x_i,t_j)+u(x_i,t_j-\Delta t)}{(\Delta t)^2},$$

$$\frac{u(x_i+\Delta x,t_j)-2u(x_i,t_j)+u(x_i-\Delta x,t_j)}{(\Delta x)^2}$$

代替$\frac{\partial^2 u}{\partial t^2}$和$\frac{\partial^2 u}{\partial x^2}$,记 $\omega=a\frac{\Delta t}{\Delta x}$,于是(7.18)中的微分方程化为

$$U_{i,j+1}=\omega^2(U_{i-1,j}+U_{i+1,j})+2(1-\omega^2)U_{i,j}-U_{i,j-1}$$
$$\left(i=1,2,\cdots,N-1;j=1,2,\cdots,\left[\frac{T}{\Delta t}\right]\right). \tag{7.19}$$

定解问题(7.18)中的初值条件与边界条件各自化为在边界结点上的初值条件和边界条件

$$\begin{cases} U_{i,0}=\varphi(x_i), \\ U_{i,1}-U_{i,0}=\psi(x_i)\Delta t \end{cases} \quad (i=1,2,\cdots,N-1),$$
$$U_{0,j}=U_{N,j}=0 \quad \left(j=0,1,2,\cdots,\left[\frac{T}{\Delta t}\right]\right). \tag{7.20}$$

这样就把求解定解问题(7.18)化为在条件(7.20)下求解代数方程组(7.19).计算的方法与热传导方程一样,将(7.20)中的初值条件及 $U_{0,1}=U_{N,1}=0$ 代入(7.19)即可得到 $U_{i,2}(i=1,2,\cdots,N-1)$,然后用已知的 $U_{i,1}$及 $U_{i,2}$和边界条件 $U_{0,2}=U_{N,2}=0$ 代入(7.19)即可求得 $U_{i,3}(i=1,2,\cdots,N-1)$,一次一次地做下去,可得定解问题(7.18)的近似解.可以证明,当 $\omega=a\frac{\Delta t}{\Delta x}\leqslant 1$ 时,差分格式(7.19)与(7.20)不仅是稳定的,而且是收敛的.只要定解条件满足一定的光滑性,差分方程(7.19),(7.20)的解必收敛于原定解问题(7.18)的解.

§7.2 变分方法

在这一节内,我们将讨论求解数学物理方程的另一个近似方法,即变分方法.变分方法是用于求解拉普拉斯方程或泊松方程的边值问题,它的主要思想是将边值问题转化成求一个能量积分的极小值问题,后者称为**变分问题**.

7.2.1 变分方法的物理背景

弹性力学中的**最小位能原理**表明:受外力作用的弹性体在满足已知的边界条件的一切位移中,满足平衡方程的位移使总位能

J=应变能与已知外力所做功之差

为最小.这个原理启示我们可以将一个求解平衡方程的边值问题化为求总位能(其表达式为一个泛函)的最小值问题.

如何求出总位能?关键在于求出应变能.下面以膜的振动问题为例来导出应变能的表达式.所谓应变能就是把膜从水平位置变形到形状为 $u=u(x,y)$(只考虑平衡状态)时抵抗张力所做的功.从§1.1中例1可知,当膜的振幅很小时,张力是个常数 T,另外由于变形使膜的面积增大了,其增量为

$$\Delta\sigma=\iint\limits_{\Omega}\left(\sqrt{1+u_x^2+u_y^2}-1\right)\mathrm{d}x\mathrm{d}y,$$

其中 Ω 是膜处于平衡状态时在 xOy 平面上所占的区域.当 $|u_x|,|u_y|\ll 1$时,

$$\Delta\sigma=\frac{1}{2}\iint\limits_{\Omega}(u_x^2+u_y^2)\mathrm{d}x\mathrm{d}y.$$

所以膜的应变能(抵抗张力所做的功)为

$$V=T\cdot\Delta\sigma=\frac{T}{2}\iint\limits_{\Omega}(u_x^2+u_y^2)\mathrm{d}x\mathrm{d}y.$$

若膜还受到垂直方向外力的作用,设单位面积上所受的外力为$f(x,y)$,则外力所做的功为

$$W=\iint\limits_{\Omega}fu\mathrm{d}x\mathrm{d}y.$$

于是总位能(略去常数因子)为

$$J(u)=\frac{1}{2}\iint\limits_{\Omega}(u_x^2+u_y^2)\mathrm{d}x\mathrm{d}y-\iint\limits_{\Omega}fu\mathrm{d}x\mathrm{d}y. \tag{7.21}$$

或写成

$$J(u)=\frac{1}{2}\iint_{\Omega}(|\nabla u|^{2}-2fu)\,\mathrm{d}x\mathrm{d}y. \tag{7.22}$$

上式的右端是未知函数 u（位移）的函数，所以 J 是 u（u 是某个函数空间或子空间内的元素）的函数，我们称它为**泛函**.

最小位能原理说明，下列问题：

$$\begin{cases}-\Delta u=f, & (x,y)\in\Omega,\\ u\Big|_{\Gamma}=0\end{cases} \tag{7.23}$$

的解 u 必定使泛函 $J(u)$ 达到最小值. 凡是谈到最小值，必须要有一个取值范围，即泛函 $J(u)$ 的定义域. 从(7.22)可知，要 $J(u)$ 有意义，u 在 Ω 内应该一次连续可微，即 $u\in C^{1}(\overline{\Omega})$，此外由最小位能原理的要求，$u$ 还必须满足(7.23)中的边界条件. 把所有满足上述条件函数的全体记作 M_0，即

$$M_{0}=\left\{u\,\middle|\,u\in C^{1}(\overline{\Omega}),u\Big|_{\Gamma}=0\right\}.$$

这样一来，最小位能原理是说：问题(7.23)的解必使 $J(u)$ 在 M_0 内取最小值.

现在再把(7.23)的形式变化一下，假设方程

$$-\Delta u=f$$

有一个特解 u_0，即 $-\Delta u_0=f$. 令 $v=u-u_0$，则(7.23)可变成

$$\begin{cases}-\Delta v=0, & (x,y)\in\Omega,\\ v\Big|_{\Gamma}=-u_{0}\Big|_{\Gamma}.\end{cases}$$

这个问题的特点是方程为齐次的，而边界条件则是非齐次的. 有时会讨论这种形式的边值问题

$$\begin{cases}-\Delta u=0, & (x,y)\in\Omega,\\ u\Big|_{\Gamma}=\varphi(x,y), & (x,y)\in\Gamma,\end{cases} \tag{7.24}$$

其中 φ 是已知函数. 与(7.24)相对应的变分问题就是在函数集

$$M_{\varphi}=\left\{v\,\middle|\,v\in C^{1}(\overline{\Omega}),v\Big|_{\Gamma}=\varphi\right\} \tag{7.25}$$

中找一个函数 u，使得

$$J(u)=\min_{v\in M_{\varphi}}J(v), \tag{7.26}$$

其中

$$J(v)=\frac{1}{2}\iint_{\Omega}|\nabla v|^{2}\,\mathrm{d}x\mathrm{d}y. \tag{7.27}$$

*7.2.2　变分问题的可解性

在上一小节内,我们已经从力学的角度说明了变分方法的思想,即边值问题(7.23)的解有可能通过求泛函(7.22)在 M_0 中的极小值来获得.那么泛函(7.22)是不是一定在 M_0 内有达到最小值的点呢?如果有这样的点,它是不是就是(7.23)的解呢?在这一小节内,我们先来讨论变分问题的可解性问题.

一个变分问题不一定是可解的,这个事实已由德国数学家**魏尔斯特拉斯**(Weierstrass)于 1870 年举了一个例子作了说明,他考虑泛函

$$J(\varphi)=\int_0^1\left[1+\left(\frac{\mathrm{d}\varphi}{\mathrm{d}x}\right)^2\right]^{1/4}\mathrm{d}x \tag{7.28}$$

在集合

$M=\{\varphi(x)\mid\varphi\in C([0,1]),\varphi'$除有有限个第一类间断点外均连续$,\varphi(0)=1,$
$\varphi(1)=0\}$

上是否达到最小值问题.易证

$$\min_{\varphi\in M}J(\varphi)=1, \tag{7.29}$$

事实上,$J(\varphi)\geqslant 1$.对任意 $\delta>0$,取

$$\varphi_\delta(x)=\begin{cases}\dfrac{1}{\delta^2}(\delta^2-x), & 0\leqslant x\leqslant\delta^2,\\ 0, & \delta^2<x\leqslant 1,\end{cases}$$

显然 $\varphi_\delta\in M$,且 $J(\varphi_\delta)\leqslant 1+\delta$.故

$$1\leqslant\min_{\varphi\in M}J(\varphi)\leqslant 1+\delta.$$

由 δ 的任意性知,$\min\limits_{M}J(\varphi)=1$.

但不存在 $\varphi\in M$ 使得(7.29)成立,若不然,则在$[0,1]$上$\dfrac{\mathrm{d}\varphi}{\mathrm{d}x}\equiv 0$,即 φ 为常数,这样的 φ 不在 M 内.

这个例子告诉我们,泛函(7.27)在指定的函数集内未必取得最小值.要想使变分问题可解,必须先拓广函数的范围,为此,需要引进几个概念.

设 S 是一个集合(为了说起来方便,假定 S 是一个点集,其实这里的"点"可以是函数等),点 x_0 叫做是 S 的一个**极限点**,如果在包含 x_0 的任一邻域内(凡是提到邻域,就意味着在 S 内定义了距离),除 x_0 以外还至少存在 S 内的一个点.S 的所有极限点的全体记作 S',称为 S 的**导集**,$S\cup S'$(两个集合的并集)称为 S 的**闭包**,记成 $\overline{S}$,即 $\overline{S}=S\cup S'$.

从现在开始,以 Ω 表示 $\mathbf{R}^n$ 中的开集,其边界为 $\partial\Omega$, $\mathbf{R}^n$ 中的点用 $x=(x_1, x_2, \cdots, x_n)$ 表示,以 $C_0^1(\Omega)$ 表示所有在 $\overline{\Omega}$ 内一次连续可微,在 $\partial\Omega$ 附近为零的函数的全体,即

$$C_0^1(\Omega)=\{u \mid u\in C^1(\overline{\Omega}),\text{且在}\partial\Omega\text{附近为零}\}. \tag{7.30}$$

在 $C_0^1(\Omega)$ 内引入距离:

设 $u,v\in C_0^1(\Omega)$,则 u,v 在 $C_0^1(\Omega)$ 内的距离为

$$\| u-v \|_1 \equiv \left(\int_\Omega |u-v|^2 \mathrm{d}x + \sum_{i=1}^n \int_\Omega |u_{x_i}-v_{x_i}|^2 \mathrm{d}x\right)^{1/2}$$

或简记为

$$\| u-v \|_1 = \left(\int_\Omega |u-v|^2 \mathrm{d}x + \int_\Omega |\nabla u-\nabla v|^2 \mathrm{d}x\right)^{1/2}, \tag{7.31}$$

这里假设(7.31)右端的积分存在并且是有限的,若 Ω 为 $\mathbf{R}^n$ 中有界区域,这个要求自然满足.一般情形我们用

$$\hat{C}_0^1(\Omega)=\left\{u \mid u\in C^1(\overline{\Omega}), \int_\Omega |u|^2\mathrm{d}x<+\infty \text{ 及} \int_\Omega |\nabla u|^2 \mathrm{d}x <+\infty \text{ 且在 } \partial\Omega \text{ 附近为零}\right\}$$

来代替 $C_0^1(\Omega)$.

有了距离之后,就可以定义 $C_0^1(\Omega)$ 中序列的收敛性,从而也就可以定义极限点.以 $H_0^1(\Omega)$ 表示 $C_0^1(\Omega)$ (或 $\hat{C}_0^1(\Omega)$)在距离(7.31)意义下的闭包①.显然,$H_0^1(\Omega)$ 中的元素在 Ω 的边界上一定取零值.

有了上面这些准备工作之后,我们可以叙述变分问题一个可解性的结果:

设 f 满足 $\int_\Omega |f|^2\mathrm{d}x<+\infty$,则变分问题

$$J(u)=\min_{v\in H_0^1(\Omega)} J(v) \tag{7.32}$$

一定有解,即存在 $u\in H_0^1(\Omega)$ 使(7.32)成立,其中 $J(v)$ 由(7.22)确定.

---

① 严格地讲,作为 $H_0^1(\Omega)$ 中的距离(7.31)式中的导数 u_{x_i} 及 v_{x_i} 应该是弱导数,一个局部可积函数 v 称为是 u 对 x_i 的弱导数,如果对任意 $\varphi\in C_0^1(\Omega)$ 成立

$$\int_\Omega \varphi v \mathrm{d}x = -\int_\Omega u\varphi_{x_i}\mathrm{d}x.$$

显然,u 的古典导数必是弱导数.此外,$\hat{C}_0^1(\overline{\Omega})$ 中的导数一般也是弱导数.

弱导数的概念我们在第三章中已就 δ 函数讲过了.

变分问题(7.32)有解了,那么这个解是不是边值问题(7.23)的解？从古典解的角度来看,(7.32)的解显然未必是(7.23)的古典解,因为(7.23)的古典解应该是 $C(\overline{\Omega})\cap C^2(\Omega)$ 中的函数(即在 Ω 内二次连续可微、在 $\overline{\Omega}$ 上连续),而(7.32)的解至多是 $C^1(\overline{\Omega})$ 中的元素,不一定有二阶导数,也不一定满足(7.23)中的方程.所以我们把(7.32)的解称为(7.23)的**弱解**.当 Ω 满足一条件时,可以证明弱解也是古典解.要证明变分问题可解以及解的光滑性,需要用到一些超出本书要求范围的知识,如泛函分析、**索伯列夫**(Sobolev)空间理论等,这里就不涉及了.

7.2.3　里茨-伽辽金方法

在上一小节内,我们给出了变分问题在 $H_0^1(\Omega)$ 有解的结论,并且把这个解称为边值问题(7.23)的弱解,那么如何求出弱解呢？在本节内我们介绍一种近似的方法,称为**里茨-伽辽金**(Ritz-Galerkin)方法.这个方法的基本思想是在 $H_0^1(\Omega)$ 中的一个有限维子空间 S_N 上考虑变分问题(7.32),而在 S_N 上变分问题的解 u_N 是比较容易求出来的,我们就把这样求出来的 u_N 作为原变分问题或相应边值问题的近似解.如果当 $N\to\infty$ 时,u_N 存在极限 u,这个 u 就是边值问题的形式解.

现在关键的问题是如何构造子空间 S_N,通常的做法是在 $H_0^1(\Omega)$ 中选取 N 个线性无关的函数 $\varphi_1,\varphi_2,\cdots,\varphi_N$ (这 N 个函数实际上就是空间 $H_0^1(\Omega)$ 中标准正交系(简称为 $H_0^1(\Omega)$ 的一个"基")的前 N 个元素),由这些函数张成一个线性子空间

$$S_N=\left\{v_N\ \middle|\ v_N=\sum_{i=1}^{N}a_i\varphi_i,\text{其中}(a_1,a_2,\cdots,a_N)\in\mathbf{R}^N\right\}.\tag{7.33}$$

在 S_N 求解变分问题

$$J(u_N)=\min_{v_N\in S_N}J(v_N),\tag{7.34}$$

其中

$$\begin{aligned}J(v_N)&=\frac{1}{2}\iint\limits_{\Omega}(|\nabla v_N|^2-2fv_N)\,\mathrm{d}x\\&=\frac{1}{2}\iint\limits_{\Omega}\left[\sum_{i=1}^{N}a_i\nabla\varphi_i\cdot\sum_{j=1}^{N}a_j\nabla\varphi_j-2f\sum_{i=1}^{N}a_i\varphi_i\right]\mathrm{d}x\\&=\frac{1}{2}\sum_{i,j=1}^{N}a_ia_j\int\limits_{\Omega}\nabla\varphi_i\cdot\nabla\varphi_j\,\mathrm{d}x-\sum_{i=1}^{N}a_i\int\limits_{\Omega}f\varphi_i\,\mathrm{d}x\end{aligned}$$

$$= \frac{1}{2}\sum_{i,j=1}^{N} a_{ij}a_i a_j - \sum_{i=1}^{N} b_i a_i, \tag{7.35}$$

这里

$$a_{ij} = \int_{\Omega} \nabla \varphi_i \cdot \nabla \varphi_j \mathrm{d}x, \tag{7.36}$$

$$b_i = \int_{\Omega} f\varphi_i \mathrm{d}x, \tag{7.37}$$

(7.35)的右端是 $a_1, a_2, \cdots, a_N$ 的函数,记成 $\psi(a_1, a_2, \cdots, a_N)$,即

$$J(v_N) = \psi(a_1, a_2, \cdots, a_N). \tag{7.38}$$

这样一来,就把求解变分问题(7.34)转化成为求 $a_1, a_2, \cdots, a_N$ 使 $\psi(a_1, a_2, \cdots, a_N)$ 取最小值,而后者是一个多元函数求极值的问题,可以用微积分方法来完成.下面通过例题来说明.

例 1 设 Ω 是矩形区域:$0<x<a, 0<y<b$,在 Ω 内求下列问题:

$$\begin{cases} \dfrac{\partial^2 u}{\partial x^2}+\dfrac{\partial^2 u}{\partial y^2}=f(x,y), \quad (x,y)\in\Omega, \\ u\big|_{\partial\Omega}=0 \end{cases} \tag{7.39}$$

的解.

解 与这个问题相对应的泛函为

$$J(u) = \frac{1}{2}\iint_{\Omega}\left[\left(\frac{\partial u}{\partial x}\right)^2 + \left(\frac{\partial u}{\partial y}\right)^2 + 2fu\right]\mathrm{d}x\mathrm{d}y. \tag{7.40}$$

相应的变分问题是:求 $u\in H_0^1(\Omega)$ 使

$$J(u) = \min_{v\in H_0^1(\Omega)} J(v). \tag{7.41}$$

在 $H_0^1(\Omega)$ 内选取线性无关函数组

$$W_{m,n}(x,y) = \sin\frac{m\pi x}{a}\sin\frac{n\pi y}{b}, \quad m,n=1,2,\cdots,N, \tag{7.42}$$

构造函数

$$v_N = \sum_{i,j=1}^{N} a_{ij}\sin\frac{i\pi x}{a}\sin\frac{j\pi y}{b}, \tag{7.43}$$

代入(7.40)得

$$J(v_N) = \frac{1}{2}\int_0^b\int_0^a\left[\left(\sum_{i,j=1}^{N} a_{ij}\frac{i\pi}{a}\cos\frac{i\pi x}{a}\sin\frac{j\pi y}{b}\right)^2\right.$$
$$+\left(\sum_{i,j=1}^{N} a_{ij}\frac{j\pi}{b}\sin\frac{i\pi x}{a}\cos\frac{j\pi y}{b}\right)^2$$

$$+2\sum_{i,j=1}^{N} a_{ij} f\sin\frac{i\pi x}{a}\sin\frac{j\pi y}{b}\Big]\mathrm{d}x\mathrm{d}y.$$

利用三角函数系$\left\{\sin\frac{i\pi x}{a},\cos\frac{i\pi x}{a}\right\}$在$[0,a]$上及$\left\{\sin\frac{j\pi y}{b},\cos\frac{j\pi y}{b}\right\}$在$[0,b]$上的正交性可得

$$J(v_N)=\frac{\pi^2 ab}{4}\sum_{i,j=1}^{N}\left(\frac{i^2}{a^2}+\frac{j^2}{b^2}\right)a_{ij}^2+\frac{ab}{2}\sum_{i,j=1}^{N}\beta_{ij}a_{ij}, \tag{7.44}$$

其中

$$\beta_{ij}=\frac{4}{ab}\int_0^b\int_0^a f(x,y)\sin\frac{i\pi x}{a}\sin\frac{j\pi y}{b}\mathrm{d}x\mathrm{d}y. \tag{7.45}$$

(7.44)的右端是a_{ij}的函数($i,j=1,2,\cdots,N$).利用多元函数取极值的必要条件

$$\frac{\partial J(v_N)}{\partial a_{ij}}=0,\quad i,j=1,2,\cdots,N$$

得

$$\pi^2\left(\frac{i^2}{a^2}+\frac{j^2}{b^2}\right)a_{ij}+\beta_{ij}=0.$$

故

$$a_{ij}=-\frac{\beta_{ij}}{\pi^2\left(\frac{i^2}{a^2}+\frac{j^2}{b^2}\right)},\quad i,j=1,2,\cdots,N. \tag{7.46}$$

因此,变分问题(7.41)的近似解为

$$v_N=-\sum_{i,j=1}^{N}\frac{1}{\pi}\frac{\beta_{ij}}{\frac{i^2}{a^2}+\frac{j^2}{b^2}}\sin\frac{i\pi x}{a}\sin\frac{j\pi y}{b}. \tag{7.47}$$

这个函数也是问题(7.39)的近似解.令$N\to\infty$得(7.39)的形式解

$$u(x,y)=-\frac{1}{\pi}\sum_{i,j=1}^{\infty}\frac{\beta_{ij}}{\frac{i^2}{a^2}+\frac{j^2}{b^2}}\sin\frac{i\pi x}{a}\sin\frac{j\pi y}{b},$$

其中β_{ij}由(7.45)给出.

在用里茨-伽辽金方法时,最困难的问题是如何确定$H_0^1(\Omega)$中的“基”,它的前有限个函数应满足:彼此正交且在Ω的边界上为零.当精度要求不高时,通常只要找出“基”中前一、二个函数就可以了.

例 2　用里茨-伽辽金方法求

$$
\begin{cases}\Delta u=-2, \quad (x,y)\in\Omega,\\ u\Big|_{\partial\Omega}=0\end{cases}
$$

的近似解,其中 Ω 为矩形区域:$-a<x<a,-b<y<b$.

解 由于方程及边界条件关于 x 轴和 y 轴是对称的,因此解也应该关于 x 轴和 y 轴对称.取函数组

$$
\varphi_0(x,y)=(a^2-x^2)(b^2-y^2), \quad \varphi_1=\varphi_0x^2, \quad \varphi_2=\varphi_0y^2,\cdots,
$$

下面只取 $N=1$,即设

$$
u_1(x,y)=A\varphi_0(x,y),
$$

代入(7.22)得

$$
\begin{aligned}
J(u_1)&=\frac{1}{2}\iint_\Omega(|\nabla u_1|^2-4u_1)\mathrm{d}x\mathrm{d}y\\
&=\frac{1}{2}\int_{-b}^{b}\int_{-a}^{a}\{4A^2[x^2(b^2-y^2)^2+y^2(a^2-x^2)^2]\\
&\quad-4A(a^2-x^2)(b^2-y^2)\}\mathrm{d}x\mathrm{d}y\\
&=\frac{64}{45}(a^3b^5+a^5b^3)A^2-\frac{32}{9}a^3b^3A.
\end{aligned}
$$

令

$$
\frac{\mathrm{d}J(u_1)}{\mathrm{d}A}=0,
$$

得

$$
A=\frac{5}{4(a^2+b^2)}.
$$

因此可解近似解为

$$
u_1(x,y)=\frac{5}{4}\frac{(a^2-x^2)(b^2-y^2)}{a^2+b^2}.
$$

习　题　七

1. 设区域 Ω 是边长为 1,中心在原点的正方形,用差分解法(取步长 $h=0.1$)求拉普拉斯方程

$$
\frac{\partial^2u}{\partial x^2}+\frac{\partial^2u}{\partial y^2}=0
$$

的狄利克雷问题的解的第一次近似值 $U_{i,j}^{(1)}$（取零次近似值为 $U_{i,j}^{(0)}=0$）.其边界条件为

$$u\Big|_{x=\pm\frac{1}{2}}=-1,\ u\Big|_{y=\pm\frac{1}{2}}=1.$$

2. 用差分方法计算热传导方程混合问题

$$\begin{cases}\dfrac{\partial u}{\partial t}=\dfrac{\partial^2 u}{\partial x^2},\\ u\Big|_{x=0}=u\Big|_{x=1}=0,\quad 0<t\leqslant 1,\\ u\Big|_{t=0}=x(1-x)\end{cases}$$

的近似解(取 $\Delta x=0.2,\Delta t=0.02$).

3. 列出波动方程混合问题

$$\begin{cases}\dfrac{\partial^2 u}{\partial t^2}=\dfrac{\partial^2 u}{\partial x^2},\quad 0<x<1,t>0,\\ u\Big|_{x=0}=u\Big|_{x=1}=0,\\ u\Big|_{t=0}=x(1-x),\\ \dfrac{\partial u}{\partial t}\Big|_{t=0}=0\end{cases}$$

的差分格式.

4. 用里茨-伽辽金方法求

$$\begin{cases}-\Delta u=1,\quad 0<x<a,\quad 0<y<b,\\ u(0,y)=u(x,0)=u(a,y)=u(x,b)=0\end{cases}$$

的近似解.

5. 用里茨-伽辽金方法求

$$\begin{cases}-\Delta u=1,\quad (x,y)\in\Omega,\\ u\Big|_{\partial\Omega}=0\end{cases}$$

的近似解,其中 Ω 为区域:$x^2+y^2<R^2$.

[提示:取近似解为 $u_1=A(R^2-x^2-y^2)$.]

6. 用里茨-伽辽金方法求

$$\frac{\partial^2 u}{\partial x^2}+\frac{\partial^2 u}{\partial y^2}+2=0,\quad -1<x<1,-2<y<2$$

在条件

$$u(x,-2)=u(x,2)=u(-1,y)=u(1,y)=0$$

下的近似解.

7. 在例 2 中取 $b=a$, $N=3$ 求原问题的近似解.

[提示: $N=3$ 意味着近似解为 $u_3=A_1\varphi_0+A_2\varphi_1+A_3\varphi_2$, 又因 $b=a$, 故解关于 x 与 y 是对称的, 即可取 $A_3=A_2$.]

第八章　非线性偏微分方程

前面几章所研究的偏微分方程都是线性的,但在实际工程技术及自然科学中所遇到的方程大多数都是非线性的,在有些情况下,人们为了研究方便,对问题补充了一些附加的条件或略去一些次要的因素,才得到线性方程.在这一章内,我们将从一个具体问题出发引入非线性偏微分方程的概念,然后重点讨论两类重要的非线性方程.

§8.1　极小曲面问题

在第七章内我们已经说过,求解一个边值问题可以转化成求它所对应的一个泛函的最小值(当然,一般说来变分问题的解只是原边值问题的弱解).其实,在数学里也已证明了相反的结论,即在一定条件下一个变分问题的解必满足一个微分方程.在这一节内,我们以极小曲面问题为例说明这个事实.

设 Ω 是平面上有界区域,它的边界 $\partial\Omega$ 是充分光滑的,其方程为

$$\begin{cases} x = x(s), \\ y = y(s), \end{cases} \quad 0 \leqslant s \leqslant s_0,$$

其中 $x(0)=x(s_0)$, $y(0)=y(s_0)$,即 $\partial\Omega$ 是一条闭曲线.现在在 $\partial\Omega$ 上给定一条空间曲线 l (即作一条空间曲线 l,使它到 Ω 所在平面的投影为 $\partial\Omega$)

$$l:\begin{cases} x = x(s), \\ y = y(s), \quad 0 \leqslant s \leqslant s_0, \\ u = \varphi(s), \end{cases} \tag{8.1}$$

这里 $\varphi(0)=\varphi(s_0)$.所谓极小曲面问题就是要确定一张定义在 $\overline{\Omega}$ 上的曲面 S,使得:

(1) S 以 l 为周界;

(2) S 的表面积在所有以 l 为周界的曲面中是最小的.

假定空间曲面的方程为

$$v = v(x, y),$$

则由微积分学可知,这个曲面的表面积为

$$J(v)=\iint_{\Omega}\sqrt{1+v_x^2+v_y^2}\,\mathrm{d}x\mathrm{d}y. \tag{8.2}$$

于是上述极小曲面问题就变成求一个函数 u,使得

(1) 由 $u=u(x,y)$ 所表示的曲面以 l 为周界,即

$$u\in C^1(\overline{\Omega}),u\Big|_{\partial\Omega}=\varphi,\text{或者说},u\in M_{\varphi},$$

其中 M_{φ} 由(7.25)给出;

(2)
$$J(u)=\min_{v\in M_{\varphi}} J(v), \tag{8.3}$$

这是一个变分问题.

如何求出变分问题(8.3)的解?我们先来看看假设 $u\in M_{\varphi}$ 是(8.3)的解,那么 u 必须满足什么样的条件.为此,在 M_0 任取一个元素 v,即任取 $v\in C^1(\overline{\Omega}),v\Big|_{\partial\Omega}=0$.对任意$\varepsilon\in(-\infty,+\infty)$,$u+\varepsilon v\in M_{\varphi}$,记

$$j(\varepsilon)=J(u+\varepsilon v), \tag{8.4}$$

其中 $J(u)$ 由(8.2)确定.从(8.2)可知 $j(\varepsilon)$ 是定义在 $\mathbf{R}$ 上的一个可微函数,由于 u 是(8.3)的解,所以对任意 $\varepsilon\in\mathbf{R}$,$j(\varepsilon)\geqslant j(0)$,即 $j(\varepsilon)$ 在 $\varepsilon=0$ 处取得最小值,故

$$j'(0)=0. \tag{8.5}$$

不难算出

$$j'(\varepsilon)=\iint_{\Omega}\frac{(u+\varepsilon v)_x v_x+(u+\varepsilon v)_y v_y}{\sqrt{1+(u_x+\varepsilon v_x)^2+(u_y+\varepsilon v_y)^2}}\mathrm{d}x\mathrm{d}y.$$

代入(8.5)得

$$\iint_{\Omega}\left(\frac{u_x}{\sqrt{1+u_x^2+u_y^2}}v_x+\frac{u_y}{\sqrt{1+u_x^2+u_y^2}}v_y\right)\mathrm{d}x\mathrm{d}y=0.$$

假设 u 具有更好的光滑性,例如 $u\in C^2(\Omega)$,由格林公式可得

$$-\iint_{\Omega}\left[\frac{\partial}{\partial x}\left(\frac{u_x}{\sqrt{1+u_x^2+u_y^2}}\right)+\frac{\partial}{\partial y}\left(\frac{u_y}{\sqrt{1+u_x^2+u_y^2}}\right)\right]v\mathrm{d}x\mathrm{d}y$$
$$+\oint_{\partial\Omega}\frac{v}{\sqrt{1+u_x^2+u_y^2}}\frac{\partial u}{\partial n}\mathrm{d}s=0.$$

由于 $v\in M_0$,即 $v\Big|_{\partial\Omega}=0$,因此上式左端第二项为零,再由 v 的任意性及被积函数的连续性可知

$$\frac{\partial}{\partial x}\left(\frac{u_x}{\sqrt{1+u_x^2+u_y^2}}\right)+\frac{\partial}{\partial y}\left(\frac{u_y}{\sqrt{1+u_x^2+u_y^2}}\right)=0 \text{①}, \tag{8.6}$$

这个方程称为变分问题(8.3)的**欧拉**(Euler)**方程**.

上面的推导说明,如果 u 是(8.3)的解,且 $u\in C^2(\Omega)$,则 u 必满足(8.6),当然还满足边界条件

$$u\Big|_{\partial\Omega}=\varphi. \tag{8.7}$$

因此定义在$\overline{\Omega}$上且以空间曲线 l 为周界的极小曲面 $u=u(x,y)$ 必定在 Ω 内适合方程(8.6)和在$\partial\Omega$ 上满足边界条件(8.7).方程(8.6)可以改写成

$$(1+u_y^2)u_{xx}-2u_xu_yu_{xy}+(1+u_x^2)u_{yy}=0. \tag{8.8}$$

这个方程通常称为**极小曲面方程**.它有什么特点?它关于二阶导数 u_{xx},u_{xy} 及 u_{yy}是线性的,但它们前面的系数分别含有 u_y^2,u_xu_y 及 u_x^2,所以对 u_x,u_y 来说它不是线性关系,特别是,如果把 u_x,u_y,u_{xx},u_{xy}及 u_{yy}同等看待,这个方程对它们不是一个线性方程,而是一个非线性方程.

*§8.2　非线性偏微分方程举例

在上一节内,我们以极小曲面问题为例得到了一个非线性偏微分方程(8.8),其实,在力学、物理学及几何学中都有大量的非线性偏微分方程.例如,在热传导问题(第一章第一节例 4)中,如果热传导系数 k 不是常数,而是温度的函数,则三维热传导方程为

$$\frac{\partial u}{\partial t}=\frac{\partial}{\partial x}\left(k(u)\frac{\partial u}{\partial x}\right)+\frac{\partial}{\partial y}\left(k(u)\frac{\partial u}{\partial y}\right)+\frac{\partial}{\partial z}\left(k(u)\frac{\partial u}{\partial z}\right), \tag{8.9}$$

这也是一个非线性方程.

在流体力学中,最重要的一种特殊情况是理想流体的一维运动,所谓理想流体就是不考虑黏性及热传导的流体.假设运动在一柱形管道中进行,其轴为 x 轴,又设速度 u 的方向沿 x 轴,外力 F 也如此,且在垂直于 x 轴的每一截面上流体的状态均相同.以 ρ 表示质量密度,即单位体积流体的质量,p 为压强,即

---

①　设 $\Omega\subset\mathbf{R}^2$ 是有界区域,$f(x,y)$ 在 Ω 上连续,如果对任意 $\varphi(x,y)\in C_0^\infty(\Omega)$ 有

$$\iint_\Omega f(x,y)\varphi(x,y)\,\mathrm{d}x\mathrm{d}y=0,$$

则 $f(x,y)$ 在 Ω 上恒为零,其中 $C_0^\infty(\Omega)$ 表示在 Ω 内无穷次可微且在 Ω 的边界附近等于零的函数的全体.

作用在单位面积上的流体压力，S 表示单位质量流体的熵．则一维理想流体力学方程组为

$$\frac{\partial\rho}{\partial t}+\frac{\partial}{\partial x}(\rho u)=0 \qquad （连续性方程）. \tag{8.10}$$

$$\frac{\partial u}{\partial t}+u\frac{\partial u}{\partial x}+\frac{1}{\rho}\frac{\partial p}{\partial x}=F \qquad （动量守恒方程）, \tag{8.11}$$

$$\frac{\partial S}{\partial t}+u\frac{\partial S}{\partial x}=0 \qquad （能量守恒方程）, \tag{8.12}$$

其中参数 ρ,u,p,S 还满足下列状态方程

$$\exp(S)=p\rho^{-\gamma} \tag{8.13}$$

γ 是绝热指数，对于空气 $\gamma=1.4$．所以方程（8.10），（8.11），（8.12）中只有三个变量是独立的，例如取 ρ,u,S 为未知函数．上述三个方程构成了一个非线性方程组．

在热平衡问题中，如果热传导系数是常数，但物体内含有一个依赖于温度及温度梯度的热源，则可得

$$\Delta u=f(x,u,\nabla u). \tag{8.14}$$

在微分几何中，若要求出总曲率 $\boldsymbol{\kappa}$ 为已知的曲面时，就需要求解下列方程：

$$rt-s^2=f(x,y,u,p,q), \tag{8.15}$$

其中 $p=u_x,q=u_y,r=u_{xx},s=u_{xy},t=u_{yy}$．这个方程称为**蒙日－安培**（Monge－Ampère）方程．

上面我们已经从不同的问题引入了一些非线性方程或方程组，现在再对它们作一些比较．方程（8.14）中的最高阶导数（即二阶导数）部分纯粹是线性的，它的非线性性只出现在函数 u 及其一阶导数项，这样的方程称为**半线性方程**；方程（8.8）对最高阶导数（二阶导数项）来说是线性的，但它们的系数依赖于未知函数的非最高阶导数（那里是一阶导数），这样的方程称为是**拟线性**的，方程组（8.10），（8.11），（8.12）也是拟线性的；方程（8.15）的特点是对最高阶导数（二阶导数）也是非线性的，这样的方程称为**完全非线性**（或**真正非线性**）**方程**．显而易见，完全非线性方程的非线性程度最高，半线性方程的非线性程度最低，拟线性方程的非线性程度介于两者之间．

对于非线性偏微分方程，一般说来是无法求出解的表达式的，只能求其近似解．但对一些很特殊的情形，通过适当的未知函数的变换将方程化成线性方

程,或者经过适当的数学处理化成可以求解的方程,下面举例说明.

例 1 在流体力学中有一个很重要的方程叫**伯格斯**(Burgers)**方程**

$$u_t+uu_x=\lambda u_{xx}. \tag{8.16}$$

这是一个半线性的二阶偏微分方程,为了解这个方程,令 $u=v_x$,再对 x 积分一次可得

$$v_t+\frac{1}{2}v_x^2=\lambda v_{xx}.$$

再令

$$v=-2\lambda\ln\psi,$$

则得

$$\psi_t=\lambda\psi_{xx}.$$

这是一维的线性热传导方程,对它的各种定解问题可以用第二、三章中的方法求出它的解,有了 ψ 之后就可以求出 u.

例 2 在微分几何中遇到如下**刘维尔**(Liouville)**方程**

$$\frac{\partial^2 u}{\partial x\partial y}=\mathrm{e}^u. \tag{8.17}$$

这是一个半线性的二阶方程.若令 u' 是

$$\frac{\partial^2 u'}{\partial x\partial y}=0 \tag{8.18}$$

的解,再构造一个偏微分方程组

$$\begin{cases}\dfrac{\partial u}{\partial x}=\dfrac{\partial u'}{\partial x}-\beta\mathrm{e}^{\frac{1}{2}(u+u')},\\[2ex]\dfrac{\partial u}{\partial y}=-\dfrac{\partial u'}{\partial y}-\dfrac{2}{\beta}\mathrm{e}^{\frac{1}{2}(u-u')},\end{cases} \tag{8.19}$$

其中 β 是常数.通过计算可以验证:若 u 是(8.19)的解,则 u 必是(8.17)的解.由第三章已知,(8.18)的解总可以写成

$$u'(x,y)=f(x)+g(y),$$

其中 f,g 是任意可微函数.有了 u' 再解(8.19),最后可得(8.17)的通解

$$u=2\ln\left[\frac{\exp[(f(x)-g(y))/2]}{-\dfrac{\beta}{2}\displaystyle\int\exp f(x)\,\mathrm{d}x+\dfrac{1}{\beta}\displaystyle\int\exp(-g(y))\,\mathrm{d}y}\right].$$

与线性方程相比,非线性方程还有一个特点,即它的解即使存在,也不一定对所有的时间 $t\geqslant 0$ 都存在(当然假定方程中含有时间变量 t),而只是在某

个有限时间内存在，见下例.

例 3　考虑**里卡蒂**(Riccati)**方程**的初值问题

$$\begin{cases}\dfrac{\mathrm{d}v}{\mathrm{d}t}=v^2, & t>0,\\ v(0)=v_0 & (v_0\text{ 是常数}).\end{cases}\tag{8.20}$$

容易求出它的解

$$v(t)=\frac{v_0}{1-v_0t},$$

显然，若 $v_0<0$，则(8.20)的解对所有 $t\geqslant 0$ 都存在，简称**整体存在**；若 $v_0>0$，则当 $t\to\dfrac{1}{v_0}$ 时，$v(t)\to+\infty$，这时解在时刻 $t_0=\dfrac{1}{v_0}$ 产生破裂，所以(8.20)只在 $\left[0,\dfrac{1}{v_0}\right)$ 内有解，简称解是**局部存在**的.

§ 8.3　激　　波

在这一节内，我们将研究一阶拟线性偏微分方程的初值问题，重点是指出这类方程的解可能产生间断，并引入激波的概念. 为了叙述方便，我们只考虑下列方程(**伯格斯**方程)的初值问题

$$\begin{cases}u_t+uu_x=0, & t>0,-\infty<x<+\infty, & (8.21)\\ u(x,0)=\varphi(x), & -\infty<x<+\infty, & (8.22)\end{cases}$$

其中 $\varphi\in C^1(\mathbf{R})$.

为了研究这个问题的可解性，我们先来考虑一阶线性偏微分方程的初值问题的解法. 作为一个特例，讨论如下问题

$$\begin{cases}\dfrac{\partial u}{\partial t}+a\dfrac{\partial u}{\partial x}=0, & t>0,-\infty<x<+\infty, & (8.23)\\ u(x,0)=u_0(x), & -\infty<x<+\infty, & (8.24)\end{cases}$$

其中 a 为常数，$u_0(x)\in C^1(\mathbf{R})$. 为求出(8.23)，(8.24)的解，我们先考虑下列常微分方程的初值问题

$$\begin{cases}\dfrac{\mathrm{d}x}{\mathrm{d}t}=a,\\ x(0)=c, c\text{ 为任意常数}.\end{cases}\tag{8.25}$$

它的解为 $x=at+c$，是一族以 $\dfrac{1}{a}$ 为斜率的直线(以 t 轴作为纵坐标轴)，称为问题

(8.23),(8.24)的特征线,记成 $x=x(t,c)$.沿着特征线解 u 满足

$$\frac{\mathrm{d}u}{\mathrm{d}t}=\frac{\partial u}{\partial t}+\frac{\partial u}{\partial x}\frac{\mathrm{d}x}{\mathrm{d}t}=\frac{\partial u}{\partial t}+a\frac{\partial u}{\partial x}=0,$$

即沿着特征线解 $u(x,t)=u(x(t,c),t)$ 是常数,由条件(8.24)知在点 $(c,0)$ 处 $u(c,0)=u_0(c)$.故

$$u(x(t,c),t)=u_0(c).$$

从特征线方程 $x=at+c$ 可得 $c=x-at$,因此问题(8.23),(8.24)的解为

$$u(x,t)=u_0(x-at).$$

上述求解问题(8.23),(8.24)的方法就是在第三章提到的**特征线法**.

现在我们回到非线性问题(8.21),(8.22),和线性方程类似,我们也用下列常微分方程

$$\frac{\mathrm{d}x}{\mathrm{d}t}=u(x,t) \tag{8.26}$$

来定义它的特征线.和线性方程不同的是,由于(8.26)的右端含有未知函数 u,所以一般说来特征线不可能事先确定,尽管如此,但和线性方程一样,沿着特征线仍然有

$$\frac{\mathrm{d}u}{\mathrm{d}t}=0,$$

即(8.21),(8.22)的解沿着特征线取常数值.将通过点 $(x_0,0)$ 的特征线记成 $x=x(t)$.则

$$u(x(t),t)=u(x(0),0)=\varphi(x(0))=\varphi(x_0).$$

再由特征方程

$$\frac{\mathrm{d}x(t)}{\mathrm{d}t}=u(x(t),t)=\varphi(x_0)$$

知,过 $(x_0,0)$ 点的特征线必是直线

$$x=\varphi(x_0)t+x_0. \tag{8.27}$$

在这条特征线上,解为

$$u=\varphi(x_0). \tag{8.28}$$

现在的问题是:如果我们能由(8.27)解出 x_0,代入(8.28)就得到问题(8.21),(8.22)的解.记

$$f(x,t,x_0)=x-\varphi(x_0)t-x_0.$$

如 $f_{x_0}(x,t,x_0)=\dfrac{\partial x}{\partial x_0}-\varphi'(x_0)t-1\neq 0$,则由隐函数存在定理知(8.27)可以确定 x_0

为 x,t 的函数 $x_0=x_0(x,t)$，代入(8.28)得到(8.21)，(8.22)的解

$$u(x,t)=\varphi(x_0(x,t)).$$

利用 $\varphi(x)\in C^1(\mathbf{R})$ 及常微分方程(8.26)解对初始数据的光滑性可知，当 t 适当小时，可以保证 $f_{x_0}\neq 0$.这就说明问题(8.21)，(8.22)的古典解是局部存在的.

现在我们要问(8.21)，(8.22)能否存在整体解(即在 $t>0$ 内都存在解)？这决定于它的特征线的分布情况.如果 $\varphi'(x)\geqslant 0$，即 $\varphi(x)$ 是单调不减的，则由(8.27)知特征线的斜率随 x_0 增大而不断减小，从几何上看，特征线不断散开，如图 8-1.因此，对于上半平面上每一点(x_0,t_0)有且仅有一条特征线通过，故解 $u(x,t)$ 在这一点的值可以由初值唯一确定，即解在 $t>0$ 内都存在.

反之，如果 $\varphi(x)$ 不是一个单调不减函数，在 x 轴上必存在两点$(x_1,0)$，$(x_2,0)$使得：

$$x_1<x_2,$$

但

$$\varphi(x_1)>\varphi(x_2).$$

这时，过此两点的特征线

$$x=\varphi(x_i)t+x_i,\quad i=1,2$$

必在有限时刻相交，如图 8-2.在交点处解就不能唯一地确定，即初值问题不可能在 $t\geqslant 0$ 内存在整体的古典解.

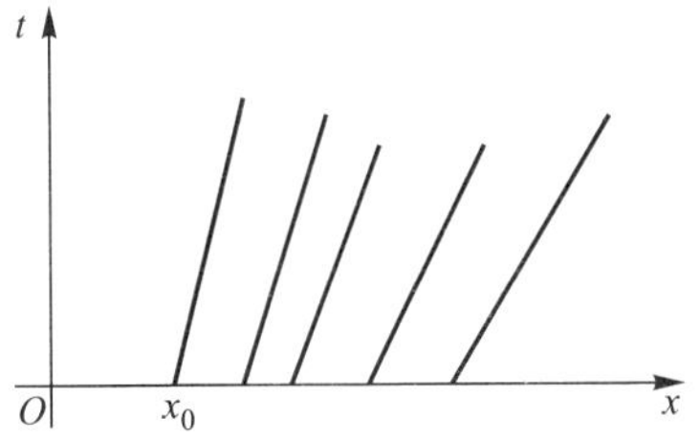

图 8-1

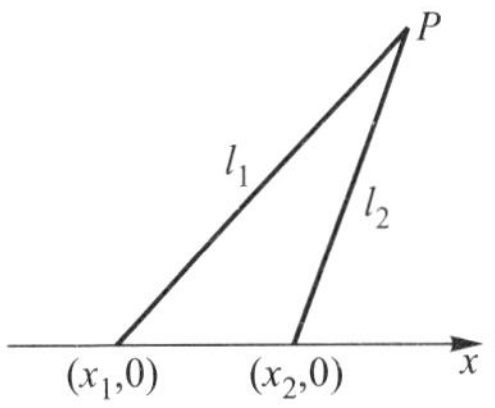

图 8-2

下面再对这种情况作进一步说明，由(8.28)知，解 $u(x,t)$ 沿着特征线 l_i $(i=1,2)$取常数值 $\varphi(x_i)$ $(i=1,2)$.故在交点 P 处解 $u(x,t)$ 既要等于 $\varphi(x_1)$ 又要等于 $\varphi(x_2)$，这说明解的连续可微性被破坏，即解产生间断.因此，从几何上讲，解产生间断的基本原因在于特征线相交.

现在我们从物理的角度对上述现象作进一步分析，如果把解 $u=u(x,t)$ 看作波的传播，因为在特征线上 u 取常数值，所以波是沿特征线传播的，$\dfrac{\mathrm{d}x}{\mathrm{d}t}$（特

征线斜率的倒数)表示波的传播速度.如$\varphi(x)$单调增加,则由(8.27)知,沿着波的传播方向,后面质点的传播速度永远比前面质点的传播速度慢,故随着时间的推移,波呈现逐渐**稀疏**的特点.反之,如果$\varphi(x)$单调减少(或单调不增),则沿着波的传播方向,后面质点的传播速度比前面质点的传播速度快,这样就出现了后面的波追赶前面波的现象,随着时间的推移,波呈现逐渐**压缩**的特点.当波越压越多到某一个时刻,其传播的特征就会产生突变,人们把这种产生突变的不连续波的现象称为**激波现象**,把产生波的间断并能使波越过的光滑曲线称为**激波**.有关激波的数学理论我们就不详述了.下面仅给出激波的严格定义.

对给定的单个守恒律方程

$$u_t+f(u)_x=0.$$

光滑曲线$\Gamma:x=x(t)$称为**激波**,如果它满足如下两个条件:

1°　$\dot{x}(u_l-u_r)=f(u_l)-f(u_r)$,这个条件称为间断连接条件,或称**兰金-于戈尼奥**(Rankine-Hugoniot)条件;

2°　$f'(u_l)>\dot{x}>f'(u_r)$,这个条件称为**熵条件**,其中$\dot{x}(t)=\dfrac{\mathrm{d}x}{\mathrm{d}t}$,$u_l=u(x(t)-0,t)$,$u_r=u(x(t)+0,t)$($u_l$与$u_r$分别是解$u$在曲线$\Gamma$的两侧的左、右极限).

§8.4　KdV 方程　孤立波

1895 年**科特韦格**(Kortcweg)和**德弗里斯**(de Vries)在研究水波时导出了如下形式的半线性方程(简称 KdV 方程):

$$u_t+uu_x+Ku_{xxx}=0. \tag{8.29}$$

不失一般性,不妨设$K>0$(事实上,通过变换

$$u\to-u,x\to-x,t\to t,$$

总可以将$K<0$的情形化成$K>0$的情形).

现在来寻求方程(8.29)的平面**前进波**(或简称行波)解,令

$$u(x,t)=u(\xi),\xi=x-ct,\ c\text{ 是常数}, \tag{8.30}$$

将(8.30)代入(8.29)得

$$-cu_\xi+uu_\xi+Ku_{\xi\xi\xi}=0.$$

对ξ积分一次得

$$-cu+\frac{1}{2}u^2+Ku_{\xi\xi}=A,\ A\text{ 为任意常数}. \tag{8.31}$$

用 u_ξ 乘(8.31)并对 ξ 积分,得

$$3Ku_\xi^2=-u^3+3cu^2+6Au+6B\equiv f(u), \tag{8.32}$$

或

$$\frac{1}{2}u_\xi^2+\frac{1}{6K}[-f(u)]=0. \tag{8.33}$$

如果将 ξ 与 u 分别理解为时间坐标与空间坐标,则(8.33)能视为具单位质量的质点在势$\frac{1}{6K}f(u)$的作用下运动的能量关系.

从方程(8.33)可以看出,如果 $f(C)=0$,则 $u=C$ 是 KdV 方程的解,这个解称为**定常解**;只有当 $f(u)\geqslant 0$ 时,KdV 方程才可能有实的行波解.由于 $f(u)$ 是 u 的三次方程,不外有两种可能性:

(1) f 仅有一个实的零点(如图 8-3 所示),这时为了获得实的行波解,只能在 $u\leqslant c_1$ 内考虑,在这个域内由于当 $u\to-\infty$ 时 $f(u)\to+\infty$,方程

$$\frac{\mathrm{d}u}{\mathrm{d}\xi}=\pm\left[\frac{1}{3K}f(u)\right]^{\frac{1}{2}} \tag{8.34}$$

没有有界的行波解.所以这种情况不在我们讨论范围之内.

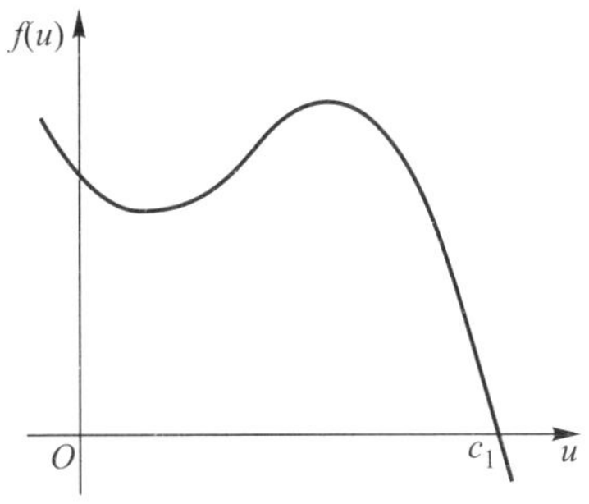

图 8-3

(2) f 有三个实零点 α,β,γ.

不妨设 $\alpha\geqslant\beta\geqslant\gamma$,这时 $f(u)$ 可以表示成

$$f(u)=(u-\gamma)(u-\beta)(\alpha-u). \tag{8.35}$$

我们比较(8.32)与(8.35)可得

$$c=\frac{1}{3}(\alpha+\beta+\gamma),$$

$$A=-\frac{1}{6}(\alpha\beta+\beta\gamma+\gamma\alpha),$$

$$B=\frac{1}{6}\alpha\beta\gamma.$$

再分三种情况:

(A) $\alpha\neq\beta\neq\gamma$,(B) $\alpha\neq\beta=\gamma$,(C) $\alpha=\beta\neq\gamma$.

对应于这三种情形 $f(u)$ 的草图(局部)如图 8-4,其中曲线 A 与 u 轴有三个交点,曲线 B 与 u 轴在点 γ 相切,曲线 C 与 u 轴在点 α 相切.为了使解是实

的且有界,只能在下列区域内考虑(8.34)

对于曲线 A:　$\beta \leqslant u \leqslant \alpha$,

对于曲线 B:　$\gamma \leqslant u \leqslant \alpha$,

对于曲线 C:　$u \leqslant \gamma$,这时与(1)相同,解是无界的,不再讨论.

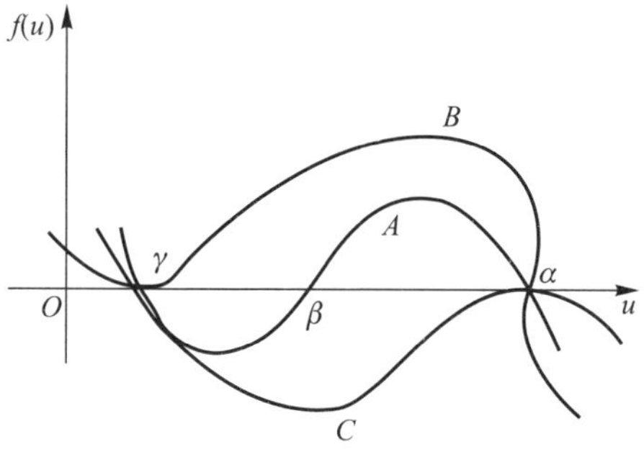

图 8-4

可以证明,在情形(A),KdV 方程有一个周期性的波,在这里我们不讨论这个问题.我们的兴趣在情形(B).

在情形(B),方程(8.34)为

$$\frac{\mathrm{d}u}{\mathrm{d}\xi}=\frac{(u-\gamma)\sqrt{\alpha-u}}{\sqrt{3K}}, \tag{8.36}$$

把(8.36)写成

$$\frac{\mathrm{d}u}{(u-\gamma)\sqrt{\alpha-u}}=\frac{\mathrm{d}\xi}{\sqrt{3K}},$$

通过变量代换并积分后再解出 u 可得

$$u(\xi)=\gamma+(\alpha-\gamma)\operatorname{sech}^2\left(\sqrt{\frac{\alpha-\gamma}{12K}}\xi\right) ① \tag{8.37}$$

记 $a=\alpha-\gamma$,则得

$$u(\xi)=u_\infty+a\operatorname{sech}^2\left(\sqrt{\frac{a}{12K}}\right)\left[x-\left(u_\infty+\frac{a}{3}\right)t\right], \tag{8.38}$$

这里因 $|\xi|\to\infty$ 时,$u\to\gamma$,故记 $\gamma=u_\infty$,且

① sech x 是双曲正割函数,$\operatorname{sech} x=\frac{1}{\cosh x}$,$\cosh x=\frac{e^x+e^{-x}}{2}$.

$$c=\frac{\alpha+\beta+\gamma}{3}=\frac{2\gamma+\alpha}{3},$$

故

$$\xi=x-\frac{2\gamma+\alpha}{3}t.$$

由(8.37)或(8.38)所表示的行波有什么特点呢？它在传播中波形不变，u 基本上集中在 $\xi=0$ 的周围，在 $\xi\to-\infty$ 时的定常态与 $\xi\to+\infty$ 时的定常态相同，都是 u_∞，其形状如图 8-5 所示.

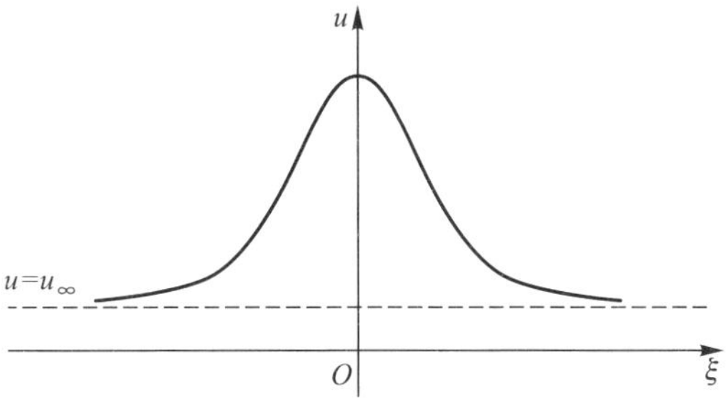

图 8-5

这种波还有一个特征：如果有两个这样的波，一个波速快，一个波速慢，开始时波速快的波在后面，波速慢的波在前面，后来被赶上了，经过相互作用后，过一段时间后又分开为原来形式的两个波，波速快的走在前面了.这种相互作用受干扰后仍恢复原状运动的现象引起了人们很大的兴趣，称这种波为**孤立波**或**孤立子**.

习　题　八

1. 指出下列方程哪些是线性的，哪些是非线性的，若是非线性方程说明是什么类型的非线性.

（1）$u_t-\Delta u=f(u)$；

（2）$t\dfrac{\partial^2 u}{\partial x\partial t}+2\dfrac{\partial u}{\partial x}=2xt$；

（3）$u_t-\Delta u^m=f(x_1,x_2,\cdots,x_n,u,t)\ (m>1)$；

（4）$\sin^2x\dfrac{\partial^2 u}{\partial x^2}-2y\sin x\dfrac{\partial^2 u}{\partial x\partial y}+y^2\dfrac{\partial^2 u}{\partial y^2}=0$；

(5) $u_t+6uu_x+u_{xxx}=0$;

(6) $\left(\frac{\partial u}{\partial x}\right)^2+\left(\frac{\partial u}{\partial y}\right)^2+\left(\frac{\partial u}{\partial z}\right)^2=u$;

(7) $u_t-(a(u))_{xx}=u_x^2$,其中 $a(s)$ 是 s 的二次连续可微的函数;

(8) $F(x_1,x_2,\cdots,x_n,u,u_{x_i},u_{x_ix_j})=0$, $i,j=1,2,\cdots,n$.

2. 求极小曲面方程(8.8)具有如下形式的特解:

(1) $u=f\left(\frac{y}{x}\right)$;

(2) $u=f(\sqrt{x^2+y^2})$.

3. 验证(8.6),(8.7)的解必是变分问题(8.3)的解.

[提示:证明(8.4)中的 $j(\varepsilon)$ 在 $\varepsilon=0$ 处取得最小值.]

附录 A Γ 函数的基本知识

下面我们将 Γ 函数的定义及基本性质作一简要的介绍.

一、Γ 函数与 B 函数

我们称以 p,q 为参量的反常积分

$$\int_0^1 x^{p-1}(1-x)^{q-1}\mathrm{d}x$$

为**第一类欧拉积分**,这个积分当 $p>0,q>0$ 时是收敛的,由它所确定的函数,称为 p,q 的 **B 函数**,记作

$$\mathrm{B}(p,q)=\int_0^1 x^{p-1}(1-x)^{q-1}\mathrm{d}x. \tag{A.1}$$

在(A.1)中令 $x=\sin^2\theta$,则可将 $\mathrm{B}(p,q)$ 写成另一种形式

$$\mathrm{B}(p,q)=2\int_0^{\frac{\pi}{2}}\sin^{2p-1}\theta\cos^{2q-1}\theta\mathrm{d}\theta. \tag{A.2}$$

我们称以 p 为参量的反常积分

$$\int_0^{+\infty}\mathrm{e}^{-x}x^{p-1}\mathrm{d}x$$

为**第二类欧拉积分**,这个积分当 $p>0$ 时收敛,由它所确定的函数,称为 p 的 **Γ 函数**,记作

$$\Gamma(p)=\int_0^{+\infty}\mathrm{e}^{-x}x^{p-1}\mathrm{d}x. \tag{A.3}$$

在(A.3)中令 $x=t^2$,则可将 Γ 函数写成另一种形式

$$\Gamma(p)=2\int_0^{+\infty}\mathrm{e}^{-t^2}t^{2p-1}\mathrm{d}t. \tag{A.4}$$

现在我们来建立 Γ 函数与 B 函数之间的关系.为此,先计算乘积 $\Gamma(p)\Gamma(q)$,由(A.4)式可得

$$\Gamma(p)\Gamma(q)=4\int_0^{+\infty}\int_0^{+\infty}\mathrm{e}^{-(\xi^2+\eta^2)}\xi^{2p-1}\eta^{2q-1}\mathrm{d}\xi\mathrm{d}\eta. \tag{A.5}$$

利用极坐标系(ρ,θ)来化简右端的积分,即令 $\xi=\rho\cos\theta,\eta=\rho\sin\theta$,则

$$\begin{aligned}\Gamma(p)\Gamma(q)&=4\int_0^{+\infty}\int_0^{\frac{\pi}{2}}\mathrm{e}^{-\rho^2}\rho^{2(p+q)-1}\sin^{2p-1}\theta\cos^{2q-1}\theta\mathrm{d}\theta\mathrm{d}\rho\\&=2\int_0^{\infty}\mathrm{e}^{-\rho^2}\rho^{2(p+q)-1}\mathrm{d}\rho\cdot2\int_0^{\frac{\pi}{2}}\sin^{2p-1}\theta\cos^{2q-1}\theta\mathrm{d}\theta.\end{aligned}$$

将上式右端的两个积分分别与(A.2),(A.4)比较,可得

$$\Gamma(p)\Gamma(q)=\Gamma(p+q)\mathrm{B}(p,q),$$

或

$$\mathrm{B}(p,q)=\frac{\Gamma(p)\Gamma(q)}{\Gamma(p+q)}. \tag{A.6}$$

(A.6)就是我们所要建立的 Γ 函数与 B 函数之间的关系式,有些书上将这个关系式称为**欧拉定理**.欧拉定理告诉我们,只要把这两类函数中任何一类函数的性质弄清楚了,另一类函数的性质也就可借助这个关系式获得.

二、Γ 函数的基本性质

1. 递推公式　$\Gamma(p+1)=p\Gamma(p)$. (A.7)

证　由定义,我们有

$$\begin{aligned}\Gamma(p+1)&=\int_0^{\infty}\mathrm{e}^{-x}x^{p}\mathrm{d}x\\&=-\int_0^{\infty}x^{p}\mathrm{d}(\mathrm{e}^{-x})\\&=-x^{p}\mathrm{e}^{-x}\Big|_0^{\infty}+p\int_0^{\infty}\mathrm{e}^{-x}x^{p-1}\mathrm{d}x,\end{aligned}$$

由于当 $p>0$ 时,$x^{p}\mathrm{e}^{-x}\Big|_0^{\infty}=0$,所以

$$\Gamma(p+1)=p\int_0^{\infty}\mathrm{e}^{-x}x^{p-1}\mathrm{d}x=p\Gamma(p).$$

重复利用这个公式,可得

$$\begin{aligned}\Gamma(p)&=(p-1)\Gamma(p-1)=(p-1)(p-2)\Gamma(p-2)\\&=(p-1)(p-2)\cdots(p-m)\Gamma(p-m).\end{aligned} \tag{A.8}$$

此式说明,自变量大于 1 时 Γ 函数值的计算可化为自变量小于 1 而大于 0 时 Γ 函数值的计算.

如果 p 是正整数,则由(A.8)可得

$$\Gamma(p+1)=p(p-1)\cdots2\cdot1\cdot\Gamma(1),$$

因

$$\Gamma(1)=\int_0^{\infty}\mathrm{e}^{-x}\mathrm{d}x=-\mathrm{e}^{-x}\Big|_0^{\infty}=1,$$

故

$$\Gamma(p+1)=p!. \tag{A.9}$$

2. Γ 函数定义域的扩充

利用 Γ 函数的递推公式(A.7),我们可将 $\Gamma(p)$ 的定义域扩充到不含负整数的负数域上去.例如,对 $-1<p<0$,我们定义

$$\Gamma(p)=\frac{\Gamma(p+1)}{p},\tag{A.10}$$

这里 $p+1>0$,所以上式右端具有确定的值.

Γ 函数在 $-1<p<0$ 内的值既已确定,则就可再用(A.10)定义出 Γ 函数在 $-2<p<-1$ 内的值,这样逐步进行下去,就可将 Γ 函数的定义域扩充到不包含负整数的负数域上去.

在负整数处,Γ 函数将会怎样? 由(A.10)可知

$$\lim_{p\to 0}\Gamma(p)=\lim_{p\to 0}\frac{\Gamma(p+1)}{p}=\infty,$$

即当 $p\to 0$ 时,$\Gamma(p)\to\infty$.利用这个结果,可以推得当 $p\to-1$, $p\to-2,\cdots$, $p\to-n$ (n为正整数)时,$\Gamma(p)\to\infty$.从而我们规定,当 $n=0,-1,-2,-3,\cdots$ 时,$\dfrac{1}{\Gamma(n)}=0$,Γ 函数的图形如图 A-1 所示.

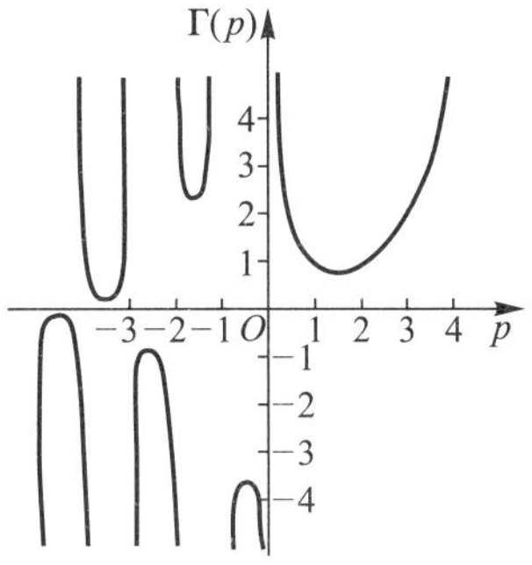

图 A-1

3. 当 $0<p<1$ 时,

$$\Gamma(p)\Gamma(1-p)=\frac{\pi}{\sin p\pi}.\tag{A.11}$$

证　由(A.6)得

$$\begin{aligned}\Gamma(p)\Gamma(1-p)&=\Gamma(1)B(1-p,p)\\&=B(1-p,p)\\&=\int_0^1 x^{-p}(1-x)^{p-1}\mathrm{d}x,\end{aligned}$$

令 $t=\dfrac{1-x}{x}$,则

$$\Gamma(p)\Gamma(1-p)=\int_0^{\infty}\frac{t^{p-1}}{1+t}\mathrm{d}t,0<p<1,$$

下面我们用留数定理计算上式右端的积分.

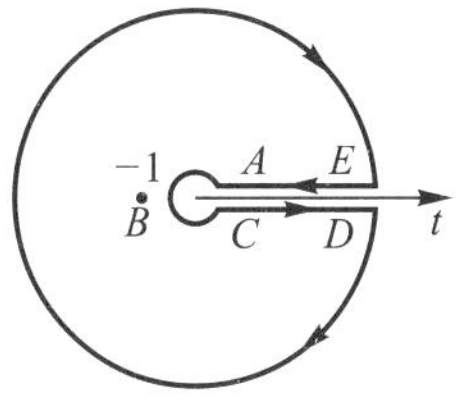

图 A-2

取积分路径如图 A-2 所示,这个路径是由以支点 $z=0$ 为中心的小圆与大圆以及沿实轴两条方向相反的线段 EA 与 CD (在 EA 上假设 z 的辐角为

0,而沿 CD 上 z 的辐角为 2π)所组成,由于沿正实轴作了割线,所以函数$\frac{z^{p-1}}{1+z}$是单值的,利用留数定理得

$$\oint_{C_R+C_r+EA+CD}\frac{z^{p-1}}{1+z}\mathrm{d}z=-2\pi\mathrm{i}\operatorname*{Res}_{z=-1}\left[\frac{z^{p-1}}{1+z}\right],$$

而

$$\begin{aligned}\left|\oint_{C_R}\frac{z^{p-1}}{1+z}\mathrm{d}z\right|&\leqslant\int_0^{2\pi}\left|\frac{R^{p-1}\mathrm{e}^{\mathrm{i}(p-1)\varphi}}{1+R\mathrm{e}^{\mathrm{i}\varphi}}\mathrm{i}R\mathrm{e}^{\mathrm{i}\varphi}\right|\mathrm{d}\varphi\\&\leqslant\int_0^{2\pi}\frac{R^p}{R-1}\mathrm{d}\varphi=2\pi\frac{R^p}{R-1}\\&=2\pi\frac{R^{p-1}}{1-\frac{1}{R}}=O(R^{-(1-p)})\to0,\text{当 }R\to+\infty\text{ 时}.\end{aligned}$$

$$\begin{aligned}\left|\oint_{C_r}\frac{z^{p-1}}{1+z}\mathrm{d}z\right|&=\left|\int_0^{2\pi}\frac{r^{p-1}\mathrm{e}^{\mathrm{i}(p-1)\varphi}}{1+r\mathrm{e}^{\mathrm{i}\varphi}}\mathrm{i}r\mathrm{e}^{\mathrm{i}\varphi}\mathrm{d}\varphi\right|\\&\leqslant\int_0^{2\pi}\left|\frac{(r\mathrm{e}^{\mathrm{i}\varphi})^p}{1+r\mathrm{e}^{\mathrm{i}\varphi}}\right|\mathrm{d}\varphi\leqslant\int_0^{2\pi}\frac{r^p}{1-r}\mathrm{d}\varphi=\frac{2\pi r^p}{1-r}\\&=O(r^p)\to0,\text{当 }r\to0\text{ 时}.\end{aligned}$$

$$\int_{EA}\frac{z^{p-1}}{1+z}\mathrm{d}z=\int_R^r\frac{t^{p-1}}{1+t}\mathrm{d}t\to-\int_0^{\infty}\frac{t^{p-1}}{1+t}\mathrm{d}t,\text{当 }R\to+\infty,r\to0\text{ 时},$$

$$\begin{aligned}\int_{CD}\frac{z^{p-1}}{1+z}\mathrm{d}z&=\int_r^R\frac{(t\mathrm{e}^{\mathrm{i}2\pi})^{p-1}}{1+t\mathrm{e}^{\mathrm{i}2\pi}}\mathrm{d}t=\mathrm{e}^{\mathrm{i}p2\pi}\int_r^R\frac{t^{p-1}}{1+t}\mathrm{d}t\\&\to\mathrm{e}^{\mathrm{i}p2\pi}\int_0^{\infty}\frac{t^{p-1}}{1+t}\mathrm{d}t,\quad\text{当 }R\to+\infty,r\to0\text{ 时}.\end{aligned}$$

且

$$\operatorname*{Res}_{z=-1}\left[\frac{z^{p-1}}{1+z}\right]=\mathrm{e}^{\mathrm{i}(p-1)\pi}.$$

故

$$(\mathrm{e}^{2\pi p\mathrm{i}}-1)\int_0^{\infty}\frac{t^{p-1}}{1+t}\mathrm{d}t=-2\pi\mathrm{i}\mathrm{e}^{(p-1)\pi\mathrm{i}},$$

即

$$\int_0^{\infty}\frac{t^{p-1}}{1+t}\mathrm{d}t=-2\pi\mathrm{i}\frac{\mathrm{e}^{(p-1)\pi\mathrm{i}}}{\mathrm{e}^{2\pi p\mathrm{i}}-1}=-2\pi\mathrm{i}\mathrm{e}^{-\pi\mathrm{i}}\frac{1}{\mathrm{e}^{p\pi\mathrm{i}}-\mathrm{e}^{-p\pi\mathrm{i}}}$$

$$=\frac{\pi}{\sin p\pi}.$$

特别地，当 $p=\frac{1}{2}$ 时，由性质 3 得

$$\Gamma^2\left(\frac{1}{2}\right)=\pi,$$

故

$$\Gamma\left(\frac{1}{2}\right)=\sqrt{\pi}.$$

附录 B　傅里叶变换与拉普拉斯变换简表

一、傅里叶变换

像原函数	像函数
$f(t)$	$F(\omega)$
$f'(t)$	$(\mathrm{i}\omega)F(\omega)$
$f^{(n)}(t)$	$(\mathrm{i}\omega)^n F(\omega)$
$f(t)\mathrm{e}^{\mathrm{i}\alpha t}$	$F(\omega-\alpha)$
$\int_{-\infty}^{+\infty} f_1(\tau)f_2(t-\tau)\,\mathrm{d}\tau$	$F_1(\omega)F_2(\omega)$,其中,$F_i(\omega)$ 是 $f_i(t)$ 的傅里叶变换
$f(t\pm t_0)$	$\mathrm{e}^{\pm\mathrm{i}\omega t_0}F(\omega)$
$\int_{-\infty}^{t} f(t)\,\mathrm{d}t$	$\frac{1}{\mathrm{i}\omega}F(\omega)$
$t^n f(t)$	$\mathrm{i}^n F^{(n)}(\omega)$
$f(t)=\begin{cases} h, -\tau<t<\tau, \\ 0, 其他 \end{cases}$	$2h\frac{\sin\omega\tau}{\omega}$
$\delta(t)$	1
单位函数 $u(t)$	$\frac{1}{\mathrm{i}\omega}+\pi\delta(\omega)$
$u(t)\mathrm{e}^{-\alpha t}, \alpha>0$	$\frac{1}{\alpha+\mathrm{i}\omega}$
$\mathrm{e}^{-\alpha\|t\|}, \alpha>0$	$\frac{2\alpha}{\alpha^2+\omega^2}$
$u(t)t$	$\frac{1}{(\mathrm{i}\omega)^2}$
$u(t)\sin\alpha t$	$\frac{\alpha}{\alpha^2-\omega^2}$
$u(t)\cos\alpha t$	$\frac{\mathrm{i}\omega}{\alpha^2-\omega^2}$
$\cos\alpha t$	$\pi[\delta(\omega-\alpha)+\delta(\omega+\alpha)]$
$\sin\alpha t$	$\mathrm{i}\pi[\delta(\omega+\alpha)-\delta(\omega-\alpha)]$
$\frac{1}{\sqrt{2\pi\sigma}}\mathrm{e}^{-\frac{t^2}{2\sigma^2}}$	$\mathrm{e}^{-\frac{\omega^2\sigma^2}{2}}$
$\frac{1}{\alpha^2+t^2}, \mathrm{Re}\,\alpha<0$	$-\frac{\pi}{\alpha}\mathrm{e}^{\alpha\|\omega\|}$
1	$2\pi\delta(\omega)$

二、拉普拉斯变换

像原函数	像函数
$f(t)$	$F(p)$
$f^{(n)}(t)$	$p^nF(p)-[p^{n-1}f(0)+p^{n-2}f'(0)+\cdots+f^{(n-1)}(0)]$
$(-t)^nf(t)$	$F^{(n)}(p)$
$\int_0^t f(\tau)\mathrm{d}\tau$	$\dfrac{F(p)}{p}$
$f(t-\tau)$	$\mathrm{e}^{-p\tau}F(p)$
$\mathrm{e}^{p_0t}f(t)$	$F(p-p_0)$
$\int_0^t f_1(\tau)f_2(t-\tau)\mathrm{d}\tau$	$F_1(p)F_2(p)$，其中 $F_i(p)$ 是 $f_i(t)$ 的拉普拉斯变换
$\delta(t)$	1
$u(t)$	$\dfrac{1}{p}$
e^{at}	$\dfrac{1}{p-a}$
$t^n\ (n>-1)$	$\dfrac{\Gamma(n+1)}{p^{n+1}}$
$\sin kt$	$\dfrac{k}{p^2+k^2}$
$\cos kt$	$\dfrac{p}{p^2+k^2}$
$\sinh kt$	$\dfrac{k}{p^2-k^2}$
$\cosh kt$	$\dfrac{p}{p^2-k^2}$
$\mathrm{e}^{-at}\sin kt$	$\dfrac{k}{(p+a)^2+k^2}$
$\mathrm{e}^{-at}\cos kt$	$\dfrac{p+a}{(p+a)^2+k^2}$
$\mathrm{e}^{-at}t^n\ (n>-1)$	$\dfrac{\Gamma(n+1)}{(p+a)^{n+1}}$
$\sqrt{t}$	$\dfrac{\sqrt{\pi}}{2\sqrt{p^3}}$
$\dfrac{1}{\sqrt{t}}$	$\sqrt{\dfrac{\pi}{p}}$
$\mathrm{e}^{at}-\mathrm{e}^{bt}\ (a>b)$	$\dfrac{a-b}{(p-a)(p-b)}$
$\dfrac{1}{a}\sin at-\dfrac{1}{b}\sin bt$	$\dfrac{b^2-a^2}{(p^2+a^2)(p^2+b^2)}$

续表

像原函数	像函数
$\cos at-\cos bt$	$\dfrac{(b^2-a^2)p}{(p^2+a^2)(p^2+b^2)}$
$J_0(t)$	$\dfrac{1}{\sqrt{p^2+1}}$
$J_0(2\sqrt{t})$	$\dfrac{2}{p}e^{-\frac{1}{p}}$
$\dfrac{1}{\sqrt{\pi t}}e^{-2a\sqrt{t}}$	$\dfrac{1}{\sqrt{p}}e^{\frac{a^2}{p}}\quad \mathrm{erfc}\left(\dfrac{a}{\sqrt{p}}\right)$
$\dfrac{1}{\sqrt{\pi t}}\cos 2\sqrt{kt}$	$\dfrac{1}{\sqrt{p}}e^{-\frac{k}{p}}$
$\dfrac{1}{\sqrt{\pi t}}\sin 2\sqrt{kt}$	$\dfrac{1}{p^{3/2}}e^{-\frac{k}{p}}$
$\mathrm{erfc}\left(\dfrac{k}{2\sqrt{t}}\right)$	$\dfrac{1}{p}e^{-k\sqrt{p}}\ (k\geqslant 0)$
$\dfrac{1}{\sqrt{\pi t}}e^{-\frac{k^2}{4t}}$	$\dfrac{1}{\sqrt{p}}e^{-k\sqrt{p}}$
$\mathrm{erf}(\sqrt{at})$	$\dfrac{\sqrt{a}}{p\sqrt{p+a}}$
$e^t\mathrm{erfc}(\sqrt{t})$	$\dfrac{1}{p+\sqrt{p}}$
$J_n(at)\quad (\mathrm{Re}\ a>-1)$	$\dfrac{a^n}{\sqrt{a^2+p^2}}\left(\dfrac{1}{p+\sqrt{a^2+p^2}}\right)^n$

注　误差函数　$\mathrm{erf}(y)=\dfrac{2}{\sqrt{\pi}}\displaystyle\int_0^y e^{-t^2}dt$,

$\mathrm{erf}(\infty)=1$,

$\mathrm{erf}(y)=\dfrac{2}{\sqrt{\pi}}\left(y-\dfrac{y^3}{1!\ 3}+\dfrac{y^5}{2!\ 5}-\dfrac{y^7}{3!\ 7}+\cdots\right)$.

余误差函数　$\mathrm{erfc}(y)=1-\mathrm{erf}(y)=\dfrac{2}{\sqrt{\pi}}\displaystyle\int_y^{+\infty}e^{-t^2}dt$.

部分习题参考答案

习　题　一

1. $$\begin{cases} \dfrac{\partial u}{\partial t}=a^2\dfrac{\partial^2 u}{\partial x^2}, & 0<x<l, t>0,\\ u\Big|_{t=0}=\dfrac{x(l-x)}{2}, & 0\leqslant x\leqslant l,\\ u\Big|_{x=0}=0, k\dfrac{\partial u}{\partial x}\Big|_{x=l}=q, & t>0. \end{cases}$$

2. $$\begin{cases} \dfrac{\partial^2 u}{\partial t^2}=a^2\dfrac{\partial^2 u}{\partial x^2}, & 0<x<l, t>0,\\ u\Big|_{t=0}=0, \dfrac{\partial u}{\partial t}\Big|_{t=0}=\begin{cases}0, & |x-c|>\delta,\\ \dfrac{k}{2\delta\rho}, & |x-c|<\delta\end{cases} & (\delta\to 0), 0\leqslant x\leqslant l,\\ u\Big|_{x=0}=u\Big|_{x=l}=0, & t>0. \end{cases}$$

3. $\dfrac{\partial^2 u}{\partial t^2}=a^2\dfrac{\partial^2 u}{\partial x^2}$,其中 $u(x,t)$ 是纵向位移,$a^2=\dfrac{E}{\rho}$(E 为杨氏模量,ρ 为杆的密度).

4. $$\begin{cases} \dfrac{\partial^2 u}{\partial t^2}=a^2\dfrac{\partial^2 u}{\partial x^2}, & 0<x<l, t>0,\\ u\Big|_{t=0}=\dfrac{e}{l}x, \dfrac{\partial u}{\partial t}\Big|_{t=0}=0, & 0\leqslant x\leqslant l,\\ u\Big|_{x=0}=0, \dfrac{\partial u}{\partial x}\Big|_{x=l}=0, & t>0. \end{cases}$$

5—6. 略.

习　题　二

1. $u(x,t)=\dfrac{2hl^2}{\pi^2 c(l-c)}\displaystyle\sum_{n=1}^{\infty}\dfrac{1}{n^2}\sin\dfrac{n\pi c}{l}\cos\dfrac{n\pi a}{l}t\sin\dfrac{n\pi}{l}x.$

2. $u(x,t)=\sum_{n=1}^{\infty}\frac{4l^3}{n^4\pi^4a}[1-(-1)^n]\sin\frac{n\pi a}{l}t\sin\frac{n\pi}{l}x.$

3. $$u(x,t)=\sum_{n=1}^{\infty}\left\{\frac{4}{n^2\pi^2}\sin\frac{n\pi}{2}\cos n\pi at+\frac{4}{n^4\pi^4a}[(-1)^n-1]\sin n\pi at\right\}\sin n\pi x.$$

4. $u(x,t)=\sum_{n=1}^{\infty}\frac{2k}{n\pi a\rho}\sin\frac{n\pi c}{l}\sin\frac{n\pi a}{l}t\sin\frac{n\pi}{l}x.$

5. $u(x,t)=\frac{4l^2}{\pi^3}\sum_{n=1}^{\infty}\frac{1-(-1)^n}{n^3}e^{-\frac{a^2n^2\pi^2}{l^2}t}\sin\frac{n\pi}{l}x.$

6. $u(x,t)=\frac{l}{2}+\sum_{n=1}^{\infty}\frac{2l}{n^2\pi^2}[(-1)^n-1]e^{-\frac{a^2n^2\pi^2}{l^2}t}\cos\frac{n\pi}{l}x.$

7. $$u(x,t)=\frac{8\sqrt{2}h}{\pi^2}\left(e^{-\frac{a^2\pi^2}{l^2}t}\sin\frac{\pi}{l}x+\frac{1}{9}e^{-\frac{9a^2\pi^2}{l^2}t}\sin\frac{3\pi}{l}x-\frac{1}{25}e^{-\frac{25a^2\pi^2}{l^2}t}\sin\frac{5\pi}{l}x-\frac{1}{49}e^{-\frac{49a^2\pi^2}{l^2}t}\sin\frac{7\pi}{l}x+\cdots\right).$$

8. $u(x,t)=-\frac{A}{a^2}\left[e^{-\alpha x}-(e^{-\alpha l}-1)\frac{x}{l}-1\right]+\sum_{n=1}^{\infty}b_ne^{-\frac{n^2\pi^2}{a^2l^2}t}\sin\frac{n\pi}{l}x,$

其中 $b_n=\frac{2T}{n\pi}(1-\cos n\pi)-\frac{2A(1-e^{-\alpha l}\cos n\pi)l^2}{n\pi(a^2l^2+n^2\pi^2)}.$

9. $u(x,t)=-\frac{A}{2a^2}(x^2-lx)+\frac{2Al^2}{a^2\pi^3}\sum_{n=1}^{\infty}\frac{(-1)^n-1}{n^3}e^{-\frac{a^2n^2\pi^2}{l^2}t}\sin\frac{n\pi}{l}x.$

10. $u(x,t)=10-\frac{5x}{l}+\frac{2}{\pi}\sum_{n=1}^{\infty}\frac{(-1)^n(5-kl)-10}{n}e^{-\frac{a^2n^2\pi^2}{l^2}t}\sin\frac{n\pi}{l}x.$

11. $$u(x,t)=A+(B-A)\frac{x}{l}+F(x)+\frac{F(0)-F(l)}{l}x-F(0)+\sum_{n=1}^{\infty}\left[\frac{2}{l}\int_0^l G(\tau)\sin\frac{n\pi}{l}\tau d\tau\right]e^{-\frac{a^2n^2\pi^2}{l^2}t}\sin\frac{n\pi}{l}x,$$

其中 $G(\tau)=g(\tau)-(B-A)\frac{\tau}{l}-F(\tau)+\frac{F(l)-F(0)}{l}\tau-A+F(0)$，$F(\tau)$ 是 $-\frac{1}{a^2}f(\tau)$ 的二次积分.

12. $u(x,y)=\sum_{n=1}^{\infty}\left[\frac{2}{l_1\sinh\frac{l_2n\pi}{l_1}}\int_0^{l_1}\varphi(x)\sin\frac{n\pi}{l_1}xdx\right]\sin\frac{n\pi}{l_1}x\sinh\frac{n\pi}{l_1}y.$

13. $u(\rho,\theta)=\dfrac{4T}{\pi}\sum\limits_{n=1}^{\infty}\dfrac{\rho^n}{n^3a^n}[1-(-1)^n]\sin n\theta.$

14. $u(r,\theta)=\dfrac{1}{\ln\dfrac{r_2}{r_1}}\ln\dfrac{r}{r_1}.$

15. $u(x,t)=\sum\limits_{n=1}^{\infty}\left(C_n\cos\dfrac{n\pi a}{l}t+D_n\sin\dfrac{n\pi a}{l}t\right)\sin\dfrac{n\pi}{l}x+W(x),$

其中 $W(x)$ 由

$$\begin{cases}a^2W''(x)+f(x)=0,\\ W\Big|_{x=0}=M_1,\quad W\Big|_{x=l}=M_2\end{cases}$$

确定,且

$$C_n=\frac{2}{l}\int_0^l[\varphi(x)-W(x)]\sin\frac{n\pi}{l}x\mathrm{d}x,$$

$$D_n=\frac{2}{n\pi a}\int_0^l\psi(x)\sin\frac{n\pi}{l}x\mathrm{d}x.$$

16. $u(x,y)=\sum\limits_{n=1}^{\infty}f_n(y)\sin\dfrac{n\pi}{a}x+\varphi_1(y)+\dfrac{\varphi_2(y)-\varphi_1(y)}{a}x,$

其中 $f_n(y)$ 由

$$f''_n(y)-\frac{n^2\pi^2}{a^2}f_n(y)$$

$$=\frac{2}{a}\int_0^a\left\{f(x,y)-\left[\varphi''_1(y)+\frac{\varphi''_2(y)-\varphi''_1(y)}{a}x\right]\right\}\sin\frac{n\pi}{a}x\mathrm{d}x,$$

$$f_n(0)=\frac{2}{a}\int_0^a\left\{\psi_1(x)-\left[\varphi_1(0)+\frac{\varphi_2(0)-\varphi_1(0)}{a}x\right]\right\}\sin\frac{n\pi}{a}x\mathrm{d}x,$$

$$f_n(b)=\frac{2}{a}\int_0^a\left\{\psi_2(x)-\left[\varphi_1(b)+\frac{\varphi_2(b)-\varphi_1(b)}{a}x\right]\right\}\sin\frac{n\pi}{a}x\mathrm{d}x$$

确定.

17. $u(\rho,\theta)=\sum\limits_{n=1}^{\infty}\left[\dfrac{2}{\alpha}\int_0^{\alpha}f(\theta)\sin\dfrac{n\pi}{\alpha}\theta\mathrm{d}\theta\right]\left(\dfrac{\rho}{\alpha}\right)^{\frac{n\pi}{\alpha}}\sin\dfrac{n\pi}{\alpha}\theta.$

18. $u(x,y)=\dfrac{Ab}{2a}x+\sum\limits_{n=1}^{\infty}\dfrac{2Ab(\cos n\pi-1)}{n^2\pi^2\sinh\dfrac{an\pi}{b}}\sinh\dfrac{n\pi}{b}x\cos\dfrac{n\pi}{b}y.$

19. $u(x,t)=\dfrac{4E}{\pi}\sum_{n=0}^{\infty}\dfrac{1}{2n+1}\cos\dfrac{(2n+1)\pi a}{2l}t\sin\dfrac{(2n+1)\pi}{2l}x.$

20. $u(x,y,t)=\sum_{m,n=1}^{\infty}C_{mn}\sin\dfrac{n\pi}{a}x\sin\dfrac{m\pi}{b}y\cos\dfrac{\sqrt{a^2m^2+b^2n^2}}{ba}\pi t,$

其中

$$C_{mn}=\frac{16a^2b^2}{n^3m^3\pi^6}(1-\cos n\pi)(1-\cos m\pi).$$

21. 略.

22. $u(x,t)=\dfrac{l}{4a\pi}\left(\dfrac{l}{4a\pi}\sin\dfrac{2a\pi}{l}t-t\cos\dfrac{2a\pi}{l}t\right)\sin\dfrac{2\pi}{l}x.$

23. $u(x,y)=\dfrac{1}{12}(1-x^2-y^2)xy.$

习 题 三

1. $u(x,y)=\dfrac{1}{6}x^3y^2+\cos y-\dfrac{1}{6}y^2+x^2-1.$

2. $u(x,t)=t\sin x.$

3. (1) $\dfrac{\beta-\mathrm{i}\omega}{\beta^2+\omega^2}.$ (2) $\dfrac{2}{\omega^2}(\cos\omega a+\omega a\sin\omega a-1).$ (3) $\dfrac{2\beta}{\beta^2+\omega^2}.$

(4) $\dfrac{a-\mathrm{i}\omega}{1+(a-\mathrm{i}\omega)^2}+\dfrac{a+\mathrm{i}\omega}{1+(a+\mathrm{i}\omega)^2}.$ (5) $\dfrac{2\mathrm{i}}{\omega^2-\lambda_0^2}(\omega\sin\lambda_0 a\cdot\cos\omega a-\lambda_0\sin\omega a\cdot\cos\lambda_0 a).$

(6) $\dfrac{2}{a\omega^2}(1-\cos a\omega).$ (7) $\pi[\delta(\omega+k)+\delta(\omega-k)].$

4. 略.

5. (1) $\dfrac{k}{p^2+k^2}\ (\mathrm{Re}(p)>0).$ (2) $\dfrac{m!}{p^{m+1}}(\mathrm{Re}(p)>0).$

(3) $\dfrac{12p}{(p^2+25)(p^2+1)}\ (\mathrm{Re}(p)>0).$ (4) $\dfrac{p}{p^2-\omega^2}\ (\mathrm{Re}(p)>|\omega|).$

(5) $\dfrac{\omega}{(p+\lambda)^2-\omega^2}\ (\mathrm{Re}(p)>|\omega|-\lambda).$

6. 略.

7. (1) $\cos t\ (t>0).$ (2) $t-\sin t.$ (3) $\dfrac{1}{2}\sin t+\dfrac{t}{2}\cos t.$ (4) $\mathrm{e}^{-t}+t-1.$

8. $u(x,y)=xy+y+1$.

9. $u(x,y)=\dfrac{1}{\pi}\displaystyle\int_{-\infty}^{+\infty}\dfrac{y}{(x-\tau)^2+y^2}f(\tau)\,\mathrm{d}\tau$.

10. $u(x,t)$

$$=u_1+4(u_0-u_1)\sum_{n=0}^{\infty}(-1)^n\frac{1}{(2n+1)\pi}\mathrm{e}^{-\frac{a^2(2n+1)^2\pi^2}{4l^2}t}\cos\frac{(2n+1)\pi}{2l}x.$$

11. $u(x,t)=\dfrac{\varphi(x+t)+\varphi(x-t)}{2}+\dfrac{1}{2}\displaystyle\int_{x-t}^{x+t}\psi(\xi)\,\mathrm{d}\xi$.

12. $u(x,t)=\dfrac{1}{8}\ln\dfrac{1+(x+t)^2}{1+(x-t)^2}+\dfrac{t}{2}\arctan x$

$$+\frac{2-x}{4}[\arctan(x+t)-\arctan(x-t)]$$

$$-\frac{t}{4}[\arctan(x+t)+\arctan(x-t)].$$

13. $u(x,t)=\varphi\left(\dfrac{x-t}{2}\right)+\varphi\left(\dfrac{x+t}{2}\right)-\varphi(0)$.

习　题　四

1—5. 略.

6. $u(x,y)=\dfrac{1}{\pi}\displaystyle\int_{-\infty}^{+\infty}\dfrac{y}{(x-\xi)^2+y^2}\varphi(\xi)\,\mathrm{d}\xi$.

习　题　五

1. $(-\infty,+\infty)$.

2—3. 略.

4. $-\alpha J_1(\alpha x)$.

5. $\alpha x J_0(\alpha x)$.

6. (1) $-xJ_1(x)-2J_0(x)+C$.　(2) $\dfrac{1}{a}x^{n+1}J_{n+1}(ax)+C$.

7—10. 略.

11. $\displaystyle\sum_{i=1}^{\infty}\dfrac{2}{-\lambda_i J_0(\lambda_i)}J_1(\lambda_i x)$, $0<x<1$.

12. $\displaystyle\sum_{i=1}^{\infty}\dfrac{2}{\alpha_i J_1(\alpha_i)}\left(1-\dfrac{4}{\alpha_i^2}\right)J_0(\alpha_i x)$.

13. $\sum_{k=1}^{\infty} \frac{J_1(\alpha_k)}{2\alpha_k J_1^2(2\alpha_k)} J_0(\alpha_k x)$.

14. $\sum_{i=1}^{\infty} \left[\frac{2}{a^2 J_1^2(\alpha_i)} \int_0^a x f(x) J_0\left(\frac{\alpha_i}{a}x\right) \mathrm{d}x \right] J_0\left(\frac{\alpha_i}{a}x\right)$.

15—17.略.

18. $u(\rho, z) = \sum_{n=1}^{\infty} \frac{2A}{\lambda_n J_1(\lambda_n) \sinh\left(\frac{\lambda_n}{a}h\right)} \sinh\left(\frac{\lambda_n}{a}z\right) J_0\left(\frac{\lambda_n}{a}\rho\right)$.

19. $u(\rho, t) = \sum_{n=1}^{\infty} \frac{4J_2(\lambda_n)}{\lambda_n^2 J_1^2(\lambda_n)} J_0\left(\frac{\lambda_n}{R}\rho\right) \cos \frac{a\lambda_n}{R}t$,

非齐次方程的解为

$$u(\rho, t) = 2BR^2 \sum_{n=1}^{\infty} \frac{1}{\lambda_n^3 J_1(\lambda_n)} \left(1 - \cos \frac{a\lambda_n}{R}t\right) J_0\left(\frac{\lambda_n}{R}\rho\right).$$

20. 略.

习 题 六

1—2. 略.

3. (1) 0. (2) $\frac{2}{5}$. (3) 0.

4—7. 略.

8. $u(r, \theta) = 2r^2(3\cos^2\theta - 1)$.

9. $u(r, \theta) = \sum_{n=0}^{\infty} C_n r^n P_n(\cos\theta)$.

$C_0 = \frac{A}{2}(1-\cos\alpha), C_1 = \frac{3A}{4}(1-\cos^2\alpha), C_2 = \frac{5A}{4}(1-\cos^3\alpha) - \frac{5A}{4}(1-\cos\alpha), \cdots$.

10. $u(r, \theta) = \frac{1}{3}r^{-1} + r^{-3}\cos^2\theta - \frac{1}{3}r^{-3}$.

11—12. 略.

习 题 七

1. $U_{1,1}^{(1)} = 0.0000, U_{2,1}^{(1)} = 0.2500, U_{3,1}^{(1)} = 0.3125, U_{4,1}^{(1)} = 0.3281$,
$U_{5,1}^{(1)} = 0.3320, U_{6,1}^{(1)} = 0.3330, U_{7,1}^{(1)} = 0.3333, U_{8,1}^{(1)} = 0.3333$,
$U_{9,1}^{(1)} = 0.0833; U_{1,2}^{(1)} = -0.2500, U_{2,2}^{(1)} = 0.0000$.

其他各节点可类似用异步迭代法计算.

2. $\omega=\frac{1}{2}$代入差分格式计算.

$U_{1,1}=0.1200, U_{2,1}=0.2000, U_{3,1}=0.2000,$

$U_{4,1}=0.1200; U_{1,2}=0.1000, U_{2,2}=0.1600,$

$U_{3,2}=0.1600, U_{4,2}=0.1000.$

其他节点类似计算.

3. $$\begin{cases} U_{i,j+1}=\omega^2(U_{i-1,j}+U_{i+1,j})+2(1-\omega^2)U_{i,j}-U_{i,j-1}, \\ U_{0,j}=U_{N,j}=0(j=1,2,3,\cdots), \\ U_{i,0}=U_{i,1}=i\Delta x(1-i\Delta x)(i=0,1,2,\cdots,N), \end{cases}$$

其中 $N\cdot\Delta x=1$.

4. $u_1(x,y)=\dfrac{5}{2(a^2+b^2)}xy(a-x)(b-y)$.

5. $u_1(x,y)=\dfrac{1}{4}(R^2-x^2-y^2)$.

6. $u_1(x,y)=\dfrac{1}{4}(1-x^2)(4-y^2)$.

7. $u_2(x,y)=\dfrac{35}{16\times 277}\dfrac{1}{a^2}(a^2-x^2)(b^2-y^2)\left[74+\dfrac{15}{a^2}(x^2+y^2)\right]$.

习 题 八

1. (2),(4)是线性的;(3),(7)是拟线性的;(6),(8)是完全非线性的;(1),(5)是半线性的.

2. (1) $u=\arctan\dfrac{y}{x}$(螺线面). (2) $u=\operatorname{arcosh}\sqrt{x^2+y^2}$(悬链面).

3. 略.